高等职业教育土建类专业课程改革规划教材

建设工程施工质量与安全控制

主　编　陈华兵　高正文
副主编　张　弦
参　编　周超　聂根良　邓向阳

机械工业出版社

本书根据最新的法律、法规、标准和规范编写，包括上、下两篇，共9章内容。上篇讲述了建设工程施工质量控制，主要包括：建设工程施工质量控制基本理论、建设工程施工过程质量控制、建设工程施工主要模块质量控制要点、建设工程质量事故分析及处理；下篇讲述了建设工程安全控制，主要包括：建设工程安全控制概述、建设工程职业健康安全与环境管理、建设工程安全生产模块控制要点、建设工程施工现场安全生产检查与评价、建设工程安全事故分析处理。

本书可作为高职高专、中职中专院校土建类专业的教学用书，也可作为建设单位质量安全管理人员、建筑安装施工企业质量安全管理人员、工程监理人员的学习参考用书，还可作为建筑业企业“质量员”“安全员”岗位资格考试的辅导用书。

本书配有电子课件和习题答案，凡使用本书作为教材的教师可登录机械工业出版社教育服务网 www. cmpedu. com 下载。咨询邮箱：cmpgaozhi@sina. com。咨询电话：010-88379375。

图书在版编目（CIP）数据

建设工程施工质量与安全控制/陈华兵，高正文主编．—北京：机械工业出版社，2019. 8

高等职业教育土建类专业课程改革规划教材

ISBN 978-7-111-62869-9

Ⅰ．①建…　Ⅱ．①陈…　②高…　Ⅲ．①建筑工程—工程质量—质量控制—高等职业教育—教材　②建筑工程—安全管理—高等职业教育—教材　Ⅳ．①TU71

中国版本图书馆 CIP 数据核字（2019）第 103508 号

机械工业出版社（北京市百万庄大街 22 号　邮政编码 100037）

策划编辑：王靖辉　责任编辑：王靖辉　舒　宜

责任校对：王　欣　封面设计：张　静

责任印制：孙　炜

天津翔远印刷有限公司印刷

2019 年 8 月第 1 版第 1 次印刷

184mm×260mm · 13. 5 印张 · 329 千字

0001—1900 册

标准书号：ISBN 978-7-111-62869-9

定价：35. 00 元

电话服务	网络服务
客服电话：010-88361066	机　工　官　网：www. cmpbook. com
010-88379833	机　工　官　博：weibo. com/cmp1952
010-68326294	金　　书　　网：www. golden-book. com
封底无防伪标均为盗版	机工教育服务网：www. cmpedu. com

前　　言

随着城市化进程的加快和建设参与各方质量安全意识的增强，建筑企业的管理人员亟待提高在质量安全方面的控制能力。工程建设的参与者必须把"质量""安全"当作基本的工作准则，建立完善的工程质量安全监管体系，推动形成良好的工程质量安全体系。加强建设工程质量与安全控制，既是市场竞争的需要，又是提高企业综合素质和管理水平的有力保证，同时也对提高工程项目的经济效益和社会效益有着重大的意义。

本书的特点有以下几点：

1）根据最新的法律、法规、标准和规范进行编写。

2）针对人才培养目标，所选内容以够用、实用为原则，力求做到知识系统性和实践操作性的完美结合。

3）文中总结了大量的新型案例和拓展资源，采用文字、图片、视频、动画等形式来表达知识点，可通过网址：http：//s. cmpedu. com/2019/4/zj_ hu190429. rar 进行下载，也可登录机械工业出版社教育服务网 www. cmpedu. com 注册下载，具体列表如下。

章	资源列表
第 1 章	五方责任主体项目负责人基本信息表
第 2 章	施工组织设计（方案）报审表
	建筑业企业资质规定
	特种作业简介
	工程材料/构配件/设备报审表
	钢筋进场验收及见证取样程序简介
	施工现场钢筋堆放注意事项
	分包单位资质报审表
	工程开工报审表
	工程开工/复工报审表
	工程报验申请表
	质量预控及对策的表达方式案例
	混凝土试件见证取样送样委托单
	工程变更单
	混凝土外加剂简介
	混凝土工程施工记录
	"四新技术"示例
	建设工程质量评定案例

（续）

章	资源列表
第 3 章	建筑工程质量控制方案
	质量管理专项施工方案
第 4 章	建筑工程施工现场质量通病分析
	工程质量事故案例举例
第 5 章	建筑施工人员入场安全教育
	建设工程质量安全事故应急预案管理办法
第 6 章	关于印发《绿色施工导则》的通知（建质［2007］223 号）
第 7 章	《危险性较大的分部分项工程安全管理办法》（建质［2009］87 号）
	基坑监测报告（示例模板）
	安全技术交底范本
第 9 章	安全事故处理案例

本书由四川电力职业技术学院陈华兵和四川省兴旺建设工程项目管理有限公司高正文担任主编，由四川工程职业技术学院张弦担任副主编，编写分工如下：第 1 章由高正文、陈华兵编写，第 2 章由四川工程职业技术学院周超编写，第 3 章、第 9 章由张弦编写，第 4 章、第 5 章由陈华兵编写，第 6 章、第 7 章由四川工程职业技术学院聂根良编写，第 8 章由四川托普信息职业技术学院邓向阳编写，全书由陈华兵统稿。

本书作者在编写过程中参阅大量资料，在此对原作者表示由衷的感谢。

由于编者水平有限和编写时间仓促，书中不足之处在所难免，敬请广大师生和读者批评指正。

编　者

目　　录

上　篇

建设工程施工质量控制

第1章　建设工程施工质量控制基本理论

教学目标

了解建设工程施工质量控制相关概念，掌握质量控制常用方法。

教学内容

本章内容主要包括建设工程施工质量控制基本概念、五方责任体系、质量控制依据，质量控制基本方法，即PDCA循环法、施工要素质量控制法、工序质量控制法。

1.1　建设工程施工质量控制基本概念

1.1.1　质量和建设工程施工质量

1. 质量

质量是某种产品或者某项活动、过程所固有的特征。这种固有特征不仅要满足国家合同、技术规范、标准等强制性条文的规定，同时还应该满足消费者的要求。一件产品的质量是综合国家、消费者、组织者（含产业链供方）共同需要的满足一定标准的特性。例如，商业住宅，既要考虑其结构安全性、环境保护、节能减排等外部要求，还要使消费者有强烈的满足感，这就是它的质量特征。

2. 建设工程施工质量

建设工程施工质量是指建设工程在施工过程中或最终产品满足相关标准或合同约定的要求，包括其在使用功能、耐久性、安全性等方面所有明显和隐含能力的特性总和。

建设工程施工质量的特性主要表现在：

（1）功能性　功能是指建设工程满足使用的各种需要。例如，高速公路的隧道尺寸、规格、通风、隔声降噪等物理性能；耐酸耐碱、耐地下水腐蚀、防火等化学性能；结构强度、刚度和稳定性等结构性能。

（2）耐久性　耐久性是指建设工程在规定的条件下，满足其应该具有的合理使用年限。在我国，根据建设工程本身结构类型、质量要求、施工方法、使用性能等的不同对建设工程规定不同的合理使用年限。

（3）安全性　安全性是指建设工程投入使用后在运营过程中所要求的保证结构、人身安全和环境不被损害的程度。例如，建设工程（如加固维修的桥拱）具有其加固后的安全度并满足抗震要求。

1.1.2　质量控制和建设工程施工质量控制

1. 质量控制

质量控制是指通过一种作业技术和活动对产品质量形成过程实施控制的活动，具体包括：作业管理、作业技术以及质量控制的全过程。首先，为满足顾客、法律、法规等方面提出的产品的适用性、安全性等质量要求，必须实施作业管理；其次，对产品质量有影响的因素进行全面把控而采取的作业技术；再者，对质量形成必须是全过程控制。

2. 建设工程施工质量控制

建设工程施工质量控制是指质量控制的行为主体基于实体产品的形成依据，采取一定手段满足工程质量要求的行为。

1.1.3 建设工程施工质量控制责任体系

按实施主体不同，可将建设工程施工质量控制分为自控主体和监控主体。其中，自控主体是指对建设工程产品形成过程的质量进行直接管控的活动者；监控主体是指对自控主体行为以外的质量实施监督和评价（考核）的活动者。建设工程施工质量控制的主体体系如图1-1所示。

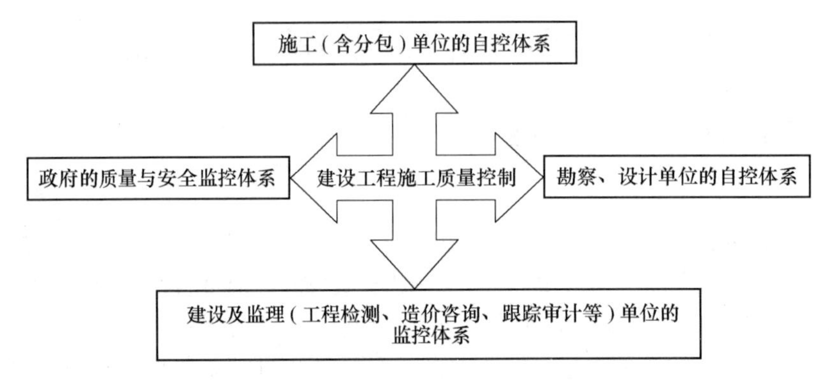

图1-1 建设工程施工质量控制的主体体系

为加强房屋建筑和市政基础设施工程质量管理，提高质量责任意识，强化质量责任追究，保证工程建设质量，2014年8月25日，中华人民共和国住房和城乡建设部以建质［2014］124号印发《建筑工程五方责任主体项目负责人质量终身责任追究暂行办法》，从印发之日起执行。

建筑工程五方责任主体项目负责人是指承担建筑工程项目建设的建设单位项目负责人、勘察单位项目负责人、设计单位项目负责人、施工单位项目经理、监理单位总监理工程师。建筑工程开工建设前，建设、勘察、设计、施工、监理单位的法定代表人应当签署授权书，明确本单位项目负责人。《五方责任主体项目负责人基本信息表》见“配套资源”。

建筑工程五方责任主体项目负责人质量终身责任是指参与新建、扩建、改建的建筑工程项目负责人按照国家法律法规和有关规定，在工程设计使用年限内对工程质量承担相应责任。

1. 建设单位的质量责任

1）建设单位要根据工程特点和技术要求，依法按有关规定选择相应资质等级的勘察、设计和施工单位，在合同中必须有质量条款，明确质量责任，并真实、准确、齐全地提供与建设工程有关的原始资料。凡建设工程项目的勘察、设计、施工、监理以及工程建设有关重要设备、材料等的采购，均实行招标，依法确定程序和方法，择优选定中标者。不得将应由

一个承包单位完成的建设工程项目分解成若干部分发包给几个承包单位；不得迫使承包方以低于成本的价格竞标；不得任意压缩合理工期；不得明示或暗示设计单位或施工单位违反建设强制性标准，降低建设工程质量。建设单位对其自行选择的设计、施工单位发生的质量问题承担相应责任。

2）建设单位应根据工程特点，配备相应的质量管理人员。对国家规定强制实行监理的工程项目，必须委托有相应资质等级的工程监理单位进行监理。建设单位应与监理单位签订监理合同，明确双方的责任和义务。

3）在工程开工前，建设单位负责办理有关施工图设计文件审查、工程施工许可证和工程质量监督手续，组织设计和施工单位认真进行设计交底；在工程施工中，建设单位应按国家现行有关工程建设法规、技术标准及合同规定，对工程质量进行检查，涉及建筑主体和承重结构变动的装修工程，建设单位应在施工前委托原设计单位或者有相应资质等级的设计单位提出设计方案，经原审查机构审批后方可施工；工程项目竣工后，建设单位应及时组织设计、施工、工程监理等有关单位进行施工验收，未经验收备案或验收备案不合格的，不得交付使用。

4）建设单位按合同的约定负责采购供应的建筑材料、建筑构配件和设备，应符合设计文件和合同要求，对发生的质量问题，应承担相应的责任。

2. 勘察、设计单位的质量责任

1）勘察、设计单位必须在其资质等级许可的范围内承揽相应的勘察、设计业务，不许承揽超越其资质等级许可范围的业务，不得将承揽工程转包或违法分包，也不得以任何形式用其他单位的名义承揽业务或允许其他单位或个人以本单位的名义承揽业务。

2）勘察、设计单位必须按照国家现行的有关规定、工程建设强制性技术标准和合同要求进行勘察、设计工作，并对所编制的勘察、设计文件的质量负责。勘察单位提供的地质、测量、水文等勘察成果文件必须真实、准确。设计单位应提供的设计文件应当符合国家规定的设计深度要求，注明工程合理使用年限。设计文件中选用的材料、构配件和设备，应当注明规格、型号、性能等技术指标，其质量必须符合国家规定的标准。除有特殊要求的建筑材料、专用设备、工艺生产线外，不得指定生产厂、供应商。设计单位应就审查合格的施工图文件向施工单位做出详细说明，解决施工中对设计提出的问题，负责设计变更。设计单位参与工程质量事故分析，并对因设计造成的质量事故提出相应的技术处理方案。

3. 施工单位的质量责任

1）施工单位必须在其资质等级许可的范围内承揽相应的施工业务，不许承揽超越其资质等级业务范围的业务，不得将承接的工程转包或违法分包，也不得以任何形式用其他施工单位的名义承揽工程或允许其他单位或个人以本单位的名义承揽工程。

2）施工单位对所承包的工程项目的施工质量负责。施工单位应当建立健全质量管理体系，落实质量责任制，确定工程项目的项目经理、技术负责人和施工管理负责人。实行总承包的工程，总承包单位应对全部建设工程质量负责。建设工程勘察、设计、施工、设备采购的一项或多项实行总承包的，总承包单位应对其承包的建设工程或采购的设备的质量负责。实行总分包的工程，分包单位应按照分包合同约定对其分包工程的质量向总承包单位负责，总承包单位与分包单位对分包工程的质量承担连带责任。

3）施工单位必须按照工程设计图和施工技术规范标准组织施工。未经设计单位同意，

不得擅自修改工程设计。在施工中，必须按照工程设计要求、施工技术规范、标准和合同约定，对建筑材料、构配件、设备和商品混凝土进行检验，不得偷工减料，不使用不符合设计和强制性技术标准要求的产品，不使用未经检验和试验或检验和试验不合格的产品。

4. 工程监理单位的质量责任

1）工程监理单位应按其资质等级许可的范围承揽工程监理业务，不许超越本单位资质等级许可的范围或以其他工程监理单位的名义承揽工程监理业务，不得转让工程监理业务，不许其他单位或个人以本单位的名义承揽工程监理业务。

2）工程监理单位应依照法律、法规以及有关技术标准、设计文件和建设工程承包合同，与建设单位签订监理合同，代表建设单位对工程质量实施监理，并对工程质量承担监理责任。监理责任主要有违法责任和违约责任两个方面。如果工程监理单位故意弄虚作假，降低工程质量标准，造成质量事故的，要承担法律责任。若工程监理单位与承包单位串通，谋取非法利益，给建设单位造成损失的，应当与承包单位承担连带赔偿责任。如果监理单位在责任期内不按照监理合同约定履行监理职责，给建设单位或其他单位造成损失的，属于违约责任，应当向建设单位赔偿。

5. 政府的建设工程质量控制

县级以上人民政府属于监控体系，它主要是以法律法规为依据，通过建设工程规划许可、报建、施工图设计文件审查、施工许可、材料和设备准用、工程质量与安全监督、重大工程竣工验收备案等主要环节对建设工程各责任主体单位进行行为监督检查。

1.1.4 建设工程施工质量控制依据

1. 建设工程施工质量管理制度

近年来，我国建设行政主管部门先后颁发了多项建设工程施工质量管理制度，主要有：

1）施工图设计文件审查制度。

2）工程质量监督制度。

3）工程质量检测制度。

4）工程质量保修制度。

5）建设工程监理报告制度。

2. 工程合同文件

3. 设计文件

4. 国家及政府有关部门颁布的有关质量管理方面的法律、法规、规章及规范性文件

如《中华人民共和国建筑法》《建设工程质量管理条例》《建筑业企业资质管理规定》等。

5. 有关质量检验与控制的专门技术规范性文件

这类文件一般是针对不同行业、不同的质量控制对象而制定的技术规范性文件，包括各种相关的标准、规范、规程或规定。

1.2 建设工程施工质量控制基本方法

建设工程施工质量控制方法有很多，重点介绍 PDCA 循环法、施工要素质量控制法、工

序质量控制法三种基本方法。

1.2.1　PDCA 循环法

1. 概述

PDCA 是英语单词 Plan（计划）、Do（执行）、Check（检查）和 Action（调整）的第一个字母，PDCA 循环就是按照这样的顺序进行质量管理，并且循环不止地进行下去的科学程序。

（1）含义

1）P，计划。包括方针和目标的确定，以及活动规划的制订。

2）D，执行。根据已知的信息，设计具体的方法、方案和计划布局；再根据设计和布局，进行具体运作，实现计划的内容。

3）C，检查。总结执行计划的结果，分清对与错，明确效果，找出问题。

4）A，调整。对总结检查的结果进行处理，对成功的经验加以肯定，并予以标准化；对于失败的教训也要总结，引起重视；对于没有解决的问题，应提交给下一个 PDCA 循环中去解决。

以上四个过程不是运行一次就结束，而是周而复始地进行，一个循环完了，解决一些问题，未解决的问题进入下一个循环，整个过程是阶梯式上升的。

PDCA 循环是全面质量管理应遵循的科学程序。全面质量管理活动的全部过程，就是质量计划的制订和组织实现的过程，这个过程就是按照 PDCA 循环周而复始地运转的，如图 1-2 所示。

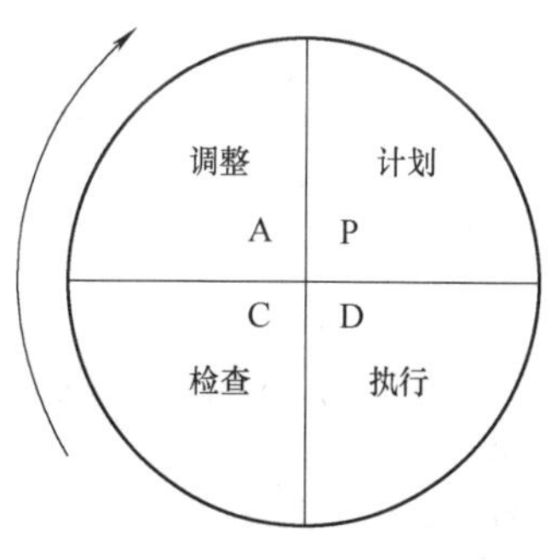

图 1-2　PDCA 循环法示意图

（2）特点　PDCA 循环可以使思想方法和工作步骤更加条理化、系统化、图像化和科学化。它具有如下特点：

1）大环套小环、小环保大环、推动大循环。PDCA 循环作为质量管理的基本方法，不仅适用于整个工程项目，也适应于整个企业和企业内的科室、工段、班组及个人。各级部门根据企业的方针目标，都有自己的 PDCA 循环，层层循环，形成大环套小环，小环里面又套更小的环。大环是小环的母体和依据，小环是大环的分解和保证。各级部门的小环都围绕着企业的总目标朝着同一方向转动。通过循环把企业上下或工程项目的各项工作有机地联系起来，彼此协同，互相促进。

2）不断前进、不断提高。PDCA 循环就像爬楼梯一样，一个循环运转结束，生产的质量就会提高一步，然后再进入下一个循环，再运转、再提高，不断前进，不断提高。

3）门路式上升。PDCA 循环不是在同一水平上循环。它每循环一次，就解决一部分问题，取得一部分成果，工作就前进一步，水平就进步一步。每通过一次 PDCA 循环，都要进行总结，提出新目标，再进行第二次 PDCA 循环，使品质水平和治理水平更进一步。

2. PDCA 循环法具体运用步骤

（1）P 阶段　即根据顾客的要求和组织的方针，为提供结果建立必要的目标和过程。

1）选择课题、分析现状、找出问题。它强调的是对现状的把握和发现问题的意识、能力，发现问题是解决问题的第一步，是分析问题的条件。新产品设计开发所选择的课题范围以满足市场需求为前提，以企业获利为目标，同时也需要根据企业的资源、技术等能力来确定开发方向。

课题是研究活动的切入点，课题的选择很重要，如果不进行市场调研，论证课题的可行性，就可能带来决策上的失误，有可能在投入大量人力、物力后造成设计开发的失败。例如，一个企业如果对市场发展动态信息缺少灵敏性，可能花大力气开发的新产品在另一个企业已经是普通产品，这样就会造成人力、物力、财力的浪费。选择一个合理的项目课题可以减少研发的失败率，降低新产品投资的风险。选择课题时可以使用调查表、排列图、水平对比等方法，使头脑风暴能够结构化呈现较直观的信息，从而使决策人员做出合理决策。

2）定目标，分析产生问题的原因。找准问题后分析产生问题的原因至关重要，运用头脑风暴法等多种科学方法，把导致问题的所有原因找出来。

明确了研究活动的主题后，需要设定一个活动目标，也就是规定活动所要做到的内容和达到的标准。目标可以是定性或定量化的，能够用数量表示的指标要尽可能量化，不能用数量表示的指标也要明确。目标是用来衡量试验效果的指标，所以设定应该有依据，要通过充分的现状调查和比较来获得。例如，开发一种新药前必须掌握、了解政府部门所制定的新药审批政策和标准。制订目标时可以使用关联图、因果图来系统化地揭示各种可能之间的联系，同时使用横道图来制订计划时间表，从而确定研究进度并进行有效的控制。

3）提出各种方案并确定最佳方案，区分主因和次因是最有效解决问题的关键。创新并非单纯指发明创造的创新产品，还可以包括产品革新、产品改进和产品仿制等。其过程就是设立假说，然后去验证假说，目的是从影响产品特性的一些因素中去寻找出好的原料搭配、工艺参数搭配和工艺路线。然而，现实中不可能把所有方案都进行实施，所以提出各种方案后优选并确定出最佳的方案是较有效率的方法。

筛选出所需要的最佳方案，统计质量工具能够发挥较好的作用。正交试验设计法、矩阵图都是进行多方案设计中效率高、效果好的工具方法。

4）制定对策、制订计划。有了好的方案，其中的细节也不能忽视，计划的内容如何完成好，需要将方案步骤具体化，逐一制定对策，明确回答出方案中的“5W1H”，即为什么制定该措施（Why）、达到什么目标（What）、在何处执行（Where）、由谁负责完成（Who）、什么时间完成（When）、如何完成（How）。这样，方案的具体实施步骤将会得到分解。

（2）D阶段　即按照预定的计划、标准，根据已知的内、外部信息，设计出具体的行动方法、方案，进行布局，再根据设计方案和布局，进行具体操作，努力实现预期目标的过程。

设计出具体的行动方法、方案，进行布局，采取有效的行动。产品的质量、能耗等是设计出来的，通过对组织内、外部信息的利用和处理，做出设计和决策，是当代组织最重要的核心能力。设计和决策水平决定了组织执行力。

对策制定完成后就进入了试验、验证阶段，也就是做的阶段。在这一阶段除了按计划和方案实施外，还必须要对过程进行测量，确保工作能够按计划进度实施。同时要收集过程的原始记录和数据，并建立相应文档。

（3）C阶段　即确认实施方案是否达到了目标。效果检查，检查验证、评估效果。

方案是否有效、目标是否完成，需要进行效果检查后才能得出结论。将采取的对策进行

确认后，对采集到的证据进行总结分析，把完成情况同目标值进行比较，看是否达到了预定的目标。当没有出现预期的结果时，应该确认是否严格按照计划实施决策，如果是，就意味着决策失败，那就要重新进行最佳方案的确定。

（4）A 阶段

1）标准化，固定成绩。标准化是维持企业治理现状不下滑，积累、沉淀经验的最好方法，也是企业治理水平不断提升的基础。可以说，标准化是企业治理系统的动力，没有标准化，企业就不会进步，甚至下滑。对已被证明的有成效的措施，要进行标准化，制定成工作标准，以便以后的执行和推广。

2）问题总结，处理遗留问题。所有问题不可能在一个 PDCA 循环中全部解决，遗留的问题会自动转进下一个 PDCA 循环，如此周而复始，螺旋上升。

处理阶段是 PDCA 循环的关键。因为处理阶段就是解决存在问题，总结经验和吸取教训的阶段。该阶段的重点在于修订标准，包括技术标准和管理制度。没有标准化和制度化，就不可能使 PDCA 循环转动向前。

1.2.2　施工要素质量控制法

影响建设工程质量的因素有很多，但是影响建设工程质量形成的关键因素是“4M1E”五大因素。

“4M1E”是人（Man）、材料（Material）、机械（Machine）、方法（Method）、环境（Environment）五个英文单词的首写字母。4M 与 1E 构成了影响质量的“五大要素”，在这五大要素中，人是处于中心位置的。这就像行驶的汽车一样，汽车的四只轮子是“机”“料”“法”“环”四个要素。其中，“人”是驾驶员，是最主要的。

1. 人的因素

质量管理，以人为本。只有不断提高人的质量，才能不断提高活动或过程质量、产品质量、组织质量、体系质量及其组合的实体质量。

只有具备良好素质、过硬专业技能的员工去操作质量这台机器，按合理的比例对原材料进行配置，按规定的程序去生产，并在生产过程中减少对环境的影响，工程质量才能得以保证。

人是建设工程项目实施全过程的参与者，如决策者、管理者、操作者等，其文化水平、技术水平、决策能力、管理能力、组织能力、作业能力、控制能力、身体素质及职业道德都将直接和间接地对建设工程项目质量产生影响。因此，国家推行建设行业职业清单管理制度，把建筑行业实行经营资质管理和各类专业从业人员持证上岗制度充分结合，实施“四库一平台”（即企业数据库基本信息库、注册人员数据库基本信息库、工程项目数据库基本信息库、诚信信息数据库基本信息库和一体化工作平台）的动态管理制度，是保证人员所具有的基本素质的重要管理手段。

2. 材料因素

工程材料具体包括构成工程实体的各类建筑材料、构配件、半成品等，它是工程建设的物质条件，是工程质量的基础。恰当选用合适的工程材料是保证建设工程产品结构刚度和强度的关键环节，若工程材料选用得不合适则会影响工程外表及观感，甚至影响工程的安全。建筑材料的质量控制主要体现在“四环节”：材料的采购、材料的进场试验与检验、材料的

过程保管和材料的使用。

1）材料的采购。在采购过程中，应对钢材、水泥、预拌混凝土等材料实行备案证明管理；通过调研，优选供货商；应将材料技术指标写入合同等。

2）材料的进场试验与检验。材料进场时，应检查合格证、进行现场质量验证和记录；坚持不合格的材料不得使用或降级使用原则。

3）材料的过程保管和材料的使用。材料员应建立材料管理台账，进行收、发、储、运等环节的技术管理，避免不合格的材料用于工程；严格按照施工平面图布置要求堆放材料；合理组织材料使用，减少浪费。

3. 机械因素

机械设备是影响工程质量的又一重大因素。机械设备的好坏直接决定了质量控制的效率。机器设备的管理分为三个方面，即使用、点检、保养。使用是指根据机器设备的性能及操作要求培养操作者，使其能够正确操作使用设备进行生产，这是设备管理最基础的内容。点检是指使用前后根据一定标准对设备进行状态及性能的确认，及早发现设备异常，防止设备非预期的使用，这是设备管理的关键。保养是指根据设备特性，按照一定时间间隔对设备进行检修、清洁、上油等，防止设备劣化，延长设备的使用寿命，是设备管理的重要部分。

在机械设备的控制管理过程中，应严格执行“三定制度”，即定机、定人、定岗，同时加强机械设备的保养与保修。

4. 方法因素

方法是指工艺方法、操作方法和施工方案。在工程施工中，施工方案是否合理，施工工艺是否先进，施工操作是否正确，都将对工程质量产生重大的影响。大力推行新技术、新工艺、新方法，不断提高工艺技术水平，是保证工程质量稳定提高的重要因素。

5. 环境因素

环境条件是指对建设工程质量起重要作用的综合因素，包括工程技术环境、工程管理环境、周边环境，如工程邻近的地下管线、建（构）筑物等。环境条件往往对工程质量产生特定的影响。

1.2.3 工序质量控制法

1. 概述

（1）工序质量的含义　工序质量是指当前工序的输出符合规定的质量要求的程度。其包括两部分：本工序的产品质量特性的符合程度、本工序对下道工序的影响因素的符合程度。

（2）工序质量控制的含义　工序质量控制是指为把工序质量的波动限制在规定的界限内所进行的活动。工序质量控制是利用各种方法和统计工具判断和消除系统因素所造成的质量波动，以保证工序质量的波动限制在要求的界限内。

由于工序种类繁多，工序因素复杂，工序质量控制所需要的工具和方法也多种多样，现场工作人员应根据各工序特点选定既经济又有效的控制方法，避免生搬硬套。工序质量控制一般采用以下三种方法：一是自控；二是工序质量控制点的日常控制；三是工序诊断调节法。

①自控是操作者通过自检得到数据后，将数据与产品图和技术要求相对比，根据数据来

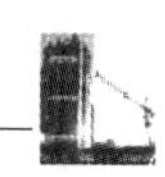

判定合格程度，做出是否调整的判断。操作者的自控可以调动工人搞好产品质量的积极性，进行工序质量控制是确保产品质量的一种有效方法。

②工序质量控制点的日常控制是监视工序能力的波动，检测主导因素的变化，调整主导工序因素的水平。通过监视工序能力的波动可得到主导工序因素变化的信息，检测各主导工序因素，对异常变化的主导因素及时进行调整，使工序处于持续稳定的加工状态。

③工序诊断调节法是按一定的间隔取样，通过对样本观测值的分析和判断，尽快发现异常，找出原因，采取措施，使工序恢复正常的质量控制方法。尽快发现工序状态异常，就是工序诊断；找出原因，采取措施，使工序恢复正常，就是工序调节。工序诊断调节法适用于机械化和自动化水平高的生产过程。

2. 工序质量控制的步骤

（1）实测　采用必要的检测工具和手段，对抽出的工序子样进行质量检验。

（2）分析　对检验所得的数据通过直方图法、排列图法或管理图法等进行分析，了解这些数据所遵循的规律。

（3）判断　根据数据分布规律分析的结果（如数据是否符合正态分布曲线；是否在上下控制线之间；是否在公差（质量标准）规定的范围内；属于正常状态还是异常状态；是偶然性因素引起的质量变异还是系统性因素引起的质量变异等），对整个工序的质量予以判断，从而确定该道工序是否达到质量标准。若出现异常情况，即可寻找原因，采取对策和措施加以预防，这样便可达到控制工序质量的目的。

3. 工序质量控制的内容

进行工序质量控制时，应着重于以下四方面的工作：

（1）严格遵守工艺规程　施工工艺和操作规程是进行施工操作的依据和法规，是确保工序质量的前提，任何人都必须严格执行，不得违犯。

（2）主动控制工序活动条件的质量　工序活动条件包括的内容较多，主要是指影响质量的五大因素：施工操作者、材料、施工机械设备、施工方法和施工环境。只要将这些因素切实有效地控制起来，使它们处于被控制状态，确保工序投入品的质量，避免系统性因素变异的发生，就能保证每道工序的质量正常、稳定。

（3）及时检验工序活动效果的质量　工序活动效果是评价工序质量是否符合标准的尺度。为此，必须加强质量检验工作，对质量状况进行综合统计与分析，及时掌握质量动态。一旦发现质量问题，随即研究处理，自始至终使工序活动效果的质量，满足规范和标准的要求。

（4）设置工序质量控制点　控制点是指为了保证工序质量而需要进行控制的重点、关键部位或薄弱环节。设置工序质量控制点以便在一定时期内、一定条件下进行强化管理，使工序处于良好的控制状态。

小　　结

本章主要介绍了建设工程施工质量控制基本概念、建设工程五方责任体系、建设工程施工质量控制依据，着重介绍了建设工程施工质量控制基本方法（即 PDCA 循环法、施工要素质量控制法、工序质量控制法）的含义以及运用步骤。读者需通过对教材及课外案例资源的学习，理论结合实际，真正掌握建设工程施工质量控制的方法和要点。

习　题

1. 什么是质量？什么是建设工程施工质量？
2. 建设工程施工质量的特性有哪些？
3. 什么是质量控制？其含义是什么？
4. 建设工程五方责任主体项目负责人是指哪五方？
5. PDCA 循环法中各字母含义是什么？
6. “4M1E” 的含义是什么？
7. 工序质量和工序质量控制的含义是什么？
8. 工序质量控制的方法有哪几种？
9. 要进行工序质量控制主要需做好哪几方面的工作？

第 2 章　建设工程施工过程质量控制

教学目标

了解建设工程施工质量控制的全过程，掌握在施工准备阶段、施工实施阶段以及竣工验收阶段质量控制的基本方法和技术措施。

教学内容

本章内容主要包括施工质量控制概述；施工准备阶段人、料、机的质量控制方法；施工阶段质量控制点的选取、技术作业过程中和特殊季节施工等的质量控制方法；竣工验收的基本程序、项目的划分方法、质量评定的标准等内容。

2.1　建设工程施工质量控制概述

工程施工是使工程设计意图最终实现并形成工程实体的阶段，也是形成工程产品质量和工程项目使用价值的重要阶段。施工阶段的质量控制是对投入的资源和条件、生产过程及各环节质量进行控制，直至对所完成的工程产品进行质量检验为止的全过程的系统控制过程。这个过程可以根据在施工阶段工程实体质量形成的时间阶段不同来划分；也可以根据施工阶段工程实体形成过程中物质形态的转化来划分；或者是将施工的工程项目作为一个大系统，按施工层次加以分解来划分。

2.1.1　按工程实体质量形成过程的时间阶段划分

施工阶段的质量控制可以分为以下三个环节：

1. 施工准备控制

它是指在各工程对象正式施工活动开始前，对各项准备工作及影响质量的各因素进行控制，这是确保施工质量的先决条件。

2. 施工实施控制

它是指在施工过程中对实际投入的生产要素质量及作业技术活动的实施状态和结果进行控制，包括作业者发挥技术能力过程的自控行为和来自有关管理者的监控行为。

3. 竣工验收控制

它是指对通过施工过程完成的具有独立功能和使用价值的最终产品（单位工程或整个工程项目）及有关方面（例如质量文档）的质量进行控制。

上述三个环节的施工阶段质量控制的系统过程如图 2-1 所示。本书主要以按工程实体质量形成过程的时间阶段划分来阐述建设工程质量控制的主要方法和要点。

2.1.2　按工程实体质量形成过程中物质形态转化的阶段划分

由于工程对象的施工是一项物质生产活动，所以施工阶段的质量控制系统过程也是一个

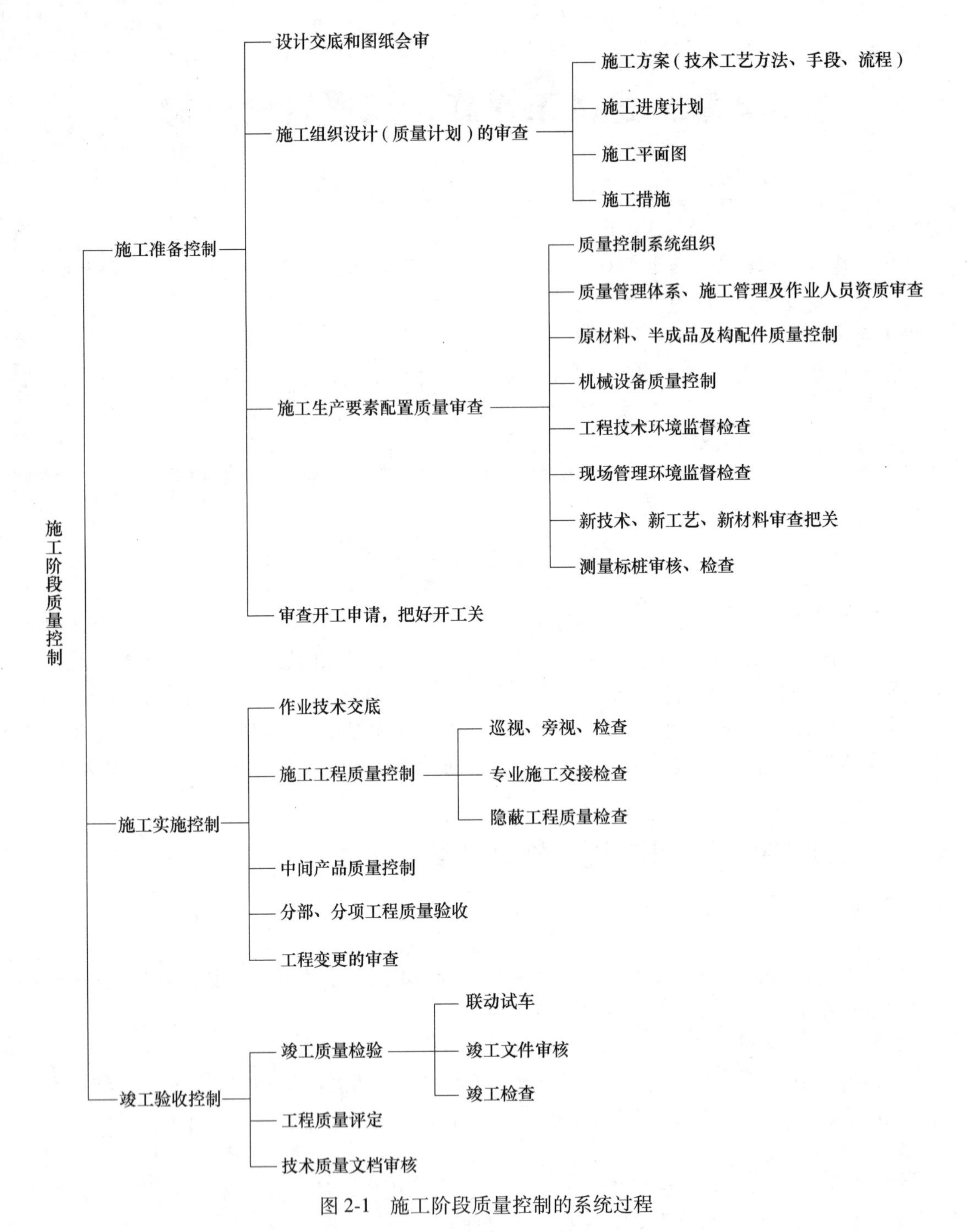

图 2-1　施工阶段质量控制的系统过程

经由以下三个阶段的系统控制过程：

1）对投入的物质资源质量的控制。

2）施工过程质量控制，即在使投入的物质资源转化为工程产品的过程中，对影响产品质量的各因素、各环节及中间产品的质量进行控制。

3）对完成的工程产品质量的控制与验收。

在上述三个阶段的系统过程中，前两阶段对于最终产品质量的形成具有决定性的作用，而所投入的物质资源的质量控制对最终产品质量又具有举足轻重的影响。所以，在质量控制的系统过程中，无论是对投入的物质资源控制，还是对施工及安装生产过程的控制，都应当对影响工程实体质量的五个重要因素，进行全面的控制，即对施工有关人员因素、材料（包括半成品、构配件）因素、机械设备因素（生产及施工设备）、施工方法（施工方案、方法及工艺）因素以及环境因素等进行控制。

2.1.3　按工程项目施工层次划分

通常任何一个大中型工程建设项目都可以划分为若干层次。例如，建筑工程项目按照国家标准可以划分为单位工程、分部工程、分项工程、检验批等层次；而水利水电、港口交通等工程项目则可划分为单项工程、单位工程、分部工程、分项工程等层次。各组成部分之间的关系具有一定的施工先后顺序的逻辑关系。显然，施工作业过程的质量控制是最基本的质量控制，它决定了相关检验批的质量，而检验批的质量又决定了分项工程的质量。按工程项目施工层次划分的质量控制系统过程如图 2-2 所示。

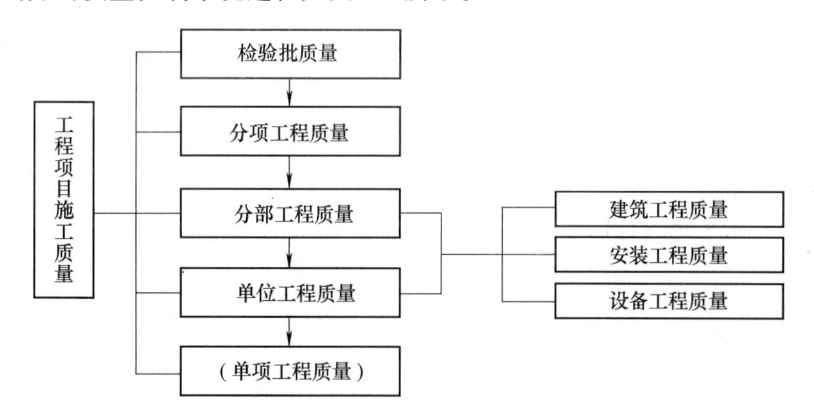

图 2-2　按工程项目施工层次划分的质量控制系统过程

2.2　建设工程施工准备阶段质量控制

工程施工准备阶段包括以下基本内容：

1）技术准备，包括：项目扩大初步设计方案的审查，熟悉和审查项目的施工图，调查分析项目建设地点的自然条件、技术经济条件，编制项目施工图预算和施工预算，编制项目施工组织设计等。

2）物质准备，包括：建筑材料、构配件、制品以及施工设备、机具准备等。

3）组织准备，包括：建立项目组织机构、集结施工队伍、对施工队伍进行入场教育等。

4）施工现场准备，包括：控制网、水准点、标高的测量，“五通一平”，生产、生活临时设施等的准备，组织机具、材料进场，编制季节性施工措施，制定施工现场管理制度等。

2.2.1 技术准备质量控制

1. 施工图的审核质量控制

施工图是建筑物、设备、管线等工程对象的尺寸、布置、选用材料、构造、相互关系、施工及安装质量要求的详细图样和说明，是指导施工的直接依据，也是设计阶段质量控制的一个重点内容。因此，监理单位应重视对施工图的审核。施工图的审核主要由项目总监理工程师负责组织，各专业监理工程师进行具体工作，必要时应组织专家会审或邀请有关专业专家参加。各专业监理工程师应当审查设计单位提交的设计图和设计文件内容是否准确完整、符合编制深度的要求，特别是使用功能及质量要求是否满足设计文件和合同中关于质量目标的具体描述，并应提出书面的监理审核验收意见。如果不能满足要求，应监督设计单位予以修改后再进行审核验收。

（1）监理工程师进行施工图审核的主要原则

1）是否符合有关部门对初步设计的审批要求。

2）是否对初步设计进行了全面、合理的优化。

3）安全可靠性、经济合理性是否有保证，是否符合工程总造价的要求。

4）设计深度是否符合设计阶段的要求。

5）是否满足使用功能和施工工艺的要求。

（2）监理工程师进行施工图审核的主要内容　按上述原则，监理工程师对施工图应主要审核以下内容：

1）图样的规范性。

2）建筑造型与立面设计。

3）平面设计。

4）空间设计。

5）装修设计。

6）结构设计。

7）工艺流程设计。

8）设备设计。

9）水、电、自动控制等设计。

10）城市规划、环境、消防、卫生等要求满足情况。

11）各专业设计的协调一致情况。

12）施工可行性。

13）注意过分设计、不足设计两种极端情况。

2. 作业技术交底的控制

承包单位做好技术交底是取得好的施工质量的条件之一。为此，每一分项工程开始实施前均要进行交底。作业技术交底是施工组织设计或施工方案的具体化，是更细致、明确、具体的技术实施方案，是工序施工或分项工程施工的具体指导文件。为做好技术交底，项目经理部必须由主管技术人员编制技术交底书，并经项目技术负责人批准。技术交底的内容包括施工方法、质量要求和验收标准，施工过程中需注意的问题，可能出现意外的措施及应急方案。技术交底要紧紧围绕与具体施工有关的操作者、机械设备、使用的材料、构配件、工

艺、施工环境、具体管理措施等方面进行，交底书中要明确做什么、谁来做、如何做、作业标准和要求、什么时间完成等。

在关键部位、技术难度大、施工复杂的检验批和分项工程施工前，承包单位的技术交底书（作业指导书）要报监理工程师。经监理工程师审查后，如技术交底书不能保证作业活动的质量要求，承包单位要进行修改、补充。没有做好技术交底的工序或分项工程，不得进入正式实施阶段。

3. 质量计划与施工组织设计的审查

（1）质量计划与施工组织设计　质量计划是质量策划结果的一项管理文件。对工程建设而言，质量计划是为完成预定的质量控制目标，针对特定的工程项目编制专门规定的质量措施、资源和活动顺序的文件。其作用是，对外作为针对特定工程项目的质量保证，对内作为针对特定工程项目质量管理的依据。

质量计划应包括：编制依据；项目概况；质量目标；组织机构；质量控制及管理组织协调的系统描述；必要的质量控制手段、检验和试验程序等；确定关键过程和特殊过程及作业的指导书；与施工过程相适应的检验、试验、测量、验证要求；更改和完善质量计划的程序等。

在国外的工程项目中，承包单位要提交施工计划及质量计划。施工计划是承包单位进行施工的依据，包括施工方法、工序流程、进度安排、施工管理及安全对策、环保对策等。在我国现行的施工管理中，施工承包单位要针对每一个特定的工程项目进行施工组织设计，以此作为施工准备和施工全过程的指导性文件。为确保工程质量，承包单位在施工组织设计中加入了质量目标、质量管理及质量保证措施等质量计划的内容。

质量计划与现行施工管理中的施工组织设计有相同的地方，又存在着差别，具体如下：

1）对象相同。质量计划和施工组织设计都是针对某一特定工程项目提出的。

2）形式相同。二者均为文件形式。

3）作用既相同又存在区别。投标时，投标单位向建设单位提供的施工组织设计与质量计划的作用是相同的，都是对建设单位做出工程项目质量管理的承诺；施工期间，承包单位编制的详细的施工组织设计仅供内部使用，用于具体指导工程项目的施工，而质量计划的主要作用是向建设单位做出保证。

4）编制的原理不同。质量计划的编制是以质量管理标准为基础的，从质量职能上对影响工程质量的各环节进行控制；而施工组织设计则是从施工部署的角度，着重于技术质量形成规律来编制全面施工管理的计划文件。

（2）施工组织设计的审查程序　施工组织设计包含了质量计划的主要内容，因此，监理工程师对施工组织设计的审查也同时包括了对质量计划的审查。

1）在工程项目开工前约定的时间内，承包单位必须完成施工组织设计的编制及内部自审批准工作，填写《施工组织设计（方案）报审表》（见“配套资源”）报送项目监理机构。

2）总监理工程师在约定的时间内，组织专业监理工程师审查并提出意见，然后由总监理工程师审核签认。需要承包单位修改时，由总监理工程师签发书面意见，退回承包单位修改后再报审，总监理工程师重新审查。

3）已审定的施工组织设计由项目监理机构报送建设单位。

4）承包单位应按审定的施工组织设计文件组织施工，如需对其内容做较大的变更，应在实施前将变更内容书面报送项目监理机构审核。

5）规模大、结构复杂或属于新结构、特种结构的工程，项目监理机构对施工组织设计审查后，还应报送监理单位技术负责人审查，提出审查意见后由总监理工程师签发，必要时与建设单位协商，组织有关专业部门和有关专家会审。

6）规模大、工艺复杂的工程、群体工程或分期出图的工程，经建设单位批准可分阶段报审施工组织设计；技术复杂或采用新技术的分项、分部工程，承包单位还应编制该分项、分部工程的施工方案，报项目监理机构审查。

（3）审查施工组织设计时应掌握的原则

1）施工组织设计的编制、审查和批准应符合规定的程序。

2）施工组织设计应符合国家的技术政策，充分考虑承包合同规定的条件、施工现场条件及法律、法规、规范等的要求，突出“质量第一、安全第一”的原则。

3）施工组织设计的针对性：承包单位是否了解并掌握了本工程的特点及难点，施工条件是否分析充分。

4）施工组织设计的可操作性：承包单位是否有能力执行并保证工期和质量目标，该施工组织设计是否切实可行。

5）技术方案的先进性：施工组织设计采用的技术方案和措施是否先进适用，技术是否成熟。

6）质量管理和技术管理体系、质量保证措施是否健全且切实可行。

7）安全、环保、消防和文明施工措施是否切实可行并符合有关规定。

8）在满足合同和法规等要求的前提下，对施工组织设计的审查，应尊重承包单位的自主技术决策和管理决策。

（4）施工组织设计审查的注意事项

1）对于重要的分部、分项工程的施工方案，承包单位应在开工前，向监理工程师提交为完成该项工程的施工方法、施工机械设备及人员配备与组织、质量管理措施以及进度安排等的详细说明，说明报请监理工程师审查认可后施工方案方能实施。

2）在施工顺序上应符合先地下、后地上，先土建、后设备，先主体、后围护的基本规律。先地下、后地上是指地上工程开工前，应尽量把管道、线路等地下设施和土方与基础工程完成，以避免干扰，造成浪费、影响质量。此外，施工流向要合理，即施工的平面和立面上都要考虑施工的质量保证与安全保证；考虑使用的先后和区段的划分，与材料、构配件的运输不发生冲突。

3）施工方案与施工进度计划的一致性。施工进度计划的编制应以确定的施工方案为依据，正确体现施工的总体部署、流向顺序及工艺关系等。

4）施工方案与施工平面图布置协调一致。施工平面图的静态布置内容（如临时施工供水、供电、供热；供气管道；施工道路；临时办公房屋；物资仓库等），以及动态布置内容（如施工材料模板、工具器具等），应做到布置有序，有利于各阶段施工方案的实施。

2.2.2 组织准备质量控制

1. 施工承包单位资质的核查

（1）施工承包单位资质的分类　国务院建设行政主管部门为了维护建筑市场的正常秩序，加强管理，保障承包单位的合法权益和保证工程质量，制定了建筑业企业资质等级标准。承包单位必须在规定的范围内进行经营活动，不得超范围经营。建设行政主管部门对承包单位的资质实行动态管理，建立相应的考核、资质升降及审查规定。

施工承包企业按照其承包工程的能力，划分为施工总承包、专业承包和劳务分包三个序列。这三个序列按照工程性质和技术特点分别划分为若干资质类别，各资质类别按照规定的条件划分为若干等级。

1）施工总承包企业。获得施工总承包资质的企业，可以对工程实行施工总承包或者对主体工程实行施工承包，施工总承包企业可以将承包的工程全部自行施工，也可以将非主体工程或者劳务作业分包给具有相应专业承包资质或者劳务分包资质的其他建筑业企业。施工总承包企业的资质按专业类别共分为 12 个资质类别，每一个资质类别又分成特级、一级、二级、三级。

2）专业承包企业。获得专业承包资质的企业，可以承接施工总承包企业分包的专业工程或者建设单位按照规定发包的专业工程。专业承包企业可以对所承接的工程全部自行施工，也可以将劳务作业分包给具有相应劳务分包资质的劳务分包企业。专业承包企业资质按专业类别共分为 60 个资质类别，每一个资质类别又分为一级、二级、三级。

3）劳务分包企业。获得劳务分包资质的企业，可以承接施工总承包企业或者专业承包企业分包的劳务作业。劳务分包企业有 13 个资质类别，如木工作业、砌筑作业、钢筋作业、架线作业等。有的资质类别分成若干级，有的则不分级，如木工、砌筑、钢筋作业劳务分包企业资质分为一级、二级，油漆、架线等作业劳务分包企业则不分级。

（2）监理工程师对施工承包单位资质的审核

1）招投标阶段对承包单位资质的审查。

①根据工程的类型、规模和特点，确定参与投标企业的资质等级，并取得招投标管理部门的认可。

②对符合参与投标规定的承包企业的考核。

a. 核对《营业执照》及《建筑业企业资质证书》，并了解其实际的建设业绩、人员素质、管理水平、资金情况、技术装备等。建筑业企业资质规定见“配套资源”。

b. 考核承包企业近期的表现，查对年检情况、资质升降级情况，了解其是否存在工程质量、施工安全、现场管理等方面的问题，了解企业管理的发展趋势、质量是否有上升趋势，选择向上发展的企业。

c. 查对近期承建的工程，实地参观考核工程质量情况及现场管理水平。在全面了解的基础上，重点考核与拟建工程类型、规模和特点相似或接近的工程。优先选取打造名牌优质工程的企业。

2）对中标进场从事项目施工的承包企业质量管理体系的核查。

①了解企业的质量意识、质量管理情况，重点了解企业质量管理的基础工作、工程项目管理和质量控制的情况。

②了解企业贯彻 ISO 9000 标准体系和通过认证的情况。

③了解企业领导班子的质量意识及质量管理机构落实、质量管理权限实施的情况等。

④审查承包单位现场项目经理部的质量管理体系。

承包单位健全的质量管理体系，对于取得良好的施工效果具有重要作用，因此，监理工程师做好承包单位质量管理体系的审查工作，是搞好监理工作的重要环节，也是取得好的工程质量的重要条件。

a. 承包单位向监理工程师报送项目经理部的质量管理体系的有关资料，包括组织机构、各项制度、管理人员、专职质检员、特种作业人员的资格证、上岗证、实验室等。

b. 监理工程师对报送的相关资料进行审核，并进行实地检查。

c. 经审核，承包单位的质量管理体系满足工程质量管理的需要，总监理工程师予以确认；对于不合格的人员，总监理工程师有权要求承包单位予以撤换，对于不健全、不完善之处要求承包单位尽快整改。

2. 施工现场劳动组织及作业人员上岗资格的控制

（1）施工现场劳动组织的控制　劳动组织涉及从事作业活动的操作者及管理者，以及相应的各种制度。

1）操作人员充足：从事作业活动的操作者数量必须满足作业活动的需要，相应工种配置能保证作业有序持续进行，不能因人员数量及工种配置不合理而造成停顿。

2）管理人员到位：作业活动的直接负责人（包括技术负责人），专职质检人员，安全员，与作业活动有关的测量人员、材料员、试验员必须在岗。

3）相关制度要健全：如管理层及作业层各类人员的岗位职责；作业活动现场的安全、消防规定；作业活动中环保规定；实验室及现场试验检测的有关规定；紧急情况的应急处理规定等。同时要有相应措施及手段以保证制度、规定的落实和执行。

（2）作业人员上岗资格的控制　从事特种作业的人员（如电焊工、电工、起重工、架子工、爆破工等），必须持证上岗。对此监理工程师要进行检查与核实。特种作业简介见“配套资源”。

3. 环境状态的控制

（1）施工作业环境的控制　施工作业环境主要是指水、电或动力供应、施工照明、安全防护设备、施工场地空间条件和通道以及交通运输和道路条件等。这些条件是否良好，直接影响到施工能否顺利进行，以及施工质量。例如，施工照明不良，会给要求精密度高的施工操作造成困难，施工质量不易保证；交通运输道路不畅，干扰、延误多，可能造成运输时间加长，运送的混凝土中拌合料的质量发生变化（如水灰比、坍落度变化）；路面条件差，可能加重所运混凝土拌合料的离析，水泥浆的流失等。此外，当同一个施工现场有多个承包单位或多个工种同时施工或平行、立体交叉作业时，更应注意避免它们在空间上的相互干扰，影响效率、质量及安全。

所以，监理工程师应事先检查承包单位对施工作业环境条件方面的有关准备工作是否已安排和准备妥当；当确认其准备可靠、有效后，方准许其进行施工。

（2）施工质量管理环境的控制　对施工质量管理环境的检查有如下方面：施工承包单位的质量管理体系和质量控制自检系统是否处于良好的状态；系统的组织结构、管理制度、检测制度、检测标准、人员配备等方面是否完善和明确；质量责任制是否落实。监理工程师

做好承包单位施工质量管理环境的检查，并督促其落实，是保证作业效果的重要前提。

（3）现场自然环境的控制　监理工程师应检查，对于未来的施工期间，当自然环境条件可能出现对施工作业质量的不利影响时，施工承包单位是否事先已有充分的认识并已做好充足的准备、采取了有效措施与对策以保证工程质量。例如，对严寒季节的防冻；夏季的防高温；高地下水位情况下基坑施工的排水或细砂地基防止流沙；施工场地的防洪与排水；风浪对水上打桩或沉箱施工质量影响的防范等。又如，深基础施工中主体建筑物完成后是否可能出现不正常的沉降，影响建筑的综合质量；以及现场因素对工程施工质量与安全的影响（例如，邻近有易爆、有毒气体等危险源；或邻近高层、超高层建筑，深基础施工质量及安全保证难度大等），有无应对方案及有针对性的保证质量及安全的措施等。

2.2.3　物资准备质量控制

1. 进场材料构配件的质量控制

1）凡运到施工现场的原材料、半成品或构配件，进场前应向项目监理机构提交《工程材料/构配件/设备报审表》（见“配套资源”），同时附有产品出厂合格证及技术说明书，由施工承包单位按规定要求进行检验的检验报告或试验报告，经监理工程师审查并确认其质量合格后，方准进场。凡是没有产品出厂合格证明及检验不合格者，不得进场。如果监理工程师认为承包单位提交的有关产品合格证明的文件以及施工承包单位提交的检验报告或试验报告，仍不足以说明到场产品的质量符合要求时，监理工程师可以再行组织复检或见证取样试验，确认其质量合格后方允许进场。钢筋进场验收及见证取样程序简介见“配套资源”。

2）进口材料的检查、验收，应会同国家商检部门进行。如在检验中发现质量问题或数量不符合规定要求时，应取得供货方及商检人员签署的商务记录，在规定的索赔期内进行索赔。

3）材料构配件存放条件的控制。质量合格的材料、构配件进场后，到其使用或安装时通常都要经过一定的时间间隔。在此时间内，如果对材料等的存放、保管不良，可能导致质量状况的恶化，如损伤、变质、损坏，甚至不能使用。因此，监理工程师对承包单位的材料、半成品、构配件的存放、保管条件及时间也应实行监控。

对于材料、半成品、构配件等，应当根据它们的特点、特性以及对防潮、防晒、防锈、防腐蚀、通风、隔热以及温度、湿度等方面的不同要求，安排适宜的存放条件，以保证其存放质量。例如，水泥的存放应当防止受潮，存放时间一般不宜超过3个月，以免受潮结块（图2-3）；硝铵炸药的湿度达3%以上时即易结块、拒爆，存放时应妥善防潮；胶质炸药（硝化甘油）冰点温度高（+13℃），冻结后极为敏感、易爆，存放温度应予以控制；某些化学原材料应当避光、防晒；某些金属材料及器材应防锈蚀（图2-4）等。施工现场钢筋堆放注意事项见“配套资源”。

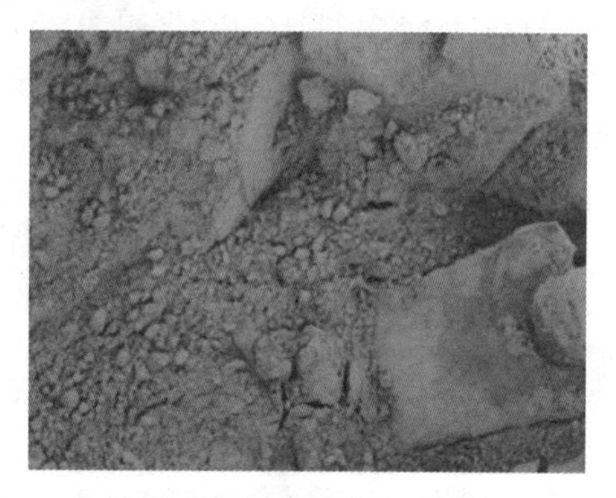

图2-3　水泥存放过久受潮结块

如果存放、保管条件不良，监理工程师有权要求施工承包单位加以改善并达到要求。对

于按要求存放的材料，监理工程师在存入后每隔一定时间（例如一个月）可检查一次，随时掌握它们存放的质量情况。此外，材料、器材在使用前，也应经监理工程师对其质量再次检查确认后，方可允许使用；经检查质量不符合要求者（例如水泥存放时间超过规定期限或受潮结块、强度等级降低），则不准使用，或降低等级使用。

4）对于某些当地的材料及在现场配制的制品，一般要求承包单位事先进行试验，达到要求的标准方准施工。除应达到规定的力学强度等指标外，还应注意以下方面的检验与控制：

①材料的化学成分。例如使用开采、加工的天然卵石或碎石作为混凝土粗骨料时，其内在的化学成分至关重要，因为如果其中含有无定形氧化硅（如蛋白石、白云石、燧石等），且水泥中的含碱（Na_2O，K_2O）量也较高（>0.6%）时，则混凝土中将发生化学反应生成碱-硅酸凝胶（碱-骨料反应），并吸水膨胀，导致混凝土开裂，如图2-5所示。

图2-4 钢筋堆放无防潮措施导致锈蚀

图2-5 混凝土因碱-骨料反应开裂

②充分考虑施工现场的加工条件与设计、试验条件不同而可能导致的材料或半成品质量差异。例如，某工程混凝土所用的砂是由当地的河砂，经过现场加工清洗后使用，按原设计的混凝土配合比进行混凝土试配，其单位体积重量指标值达不到设计要求的标准。究其原因，是现场清洗加工工艺条件使加工后的砂料组成发生了较大变化，其中细砂部分流失量较大，这与设计阶段进行室内配合比试验时所用的砂组分有较大的差异，因而导致混凝土密度指标值达不到原设计要求。这样，就需要先找出原因，设法妥善解决（例如，调整配合比、改进加工工艺等），并经监理工程师认可后方可允许进行施工。

2. 进场施工机械设备性能及工作状态的控制

保证施工现场作业机械设备的技术性能及工作状态，对施工质量有重要的影响。因此，监理工程师要做好现场控制工作。不断检查并督促承包单位，只有状态良好、性能满足施工需要的机械设备才允许进入现场作业。

（1）施工机械设备的进场检查　机械设备进场前，承包单位应向项目监理机构报送进场设备清单，列出进场机械设备的型号、规格、数量、技术性能（技术参数）、设备状况、进场时间。机械设备进场后，根据承包单位报送的清单，监理工程师进行现场核对：是否与施工组织设计中所列的内容相符。

（2）机械设备工作状态的检查　监理工程师应审查作业机械的使用、保养记录，检查其工作状况；重要的工程机械，例如：大功率推土机、大型凿岩设备、路基碾压设备等，应

在现场实际复验（如开动、行走等），以保证投入作业的机械设备状态良好。监理工程师还应经常了解施工作业中机械设备的工作状况，防止带病运行。若监理工程师发现机械设备存在问题，应指令承包单位及时修理，以保持良好的作业状态。

（3）特殊设备安全运行的审核　对于现场使用的塔式起重机及有特殊安全要求的设备，在使用前必须经过当地劳动安全部门的鉴定，符合要求并办好相关手续后方可允许承包单位投入使用。

（4）大型临时设备的检查　在跨越大江大河的桥梁施工中，经常会涉及承包单位在现场组装的大型临时设备，如轨道式门式起重机（图2-6）、悬灌施工中的挂篮、梁式起重机、吊索塔架、缆索起重机等。这些设备使用前，承包单位必须取得本单位上级安全主管部门的审查批准，办好相关手续后，监理工程师方可批准投入使用。

图2-6　轨道式门式起重机

3. 施工测量及计量器具性能、精度的控制

（1）实验室　工程项目中，承包单位应建立实验室。若确因条件限制不能建立实验室，则应委托具有相应资质的专门实验室作为实验室。若是新建的实验室，应按国家有关规定，经计量主管部门认证，取得相应资质；若是本单位中心实验室的派出部分，则应有中心实验室的正式委托书。

（2）监理工程师对实验室的检查

1）工程作业开始前，承包单位应向项目监理机构报送实验室（或外委实验室）的资质证明文件，列出本实验室所开展的试验、检测项目、主要仪器、设备；法定计量部门对计量器具的标定证明文件；试验检测人员上岗资质证明；实验室管理制度等。

2）监理工程师的实地检查。监理工程师应检查实验室资质证明文件、试验设备，还应检查检测仪器能否满足工程质量检查要求，是否处于良好的可用状态，精度是否符合需要；法定计量部门标定资料、合格证、率定表是否在标定的有效期内；实验室管理制度是否齐全，符合实际；试验、检测人员的上岗资质等。经检查，确认能满足工程质量检验要求，则予以批准并同意使用，否则，承包单位应进一步完善、补充，在没得到监理工程师同意之前，实验室不得使用。

（3）工地测量仪器的检查　在施工测量开始前，承包单位应向项目监理机构提交测量仪器的型号、技术指标、精度等级、法定计量部门的标定证明、测量工的上岗证明，监理工程师审核确认后，方可进行正式测量作业。在作业过程中，监理工程师也应经常检查、了解计量仪器、测量设备的性能、精度状况，使其处于良好的状态之中。

2.2.4　现场准备质量控制

1. 工程定位及标高基准控制

工程施工测量放线是建设工程产品由设计转化为实物的第一步。施工测量质量的好坏，直接影响工程产品的综合质量，并且制约着施工过程中有关工序的质量。例如，测量控制基准点或标高有误，会导致建筑物或结构的位置或高程出现误差，从而影响整体质量；又如，长隧道采用两端或多端同时掘进时，若洞的中心线测量失准，则会造成不能准确对接的质量问题；再如，永久设备的基础预埋件定位测量失准，则会造成设备难以正确安装的质量问题等。因此，工程测量控制可以说是施工前质量控制的一项基础工作，它是施工准备阶段的一项重要内容。监理工程师应将其作为保证工程质量的一项重要内容，在监理工作中，应由测量专业监理工程师负责工程测量的复核控制工作。

1）监理工程师应要求施工承包单位对建设单位（或其委托的单位）给定的原始基准点、基准线和标高等测量控制点进行复测，并将复测结果报监理工程师审核，经批准后施工承包单位只能据此进行准确的测量放线，建立施工测量控制网，并应对其正确性负责，同时做好基桩的保护。

2）复测施工测量控制网。在工程总平面图上，各种建筑物或构筑物的平面位置是用施工坐标系统的坐标来表示的。施工测量控制网的初始坐标和方向，一般是根据测量控制点测定的，测定好建筑物的长向主轴线即可作为施工平面控制网的初始方向，以后在控制网加密或建筑物定位时，不再用控制点定向，以免使建筑物发生位移及偏转。复测施工测量控制网时，应抽检建筑方格网、控制高程的水准网点以及标桩埋设位置等。

2. 施工平面布置的控制

为了保证承包单位能够顺利地施工，监理工程师应督促建设单位按照合同约定并结合承包单位施工的需要，事先划定并提供给承包单位占有和使用现场有关部分的范围。如果在现场的某一区域内需要不同的施工承包单位同时或先后施工、使用，就应根据施工总进度计划的安排，规定他们各自占用的时间和先后顺序，并在施工总平面图中详细注明各工作区的位置及占用顺序，监理工程师要检查施工现场总体布置是否合理，是否有利于保证施工的正常、顺利进行，是否有利于保证质量，要特别重视场区道路、防洪排水、器材存放、给水及供电、混凝土供应及主要垂直运输机械设备布置等方面。

3. 材料构配件采购订货的控制

工程所需的原材料、半成品、构配件等都将构成永久性工程的组成部分。所以，它们的质量好坏直接影响未来工程产品的质量，因此需要事先对其质量进行严格控制。

1）凡由承包单位负责采购的原材料、半成品或构配件，在采购订货前应向监理工程师申报；对于重要的材料，还应提交样品，供试验或鉴定，有些材料则要求供货单位提交理化试验单（如预应力钢筋的硫、磷含量等），经监理工程师审查认可后，方可进行订货采购。

2）对于半成品或构配件，应按经过审批认可的设计文件和图样要求采购订货，质量应满足有关标准和设计的要求，交货期应满足施工及安装进度安排的需要。

3）供货厂家是制造材料、半成品、构配件的主体，所以通过考查优选合格的供货厂家是保证采购、订货质量的前提。为此，大宗的器材或材料的采购应当实行招标采购的方式。

4）对于半成品和构配件的采购、订货，监理工程师应提出明确的质量要求、质量检测项目及标准、出厂合格证或产品说明书等质量文件的要求，以及是否需要权威性的质量认证等。

5）某些材料，诸如瓷砖等装饰材料，订货时最好一次订齐且备足货源，以免在分层抽样时出现色泽不一等的质量问题。

6）供货方应向需方（订货方）提供质量文件，用以表明其提供的货物能够完全达到需方提出的质量要求。质量文件也是承包单位（当承包单位负责采购时）将来在工程竣工时

应提供竣工文件的组成部分，用以证明工程项目所用的材料或构配件等的质量符合要求。

质量文件主要包括：产品合格证及技术说明书；质量检验证明；检测与试验者的资格证明；关键工序操作人员资格证明及操作记录（例如大型预应力构件的张拉应力工艺操作记录）；不合格品或质量问题处理的说明及证明；有关图样及技术资料；必要时，还应附有权威性认证资料。

4. 施工机械配置的控制

1）施工机械设备的选择，除应考虑施工机械的技术性能、工作效率、工作质量、可靠性及维修难易、能源消耗，以及安全、灵活等方面对施工质量的影响与保证外，还应考虑其数量配置对施工质量的影响与保证条件。例如，为保证混凝土连续浇筑，应备有足够的搅拌机和运输设备；在一些城市建筑施工中，有防止噪声的限制，必须采用静力压桩等。此外，要注意设备型号应与施工对象的特点及施工质量要求相适应。例如，对于黏性土的压实，可以采用羊足碾压路机（图 2-7）进行分层碾压；但对于砂性土的压实，则宜采用振动压路机（图 2-8）等类型的机械。在选择机械性能参数方面，也要与施工对象特点及质量要求相适应，例如选择起重机械进行吊装施工时，其起重量、起重高度及起重半径均应满足吊装要求。

图 2-7　羊足碾压路机

图 2-8　振动光轮压路机

2）审查施工机械设备的数量是否足够。例如在进行就地灌注桩施工时，是否有备用的混凝土搅拌机和振捣设备，以防止由于机械发生故障使混凝土浇筑工作中断，造成断桩质量事故等。

3）审查所需的施工机械设备是否按已批准的计划备妥；所准备的机械设备是否与监理工程师审查认可的施工组织设计或施工计划中所列者相一致；所准备的施工机械设备是否都处于完好可用的状态等。对于与批准的计划中所列施工机械不一致者，或机械设备的类型、规格、性能不能保证施工质量者，以及维护修理不良，不能保证良好的可用状态者，都不准使用。

5. 分包单位资质的审核确认

保证分包单位的资质是保证工程施工质量的一个重要环节和前提。因此，监理工程师应对分包单位资质进行严格审核。

（1）分包单位提交《分包单位资质报审表》（见“配套资源”）　总承包单位选定分包单位后，应向监理工程师提交《分包单位资质报审表》，其内容一般应包括以下几方面：

1）关于拟分包工程的情况，说明拟分包工程名称（部位）、工程数量、拟分包合同额、分包工程占全部工程额的比例等。

2）关于分包单位的基本情况，包括该分包单位的企业简介、资质材料、技术实力；企业过去的工程经验与业绩；企业的财务资本状况；施工人员的技术素质和条件等。

3）分包协议草案，包括总承包单位与分包单位之间责、权、利；分包项目的施工工艺；分包单位设备和到场时间、材料供应；总包单位的管理责任等。

（2）监理工程师审查总承包单位提交的《分包单位资质报审表》　审查时，主要是审查施工承包合同是否允许分包，分包的范围和工程部位是否可进行分包，分包单位是否具有按工程承包合同规定的条件完成分包工程任务的能力。如果认为该分包单位不具备分包条件，则不予批准。若监理工程师认为该分包单位基本具备分包条件，则应在进一步调查后由总监理工程师予以书面确认。审查、控制的重点一般是分包单位施工组织者、管理者的资格与质量管理水平，特殊专业工种和关键施工工艺或新技术、新工艺、新材料等应用方面操作者的素质与能力。

（3）对分包单位进行调查　调查的目的是核实总承包单位申报的分包单位情况是否属实。如果监理工程师对调查结果满意，则总监理工程师应以书面形式批准该分包单位承担分包业务。总承包单位收到监理工程师的批准通知后，应尽快与分包单位签订分包协议，并将协议副本报送监理工程师备案。

6. 设计交底与施工图的现场核对

在施工阶段，设计文件是监理工作的依据。因此，监理工程师应认真参加由建设单位主持的设计交底工作，以便透彻地了解设计原则及质量要求；同时，要督促承包单位认真做好审核及图样核对工作，对于审图过程中发现的问题，应及时以书面形式报告给建设单位。

（1）监理工程师参加设计交底应着重了解的内容

1）有关地形、地貌、水文气象、工程地质及水文地质等自然条件。

2）主管部门及其他部门（如规划、环保、农业、交通、旅游等部门）对本工程的要求、设计单位采用的主要设计规范、市场供应的建筑材料情况等。

3）设计意图方面：设计思想、设计方案比选的情况、基础开挖及基础处理方案、结构设计意图、设备安装和调试要求、施工进度与工期安排等。

4）施工应注意事项方面：基础处理的要求、对建筑材料方面的要求、主体工程设计中采用新结构或新工艺对施工提出的要求、为实现进度安排而应采用的施工组织和技术保证措施等。

（2）施工单位应进行施工图的现场核对　施工图是工程施工的直接依据，为了使施工承包单位充分了解工程特点、设计要求，减少图样的差错，确保工程质量，减少工程变更，施工承包单位应做好施工图的现场核对工作。

施工图的现场核对主要包括以下几个方面：

1）施工图合法性的认定：施工图是否经设计单位正式签署，是否按规定经有关部门审核批准，是否得到建设单位的同意。

2）图样与说明书是否齐全，若分期出图，图样供应是否满足需要。

3）地下构筑物、障碍物、管线是否探明并标注清楚。

4）图样中有无遗漏、差错，或相互矛盾之处（例如，漏画螺栓孔、漏列钢筋明细表；

尺寸标注有错误、平面图与相应的剖面图相同部位的标高不一致；工艺管道、电气线路、设备装置等相互干扰、矛盾）；图样的表示方法是否清楚和符合标准（例如，对预埋件、预留孔的表示以及钢筋构造要求是否清楚）等。

5）工程地质及水文地质条件等基础资料是否充分、可靠，地形、地貌资料与现场实际情况是否相符。

6）所需材料的来源有无保证，能否替代；新材料、新技术的采用有无问题。

7）提出的施工工艺、方法是否合理，是否切合实际，是否存在不便于施工之处，能否保证质量要求。

8）施工图或说明书中所涉及的各种标准、图册、规范、规程等，承包单位是否具备。

对于存在的问题，要求承包单位以书面形式提出，在设计单位以书面形式进行解释或确认后，才能进行施工。

7. 严把开工关

在总监理工程师向承包单位发出开工通知书时，建设单位即应及时保证质量地提供承包单位所需的场地和施工通道以及水、电供应等条件，以确保及时开工，防止承担补偿工期和费用损失的责任。为此，监理工程师应事先检查工程施工所需的场地征用情况，道路和水、电开通情况；若不具备相应条件，监理工程师应敦促建设单位努力实现。

总监理工程师对于与拟开工工程有关的现场各项施工准备工作进行检查并确认合格后，方可发布书面的开工指令。对于已停工程，则需有总监理工程师的复工指令方能复工。对于合同中所列工程及工程变更的项目，承包单位必须在开工前提交《工程开工报审表》（见“配套资源”），经监理工程师审查上述各方面条件具备并由总监理工程师予以批准后，承包单位才能开始施工。

8. 监理机构内部的监控准备工作

建立并完善项目监理机构的质量监控体系，做好监控准备工作，使其能适应工程项目质量监控的需要，这是监理工程师做好质量控制的基础工作之一。例如，针对分部、分项工程的施工特点拟定监理实施细则，配备相应人员，明确分工及职责，配备所需的检测仪器设备并使其处于良好可用的状态，熟悉有关的检测方法和规程等。

2.3　建设工程施工阶段质量控制

2.3.1　施工质量控制概述

1. 施工质量控制的特点

由于项目施工涉及面广，是一个极其复杂的综合过程，再加上项目位置固定、生产流动、结构类型不同、质量要求不同、施工方法不同、体形大、整体性强、建设周期长、受自然条件影响大等特点，因此，施工项目的质量比一般工业产品的质量更难以控制，主要表现在以下方面：

（1）影响质量的因素多　如设计、材料、机械、地形、地质、水文、气象、施工工艺、操作方法、技术措施、管理制度等，均直接影响施工项目的质量。

（2）容易产生质量变异　因项目施工不像工业产品生产，有固定的流水线、规范的生

产工艺和完善的检测技术、成套的生产设备和稳定的生产环境、相同系列规格和相同功能的产品，且由于影响施工项目质量的偶然性因素和系统性因素较多，因此，项目施工中很容易产生质量变异。例如，材料性能微小的差异、机械设备正常的磨损、操作微小的变化、环境微小的波动等，均会引起偶然性因素的质量变异；若使用的材料规格、品种有误，施工方法不妥，操作不按规程，机械故障，仪表失灵，设计计算错误等，则会引起系统性因素的质量变异，造成工程质量事故。为此，在施工中要严防出现系统性因素的质量变异；要把偶然性因素的质量变异控制在合理范围内。

（3）容易产生第一、二判断错误　由于施工项目中工序交接多、中间产品多、隐蔽工程多，若不及时检查实质，而是事后再看表面，就容易产生第二判断错误，也就是说，容易将不合格的产品认为是合格的产品；反之，若检查不认真，测量仪表不准，读数有误，则就会产生第一判断错误，也就是说容易将合格产品认为是不合格的产品。这点，在进行质量检查验收时应特别注意。

（4）质量检查不能解体、拆卸　工程项目建成后，不可能像某些工业产品那样，再拆卸或解体检查内在的质量，或重新更换零件，即使发现质量有问题，也不可能像工业产品那样实行“包换”或“退款”。

（5）质量受投资、进度的制约　施工项目的质量，受投资、进度的制约较大，如一般情况下，投资大、进度慢，则质量就可能较好；反之，质量则可能较差。因此，在项目施工中，还必须正确处理质量、投资、进度三者之间的关系，使它们达到对立的统一。

2. 施工质量控制的原则

（1）以人为核心　人是质量的创造者，工程质量过程管理必须“以人为核心”，把人作为管理的动力，调动人的积极性、创造性；增强人的责任感，树立“质量第一”的观念，提高人的素质，避免人的失误；以人的工作质量保证工序质量，促进工程质量。

（2）以预防为主　“以预防为主”，就是要对工程质量从事后检查，转向事前控制、事中控制；对产品的质量检查，转向对工作质量、工序质量、中间产品质量的检查，这是确保工程质量的有效措施。

（3）坚持质量标准、严格检查，一切用数据说话　质量标准是评价产品质量的尺度，数据是质量控制的基础和依据。产品的质量是否符合质量标准，必须通过严格检查，用数据说话。

（4）贯彻科学、公正、守法的职业规范　建筑施工管理人员在处理问题过程中，应尊重客观事实，尊重科学；正直、公正，不持偏见；遵纪、守法，杜绝不正之风；既要坚持原则、严格要求、秉公办事，又要谦虚谨慎、实事求是。任何工程项目都由分项工程、分部工程和单位工程组成，而工程项目的施工是通过一道道工序来完成的。所以，项目的施工质量控制是从工序质量到分项工程质量、分部工程质量、单位工程质量的系统控制过程，也是一个由原材料的质量控制开始，到完成工程质量检验为止的全过程的系统控制。

3. 施工质量控制的依据

施工阶段监理工程师进行质量控制的依据主要有以下四类：

（1）工程合同文件　工程施工承包合同文件和委托监理合同文件中分别规定了参与建设各方在质量控制方面的权利和义务，有关各方必须履行在合同中的承诺。对于监理单位，既要履行委托监理合同的条款，又要督促建设单位、监督承包单位、设计单位履行有关的质

量控制条款。

（2）设计文件　“按图施工”是施工阶段质量控制的一项重要原则。因此，经过批准的设计图和技术说明书等设计文件，无疑是质量控制的重要依据。但是从严格质量管理和质量控制的角度出发，监理单位在施工前还应参加由建设单位组织、设计单位及承包单位参加的设计交底及图样会审工作，以便达到了解设计意图和质量要求、发现图样差错和减少质量隐患的目的。

（3）国家及政府有关部门颁布的有关质量管理方面的法律、法规、规章及规范性文件

1）《中华人民共和国建筑法》（1997 年 11 月 1 日中华人民共和国主席令第 91 号发布、2011 年 4 月 22 日第 46 号主席令对其补充修改）。

2）《建设工程质量管理条例》（2000 年 1 月 30 日中华人民共和国国务院令第 279 号发布、2017 年 10 月 7 日第 687 号国务院令修订）。

3）《建筑业企业资质管理规定》（2015 年 1 月 22 日中华人民共和国住房和城乡建设部令第 22 号发布）。

以上列举的是国家及建设主管部门颁发的有关质量管理方面的法律、法规、规章及规范性文件，这些文件都是建设行业质量管理方面所应遵循的基本法律、法规、规章及规范性文件。此外，其他各行业如交通、能源、水利、冶金、化工等的政府主管部门和省、市、自治区的有关主管部门，也均根据本行业及地方的特点，制定和颁发了有关规章及规范性文件。

4）有关质量检验与控制的专门技术规范性文件。这类文件一般是针对不同行业、不同的质量控制对象而制定的技术规范性的文件，包括各种有关的标准、规范、规程或规定。

技术标准有国际标准、国家标准、行业标准、地方标准和企业标准。它们是建立和维护正常的生产和工作秩序应遵守的准则，也是衡量工程、设备和材料质量的尺度。例如，工程质量检验及验收标准；材料、半成品或构配件的技术检验和验收标准等。技术规程或规范，一般是执行技术标准，保证施工有序地进行，而为有关人员制定的行动准则，通常也与质量的形成有密切关系，应严格遵守。各种有关质量方面的规定，一般是由有关主管部门根据需要而发布的带有方针目标性的文件，它有保证标准和规程、规范的实施和改善实际存在问题的作用，具有指令性和及时性的特点。此外，对于大型工程，特别是对外承包工程和外资、外贷工程的质量监理与控制，可能还会涉及国际标准和国外标准或规范，当需要采用这些标准或规范进行质量控制时，还需要熟悉它们。

概括来说，属于这类专门的技术规范性的依据主要有以下几类：

1）工程项目施工质量验收标准。这类标准主要是由有关主管部门统一制定的，用以作为检验和验收工程项目质量水平所依据的技术规范性文件。例如，评定建筑工程质量验收的《建筑工程施工质量验收统一标准》（GB 50300—2013）、《混凝土结构工程施工质量验收规范》（GB 50204—2015）、《建筑装饰装修工程质量验收标准》（GB 50210—2018）等。对于其他行业如水利、电力、交通等工程项目的质量验收，也有相应的质量验收标准。

2）有关工程材料、半成品和构配件质量控制方面的专门技术规范性依据。

①有关材料及其制品质量的技术标准。例如，水泥、木材及其制品、钢材、砖瓦、砌块、石材、石灰、砂、玻璃、陶瓷及其制品；涂料、保温及吸声材料、防水材料、塑料制品；建筑五金、电缆电线、绝缘材料以及其他材料或制品的质量标准。

②有关材料或半成品等的取样、试验等方面的技术标准或规程。例如，木材的物理力学

试验方法总则、钢材的机械及工艺试验取样法、水泥安定性检验方法等。

③有关材料验收、包装、标志方面的技术标准和规定。例如，型钢的验收、包装、标志及质量证明书的一般规定；钢管验收、包装、标志及质量证明书的一般规定等。

3）控制施工作业活动质量的技术规程。例如，电焊操作规程、砌砖操作规程、混凝土施工操作规程等。它们是为了保证施工作业活动质量在作业过程中应遵照执行的技术规程。

4）凡采用新工艺、新技术、新材料的工程，事先应进行试验，并应有权威性技术部门的技术鉴定书及有关的质量数据、指标，在此基础上制定有关的质量标准和施工工艺规程，以此作为判断与控制质量的依据。

4. 施工质量控制的程序

在施工阶段，监理工程师要进行全过程、全方位的监督、检查与控制，不仅涉及最终产品的检查、验收，而且涉及施工过程的各环节及中间产品的监督、检查与验收。在每项工程开工前，承包单位须做好施工准备工作，然后填报《工程开工/复工报审表》（见“配套资源”），附上该项工程的开工报告、施工方案以及施工进度计划、人员及机械设备配置、材料准备情况等，报送监理工程师审查。若审查合格，则由总监理工程师批准施工。否则，承包单位应进一步做好施工准备，待条件具备时，再次填报开工申请。

在施工过程中，监理工程师应督促承包单位加强内部质量管理，严格质量控制。施工作业过程均应按规定工艺和技术要求进行。在每道工序完成后，承包单位应进行自检，自检合格后，填报《工程报验申请表》（见“配套资源”）交监理工程师检验。监理工程师收到检查申请后应在合同规定的时间内到现场检验，检验合格后予以确认。

只有上一道工序被确认质量合格后，方能准许下道工序施工，按上述程序完成逐道工序。当一个检验批、分项工程、分部工程完成后，承包单位首先对检验批、分项工程、分部工程进行自检，填写相应质量验收记录表，确认工程质量符合要求，然后向监理工程师提交《工序报验申请表》，并附上自检的相关资料。监理工程师现场检查并对相关资料审核，若工程质量符合要求则予以签字验收，反之，则指令承包单位进行整改或返工处理。

在施工质量验收过程中，涉及结构安全的试块、试件以及有关材料，应按规定进行见证取样检测；对涉及结构安全和使用功能的重要分部工程，应进行抽样检测，承担见证取样检测及有关结构安全检测的单位应具有相应资质。通过返修或加固处理仍不能满足安全使用要求的分部工程、单位工程严禁验收。

2.3.2 施工过程的质量控制点

1. 质量控制点的概念

质量控制点是指为了保证作业过程质量而确定的重点控制对象、关键部位或薄弱环节。设置质量控制点是保证达到施工质量要求的必要前提，监理工程师在拟定质量控制工作计划时，应予以详细考虑，并以制度保证其落实。对于质量控制点，一般要事先分析可能造成质量问题的原因，再针对原因制定对策和措施来进行预控。

承包单位在工程施工前应根据施工过程质量控制的要求，列出质量控制点明细表，表中详细地列出各质量控制点的名称或控制内容、检验标准及方法等，提交监理工程师审查批准后，在此基础上实施质量预控。

2. 选择质量控制点的一般原则

可作为质量控制点的对象涉及面广，它可能是技术要求高、施工难度大的结构部位，也可能是影响质量的关键工序、操作或某一环节。总之，结构部位、影响质量的关键工序、操作、施工顺序、技术、材料、机械、自然条件、施工环境等均可作为质量控制点来控制。

概括地说，应当选择保证质量难度大、对质量影响大或者发生质量问题时危害大的对象作为质量控制点。

1）施工过程中的关键工序或环节以及隐蔽工程，例如预应力结构的张拉工序，钢筋混凝土结构中的钢筋架立。

2）施工中的薄弱环节，或质量不稳定的工序、部位或对象，例如地下防水层施工。

3）对后续工程施工或对后续工序质量或安全有重大影响的工序、部位或对象，例如预应力结构中的预应力钢筋质量、模板的支撑与固定等。

4）采用新技术、新工艺、新材料的部位或环节。

5）施工上无足够把握、施工条件困难或技术难度大的工序或环节，例如复杂曲线模板的放样等。

显然，是否设置为质量控制点，主要是视其对质量特性影响的大小、危害程度以及其质量保证的难度大小而定。表 2-1 为建筑工程质量控制点的设置位置表。

表 2-1　建筑工程质量控制点的设置位置表

分项工程	质量控制点
工程测量定位	标准轴线桩、水平桩、龙门板、定位轴线、标高
地基、基础（含设备基础）	基坑（槽）尺寸、标高、土质、地基承载力，基础垫层标高，基础位置、尺寸、标高，预留洞孔、预埋件的位置、规格、数量，基础标高、杯底弹线
砌体	砌体轴线，皮数杆，砂浆配合比，预留洞孔、预埋件位置、数量，砌块排列
模板	位置、尺寸、标高，预埋件位置，预留洞孔尺寸、位置，模板强度及稳定性，模板内部清理及润湿情况
钢筋混凝土	水泥品种、强度等级，砂石质量，混凝土配合比，外加剂比例，混凝土振捣，钢筋品种、规格、尺寸、搭接长度，钢筋焊接，预留洞、孔及预埋件规格、数量、尺寸、位置，预制构件吊装或出场（脱模）强度，吊装位置、标高、支承长度、焊缝长度
吊装	吊装设备起重能力、吊具、索具、地锚
钢结构	翻样图、放大样
焊接	焊接条件、焊接工艺
装修	视具体情况而定

3. 作为质量控制点重点控制的对象

1）人的行为对某些作业或操作，应以人为重点进行控制。例如，高空、高温、水下、危险作业等，对人的身体素质或心理应有相应的要求；技术难度大或精度要求高的作业，如复杂模板放样、精密、复杂的设备安装、以及重型构件吊装等对人的技术水平均有相应的要求。

2）物的质量与性能、施工设备和材料是直接影响工程质量和安全的主要因素，对某些工程尤为重要，常作为控制的重点。例如，基础的防渗灌浆，灌浆材料细度及可灌性、作业设备的质量、计量仪器的质量都是直接影响灌浆质量和效果的主要因素。

3）关键的操作。例如，预应力钢筋的张拉工艺操作过程及张拉力的控制，是可靠地建立预应力值和保证预应力构件质量的关键。

4）施工技术参数。例如，对填方路堤进行压实时，对填土含水量等参数的控制是保证填方质量的关键；对于岩基水泥灌浆，灌浆压力和吃浆率是质量控制的重点；冬期施工混凝土受冻临界强度等技术参数是质量控制的重要指标。

5）施工顺序对于某些工作必须严格作业之间的顺序。例如，对于冷拉钢筋应当先对焊、后冷拉，否则会失去冷强；对于屋架固定一般应采取对角同时施焊，以免焊接应力使已校正的雁架发生变位等。

6）技术间歇。有些作业之间需要有必要的技术间歇时间，例如，砖墙砌筑后与抹灰工序之间，以及抹灰与粉刷或喷涂之间，均应保证有足够的间歇时间；混凝土浇筑后至拆模之间也应保持一定的间歇时间；混凝土大坝坝体分块浇筑时，相邻浇筑块之间也必须保持足够的间歇时间等。

7）由于缺乏经验，施工时新工艺、新技术、新材料的应用可作为重点进行严格控制。

8）产品质量不稳定、不合格率较高及易发生质量通病的工序应列为重点，仔细分析、严格控制。例如，防水层的敷设，供水管道接头的渗漏等。

9）易对工程质量产生重大影响的施工方法。例如，液压滑模施工中的支承杆失稳问题、升板法施工中提升差的控制等，一旦施工不当或控制不严，都可能引起重大质量事故，所以也应作为质量控制的重点。

10）特殊地基或特种结构。例如，大孔性湿陷性黄土、膨胀土等特殊土地基的处理、大跨度和超高结构等难度大的施工环节和重要部位等都应予特别重视。

总之，质量控制点的选择要准确、有效。为此，一方面需要有经验的工程技术人员来进行选择，另一方面也要集思广益，集中群体智慧由有关人员充分讨论，在此基础上进行选择。选择时要根据对重要的质量特性进行重点控制的要求，选择质量控制的重点部位、重点工序和重点质量因素作为质量控制点，进行重点控制和预控，这是进行质量控制的有效方法。

4. 质量预控对策的检查

工程质量预控是指针对所设置的质量控制点或分部、分项工程，事先分析施工中可能发生的质量问题和隐患，分析可能产生的原因，并提出相应的对策，采取有效的措施进行预先控制，以防在施工中发生质量问题。

质量预控及对策的表达方式主要有：

1）文字表达。

2）表格形式表达。

3）解析图形式表达。

质量预控及对策的表达方式案例见“配套资源”。

2.3.3 作业技术活动运行过程的质量控制

工程施工质量是在施工过程中形成的，而不是最后检验出来的；施工过程由一系列相互联系与制约的作业活动构成，因此，保证作业活动的效果与质量是施工过程质量控制的基础。

1. 承包单位自检与专检工作的监控

（1）承包单位的自检系统　承包单位是施工质量的直接实施者和责任者。监理工程师的质量监督与控制就是使承包单位建立起完善的质量自检体系并有效运转。

承包单位的自检体系表现在以下几点：

1）作业活动的作业者在作业结束后必须自检。

2）不同工序交接、转换必须由相关人员交接检查。

3）承包单位专职质检员的专检。

为实现上述三点，承包单位必须有整套的制度及工作程序，具有相应的试验设备及检测仪器，配备数量满足需要的专职质检人员及试验检测人员。

（2）监理工程师的检查　监理工程师的质量检查与验收是对承包单位作业活动质量的复核与确认；监理工程师的检查决不能代替承包单位的自检，而且，监理工程师的检查必须在承包单位自检并确认合格的基础上进行。若专职质检员没检查或检查不合格则不能报监理工程师。对不符合上述规定的情况，监理工程师一律拒绝进行检查。

2. 技术复核工作监控

凡涉及施工作业技术活动基准和依据的技术工作，都应该严格进行专人负责的复核性检查，以避免基准失误给整个工程质量带来难以补救的或全局性的危害。例如，工程的定位、轴线、标高，预留孔洞的位置和尺寸，预埋件，管线的坡度、混凝土配合比，变电、配电位置，高低压进出口方向、送电方向等。技术复核是承包单位应履行的技术工作责任，其复核结果应报送监理工程师复验确认后，才能进行后续相关的施工。监理工程师应把技术复验工作列入监理规划及质量控制计划中，并看作是一项经常性的工作任务，贯穿于整个施工过程中。

常见的施工测量复核有：

1）民用建筑测量复核：建筑物定位测量、基础施工测量、墙体皮数杆检测、楼层轴线检测、楼层间高程传递检测等。

2）工业建筑测量复核：厂房控制网测量、桩基施工测量、柱模轴线与高程检测、厂房结构安装定位检测、动力设备基础与预埋螺栓检测。

3）高层建筑测量复核：建筑场地控制测量、基础以上的平面与高程控制、建筑物中垂直检测、建筑物施工过程中沉降变形观测等。

4）管线工程测量复核：管网或输配电线路定位测量、地下管线施工检测、架空管线施工检测、多管线交汇点高程检测等。

3. 见证取样送检工作监控

见证是指由监理工程师现场监督承包单位某工序全过程完成情况的活动。见证取样是指对工程项目使用的材料、半成品、构配件的现场取样、工序活动效果的检查实施见证。

为确保工程质量，中华人民共和国住房和城乡建设部规定，在市政工程及房屋建筑工程项目中，对工程材料、承重结构的混凝土试块、承重墙体的砂浆试块、结构工程的受力钢筋（包括接头）实行见证取样。

（1）见证取样的工作程序

1）工程项目施工开始前，项目监理机构要督促承包单位尽快落实见证取样的送检实验室。对于承包单位提出的实验室，监理工程师要进行实地考察。进行试验的机构一般是和承包单位没有行政隶属关系的第三方。实验室要具有相应的资质，并经国家或地方计量、试验

主管部门认证，试验项目应满足工程需要，实验室出具的报告对外具有法定效果。

2）项目监理机构要将选定的实验室到负责本项目的质量监督机构备案并得到认可，同时要将项目监理机构中负责见证取样的监理工程师在该质量监督机构备案。

3）承包单位在对进场材料、试块、试件、钢筋接头等实施见证取样前要通知负责见证取样的监理工程师，并在该监理工程师现场监督下，按相关规范的要求完成材料、试块、试件等的取样过程。

4）完成取样后，承包单位将送检样品装入木箱，由监理工程师加封，不能装入箱中的试件，如钢筋样品、钢筋接头等，则贴上专用的加封标志，然后送往实验室。

（2）实施见证取样的要求

1）实验室要具有相应的资质并进行备案、认可。

2）负责见证取样的监理工程师要具有材料、试验等方面的专业知识，并且要取得从事监理工作的上岗资格（一般由专业监理工程师负责从事此项工作）。

3）承包单位从事取样的人员一般应是实验室人员，或由专职质检人员担任。

4）送往实验室的样品，要填写“送验单”，送验单要盖有“见证取样”专用章，并有见证取样监理工程师的签字。混凝土试件见证取样送样委托单见“配套资源”。

5）实验室出具的报告一式两份，分别由承包单位和项目监理机构保存，并作为归档材料，是工序产品质量评定的重要依据。

6）见证取样的频率，国家或地方主管部门有规定的，执行相关规定；施工承包合同中如有明确规定的，执行施工承包合同的规定。见证取样的频率和数量，包括在承包单位自检范围内，一般所占比例为30%。

7）见证取样的试验费用由承包单位支付。

8）实行见证取样，绝不能代替承包单位在材料、构配件进场时必须进行的自检。自检频率和数量要按相关规范要求执行。

4. 工程变更监控

施工过程中，由于前期勘察设计，或外界自然条件的变化，未探明的地下障碍物、管线、文物、地质条件不符，以及施工工艺方面的限制、建设单位要求的改变等原因，均会涉及工程变更。做好工程变更的控制工作，也是作业过程质量控制的一项重要内容。

工程变更的要求可能来自建设单位、设计单位或施工承包单位。为确保工程质量，在不同情况下，工程变更的实施、设计图的澄清、修改，具有不同的工作程序。

（1）施工承包单位的要求及处理　在施工过程中，承包单位提出的工程变更要求可能有：①要求做某些技术修改；②要求做设计变更。

1）对技术修改要求的处理。技术修改是指承包单位根据施工现场具体条件和自身的技术、经验和施工设备等条件，在不改变原设计图和技术文件的前提下，提出的对设计图和技术文件的某些技术上的修改要求。例如，对某种规格的钢筋采用替代规格的钢筋、对基坑开挖边坡的修改等。

承包单位提出技术修改的要求时，应向项目监理机构提交《工程变更单》（见“配套资源”），在该表中应说明要求修改的内容及原因，并附图和有关文件。

技术修改问题一般可以由专业监理工程师组织承包单位和现场设计代表参加，经各方同意后签字并形成纪要，作为《工程变更单》的附件，经总监批准后实施。

2）工程变更的要求。这种变更是指施工期间，对于设计单位在设计图和设计文件中所表达的设计标准状态的改变和修改。

首先，承包单位应就要求变更的问题填写《工程变更单》，送交项目监理机构。总监理工程师根据承包单位的申请，与设计、建设、承包单位研究并做出变更的决定后，签发《工程变更单》，并应附有设计单位提出的变更设计图。承包单位签收后按变更后的图样施工。

总监理工程师在签发《工程变更单》之前，应就工程变更引起的工期改变及费用的增减分别与建设单位和承包单位进行协商，力求达到双方均能同意的结果。

这种变更，一般均会涉及设计单位重新出图的问题。

如果变更涉及结构主体及安全，该工程变更还要按有关规定报送施工图原审查单位进行审批，否则变更不能实施。

（2）设计单位提出变更的处理

1）设计单位首先将《设计变更通知》及有关附件报送建设单位。

2）建设单位会同监理、施工承包单位对设计单位提交的《设计变更通知》进行研究，必要时设计单位尚需提供进一步的资料，以便对变更做出决定。

3）总监理工程师签发《工程变更单》。并将设计单位发出的《设计变更通知》作为该《工程变更单》的附件，施工承包单位按新的变更图实施。

（3）建设单位（监理工程师）要求变更的处理

1）建设单位（监理工程师）将变更的要求通知设计单位，如果在要求中包含相应的方案或建议，则应一并报送设计单位；否则，变更要求由设计单位研究解决。在提供审查的变更要求中，应列出所有受该变更影响的图样、文件清单。

2）设计单位对《工程变更单》进行研究。如果在"变更要求"中附有建议或解决方案时，设计单位应对建议或解决方案的所有技术方面进行审查，并确定它们是否符合设计要求和实际情况，然后书面通知建设单位，说明设计单位对该解决方案的意见，并将与该修改变更有关的图样、文件清单返回给建设单位，说明自己的意见。如果该《工程变更单》未附有建议的解决方案，则设计单位应对该要求进行详细的研究，并准备出自己对该变更的建议方案，提交建设单位。

3）根据建设单位的授权监理工程师研究设计单位所提交的建议设计变更方案或其对变更要求所附方案的意见，必要时会同有关的承包单位和设计单位一起进行研究，也可进一步提供资料，以便对变更做出决定。

4）在建设单位做出变更的决定后由总监理工程师签发《工程变更单》，指示承包单位按变更的决定组织施工。

应当指出的是，监理工程师对于无论哪一方提出的现场工程变更要求，都应持十分谨慎的态度。除非是原设计不能保证质量要求，或确有错误，以及无法施工或非改不可之外，一般情况下即使变更要求可能在技术经济上是合理的，也应全面考虑，将变更以后所产生的效益（质量、工期、造价）与现场变更引起的承包单位要求索赔等产生的损失加以比较，权衡轻重后再做出决定，因为往往这种变更并不一定能达到预期的愿望和效果。

需注意的是，在工程施工过程中，无论是建设单位或者施工及设计单位提出的工程变更或图样修改，都应通过监理工程师审查并经有关方面研究，确认其必要性后，由总监理工程师发布变更指令方能生效并予以实施。

5. 见证点的实施控制

“见证点”是国际上对重要程度不同及监督控制要求不同的质量控制点的一种区分方式。实际上它是质量控制点，只是由于它的重要性或其质量后果影响程度不同于一般质量控制点，所以在实施监督控制时的运作程序和监督要求与一般质量控制点有区别。

（1）见证点的概念　见证点监督也称为 W 点监督。凡是列为见证点的质量控制对象，在规定的关键工序施工前：承包单位应提前通知监理人员在约定的时间内到现场进行见证和对其施工实施监督。如果监理人员未能在约定的时间内到现场见证和监督，则承包单位有权进行该 W 点的相应的工序操作和施工。

（2）见证点的监理实施程序

1）承包单位应在某见证点施工之前一定时间（例如 24h 前），书面通知监理工程师，说明该见证点准备施工的日期与时间，请监理人员届时到达现场进行见证和监督。

2）监理工程师收到通知后，应注明收到该通知的日期并签字。

3）监理工程师应按规定的时间到现场见证。对该见证点的实施过程进行认真的监督、检查，并在见证表上详细记录该项工作所在的建筑物部位、工作内容、数量、质量及工时等后签字，作为凭证。

4）如果监理人员在规定的时间不能到场见证，承包单位可以认为已获监理工程师默认，可有权进行该项施工。

5）如果在此之前监理人员已到过现场检查，并将有关意见写在《施工记录》上，则承包单位应在该意见旁写明根据该意见已采取的改进措施，或者写明某些具体意见。

在实际工程实施质量控制时，通常是由施工承包单位在分项工程施工前制订施工计划时，就选定设置质量控制点，并在相应的质量计划中进一步明确哪些是见证点。承包单位应将该施工计划及质量计划提交监理工程师审批。若监理工程师对上述计划及见证点的设置有不同的意见，应书面通知承包单位，要求予以修改，修改后上报监理工程师审批后执行。

6. 级配管理质量监控

建设工程均会涉及材料的级配，不同材料的混合拌制，如混凝土工程中砂、石骨料本身的组分级配，混凝土拌制的配合比；交通工程中路基填料的级配、配合及拌制；路面工程中沥青摊铺料的级配配比。由于不同原材料的级配，配合及拌制后的产品对最终工程质量有重要的影响，因此，监理工程师要做好相关的质量控制工作。

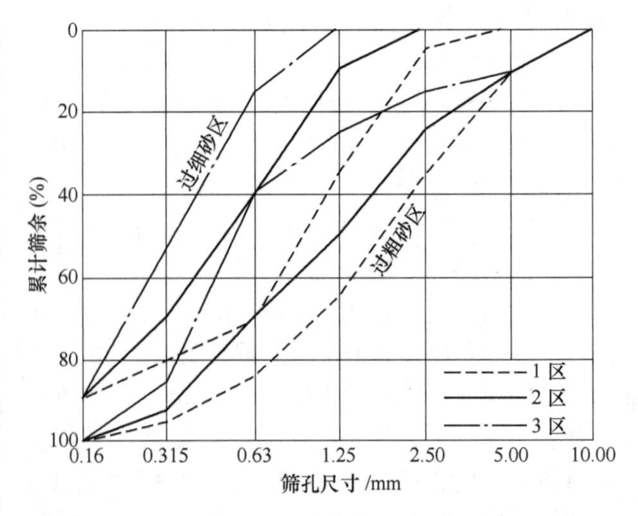

图 2-9　砂子的级配分区

（1）拌合原材料的质量控制　使用的原材料除材料本身质量要符合规定要求外，材料本身的级配也必须符合相关规定。例如，粗骨料的粒径级配曲线，以及细集料的级配曲线要在规定的范围内。砂子的级配分区如图 2-9 所示。

（2）材料配合比的审查　根据设计要求，承包单位首先进行理论配合比设计，进行试配试验后，确认2~3个能满足要求的理论配合比提交监理工程师审查。报送的理论配合比必须附有原材料的质量证明资料（现场复验及见证取样试验报告）现场试块抗压强度报告及其他必需的资料。

监理工程师经审查确认其符合设计及相关规范的要求后予以批准。以混凝土配合比审查为例，应重点审查水泥品种、水泥最大用量；粉煤灰掺入量、水灰比、坍落度、配制强度；使用的外加剂、砂的细度模数、粗骨料的最大粒径限制等。

（3）现场作业的质量控制

1）拌合设备状态、相关拌合料计量装置及衡器的检查。

2）投入使用的原材料（如水泥、砂、外加剂、水、粉煤灰、粗骨料）的现场检查。主要检查其是否与批准的配合比一致。

3）现场作业实际配合比是否符合理论配合比，当作业条件发生变化时是否及时进行了调整。例如混凝土工程中，雨后开盘生产混凝土，砂的含水率发生了变化，对水灰比是否及时进行调整等。

4）对现场所做的调整应按技术复核的要求和程序执行。

5）在现场实际投料拌制时，应做好看板管理。

7. 计量工作质量监控

计量是施工作业的基础工作之一，计量作业效果对施工质量有重大影响。监理工程师对计量工作的质量监控包括以下内容：

1）施工过程中使用的计量仪器、检测设备、称重衡器的质量控制。

2）从事计量作业人员技术水平资格的审核，尤其是现场从事施工测量的测量工，从事试验、检测的试验工。

3）现场计量操作的质量控制。作业者的实际作业质量直接影响作业效果，计量作业现场的质量控制主要是检查操作方法是否得当。例如，对仪器的使用、数据的判读、数据的处理及整理方法，及对原始数据的检查。在抽样检测中，现场检测取点、检测仪器的布置是否正确、合理，检测部位是否有代表性，能否反映真实的质量状况，也是检查的内容，如在路基压实度检查中，如果检查点只在路基中部选取，就不能如实反映实际情况，故必须在路肩、路基中部均有检测点。

8. 质量记录资料监控

质量资料是施工承包单位进行工程施工或安装期间实施质量控制活动的记录，它还包括监理工程师对这些质量控制活动的意见及施工承包单位对这些意见的答复，它详细地记录了工程施工阶段质量控制活动的全过程。因此，它不仅在工程施工期间对工程质量的控制有重要作用，而且在工程竣工和投入运行后，对于查询和了解工程建设的质量情况以及工程维修和管理也能提供大量有用的资料和信息。

质量记录资料包括以下三方面内容：

（1）施工现场质量管理检查记录资料　其主要包括承包单位现场质量管理制度、质量责任制；主要专业工种操作上岗证书；分包单位资质及总包单位对分包单位的管理制度；施工图审查核对资料（记录）、地质勘察资料；施工组织设计、施工方案及审批记录；施工技术标准；工程质量检验制度；混凝土搅拌站（级配填料拌和站）及计量设置；现场材料、设备存放与管理等。

（2）工程材料质量记录　其主要包括进场工程材料、半成品、构配件、设备的质量证明资料；各种试验、检验报告（如力学性能试验、化学成分试验、材料级配试验等）；各种合格证；设备进场维修记录或设备进场运行检验记录。

（3）施工过程作业活动质量记录资料　施工或安装过程可按分项、分部、单位工程建立相应的质量记录资料。在相应质量记录资料中应包含有关图样的图号、设计要求；质量自检资料；监理工程师的验收资料；各工序作业的原始施工记录；检测及试验报告；材料、设备质量资料的编号、存放档案卷号；此外，质量记录资料还应包括不合格项的报告、通知以及处理及检查验收资料等。

在工程施工或安装开始前，监理工程师应与承包单位一起，根据建设单位的要求及工程竣工验收资料组卷归档的有关规定，研究质量记录资料并列出各施工对象的质量资料清单。然后，随着工程施工的进展，承包单位应不断补充和填写关于材料、构配件及施工作业活动的有关内容，记录新的情况。当每一阶段（如检验批、一个分项或分部工程）施工或安装工作完成时，相应的质量记录资料也应随之完成，并整理组卷。

施工质量记录资料应真实、齐全、完整，相关各方人员的签字齐备、字迹清楚、结论明确，与施工过程的进展同步。在对作业活动效果的验收中，若缺少资料和资料不全，监理工程师应拒绝验收。

9. 工地例会的管理

工地例会是施工过程中参加建设项目各方沟通情况、解决分歧、形成共识、做出决定的主要渠道，也是监理工程师进行现场质量控制的重要场所。通过工地例会，监理工程师检查分析施工过程的质量状况，指出存在的问题，承包单位提出整改的措施，并作出相应的保证。

除了例行的工地例会外，针对某些专门质量问题，监理工程师还应组织专题会议，集中解决较重大或普遍存在的问题。实践表明，采用这样的方式比较容易解决问题，使质量状况得到改善。为较好地开展工地例会及质量专题会议，监理工程师要充分了解情况，判断要准确，决策要正确。此外，要讲究方法，协调处理各种矛盾，不断提高会议质量，使工地例会真正起到解决质量问题的作用。

10. 停工、复工指令的实施

1）工程停工指令的下达。为了确保作业质量，根据委托监理合同中建设单位对监理工程师的授权，出现下列情况时，应下达停工指令：

①施工作业活动存在重大隐患，可能造成质量事故或已经造成质量事故。

②承包单位未经许可擅自施工或拒绝接受项目监理机构管理。

③在出现下列情况时，总监理工程师有权行使质量控制权，下达停工令，及时进行质量控制：

a. 施工中出现质量异常情况，经提出后，承包单位未采取有效措施，或措施不力未能扭转异常情况者。

b. 隐蔽作业未经依法查验确认合格，而擅自封闭者。

c. 已发生质量问题，迟迟未按监理工程师的要求进行处理，或者已发生质量缺陷或问题，若不停工则质量缺陷或问题将继续发展的情况。

d. 未经监理工程师审查同意，而擅自变更设计或修改图样进行施工者。

e. 未经技术资质审查的人员或不合格人员进入现场施工。

f. 使用的原材料、构配件不合格或未经检查确认者，或擅自采用未经审查认可的代用材料者。

g. 擅自使用未经项目监理机构审查认可的分包单位进场施工。

总监理工程师在签发工程停工令时，应根据停工的影响范围和影响程度，确定工程项目的停工范围。

2）恢复施工指令的下达。承包单位经过整改具备恢复施工条件时，承包单位向项目监理机构报送《复工申请》及有关材料，证明造成停工的原因已消失。经监理工程师现场复查，认为造成停工的原因确已消失，已符合继续施工的条件，总监理工程师应及时签署工程复工报审表，指令承包单位继续施工。

3）总监下达停工指令及复工指令前，宜事先向建设单位报告。

2.3.4　季节性施工质量控制

1. 夏期施工质量控制

（1）夏期施工生产准备

1）根据施工生产的实际情况，积极采取行之有效的防暑降温措施，充分发挥现有降温设备的效能，添置必要的设施，并及时做好检查、维修工作。

2）关心职工的生产、生活，注意劳逸结合，严格控制加班、加点，入暑前抓紧做好高温、高空作业工人的体检，对不适合高温、高空作业的人员适当调换工作。

3）采用合理的劳动休息制度，可根据具体情况，在气温较高的条件下，适当调整作息时间，早晚工作，中午休息。

4）改善宿舍及职工生活条件，确保防暑降温物品及设备落到实处。

5）根据工地实际情况，尽可能快速组织劳动力，采取勤倒班的方法，缩短一次连续作业时间。

（2）夏期施工技术准备

1）确保现场水、电供应畅通，加强对各种机械设备的围护与检修，保证其能正常操作。

2）在高温天气下施工（如混凝土工程、抹灰工程），应适当增加养护频率，以确保工程质量。

3）加强施工管理，坚决按国家标准规范、规程对各分部分项工程进行施工，不能因高温天气而影响工程质量。高温天气混凝土洒水养护如图2-10所示。

图2-10　高温天气混凝土洒水养护

（3）夏期施工质量控制要点

1）钢筋工程。从事钢筋焊接生产的焊工必须持证上岗，焊接前进行试焊检查，合格后方可进行大面积焊接；钢筋焊接接头处不得有横向裂纹，

接头弯折不得大于4°，应对全部接头进行检查，并按规范要求取样、进行复试检测；钢筋安装要避开烈日高温下作业；焊机、气瓶应放在专用的棚内。

2）混凝土工程。

①混凝土浇筑前必须向监理提交混凝土浇筑申请，并对模板进行浇水湿润，清除梁、板、柱内杂物。

②尽量避开在高温天气下进行大工作量施工；调整混凝土浇筑时间，避开中午时间浇捣，减少高温使混凝土失水过快而产生收缩裂缝的影响；在进行楼板混凝土浇捣时，应派足收头人员，避免收头不及时而出现收水裂缝及表面不平整等质量通病。混凝土收缩裂缝如图2-11所示，混凝土覆膜养护如图2-12所示。

图2-11　混凝土收缩裂缝

图2-12　混凝土覆膜养护

③及时与混凝土供应商沟通，保证混凝土泵送的连续性，防止堵管情况的发生；混凝土内应合理掺用缓凝剂（见“配套资源”）以延长混凝土的凝结时间，商品混凝土的输送泵管应覆盖草包并浇水；对初凝较快的水泥应通过试验测定水泥的硬化过程，用加入外掺剂的方法调节混凝土初凝时间，以适宜的施工参数满足施工操作质量要求。

④混凝土浇筑完成后应及时派专人进行浇水养护；在高温天气下浇筑的混凝土，在12h内用草包或薄膜覆盖，垂直方向的混凝土构件用薄膜覆盖，并增加养护频率，保证草包的湿润。养护时间要保证7d以上，有防渗、抗渗要求的混凝土构件养护时间保证14d。

⑤用于检查结构构件混凝土质量的试件，应在混凝土的浇筑地点随机取样制作，试块的留置应符合下列规定：

a. 每拌制100盘且不超过100m^3的同配合比的混凝土，其取样不得少于一次。

b. 每工作班拌制的同配合比混凝土不足100盘时其取样不得少于一次。

c. 对现浇混凝土结构，其试块留量应满足以下规定：同一单位工程每一验收项目中，同配合比的混凝土，其取样不得少于一次。

d. 除以上a、b、c三条规定外，夏季应增设不少于三组与结构同条件养护的试块，分别用于检查混凝土强度，以及用于拆模混凝土的强度测定。

e. 每次取样应至少留置一组标准试件，试块应在浇筑地点制作，同条件养护试件的留置组数可根据实际需要确定，并应放在施工现场，与浇筑点混凝土相同情况一起养护。

⑥对所有各项测量及检验结果，施工单位均应填写《混凝土工程施工记录》（见“配套资源”）和《混凝土夏季施工日报》，做好累计温度的统计工作，记录应清楚、准确。

⑦模板拆除必须等到混凝土拆模试块检测报告合格、强达到规范要求后方可进行，同时必须隔层拆除（即施工到第三层结构时方可拆除第一层结构的模板）。

3）砌筑工程。

①砖、水泥、砂等原材料的必须复试合格后方可使用。

②垂直度、平整度、灰缝饱满度等符合设计及规范要求。

③每天砌筑高度宜控制在 1.8m 以下，并应采取严格的防风、防雨措施。

④在搅拌机处采用挂牌方式标出砂浆配合比，先对砂子和外加剂进行称重，使用固定的容器，根据配合比进行搅拌。

⑤砂子必须过筛；拌和时，投料顺序为：砂、水泥、拌合料，后再加水，拌和时间自投料完毕算起不得少于 1.5min；砌筑用砂浆、粉刷砂浆拌制后尽量缩短使用时间，在 2~3h 用完，超过初凝时间不得使用。

4）抹灰工程。

①在抹灰前，混凝土基体表面应先用界面剂作界面处理，并使基体湿润，防止砂浆脱水造成开裂、起壳、脱落，抹灰后要加强养护工作。

②应避免在强烈日光直射下进行外墙面的抹灰操作。

③砂浆级配要准确，应根据工作量，有计划地随配随用，为提高砂浆的保水性，可按规定的要求掺入外加剂。

2. 冬期施工质量控制

（1）冬期施工的界定　冬期施工期限划分原则：根据当地多年气象统计资料，当室外日平均气温连续 5d 稳定低于 5℃即进入冬期施工；当室外日平均气温连续 5d 高于 5℃时解除冬期施工。

（2）冬期施工生产准备

1）结合施工特点，将冬期施工生产准备所需的劳动力、材料等均纳入生产计划。

2）对冬期施工停工工程应进行围护与保管。

3）临时设备与设施越冬维护，对现场搅拌机棚、卷扬机棚、消防设施及管道部分进行越冬防冻维护，保证冬期正常使用。

（3）冬期施工技术准备

1）各施工单位在冬期施工前，要对冬期施工人员进行一次现行冬期施工规程内容和技术要点的学习，为冬期施工做好前期准备工作。

2）各施工单位要在冬期来临前，编制出在施项目、新开工项目工程的冬期施工措施，报质量部门（监理）审定。

3）凡是没有冬期施工措施或未做好冬期施工准备的工程项目，不得强行进行冬期施工。

4）各施工单位质量专业要在冬期施工前，组织一次冬期施工措施落实情况大检查，对存在的问题加以整改。

（4）冬期施工质量控制要点

1）土方工程。

①开挖完的基槽（坑）应采取防止基槽（坑）底部受冻的措施。当基槽（坑）挖完不能及时进行下道工序施工时，应在基槽（坑）底标高以上预留土层，并采用覆盖保温材料

的方法保温。

②冬期进行土方回填时，每层回填厚度应比常温施工时减少 20%~25%。

③室内的基槽（坑）或管沟不得采用含有冻土块的土回填，回填土施工应连续进行夯实，室内地面回填的土方，填料中不得含有冻土块，并应及时夯实。

④地梁下边必须回填炉渣、矿渣等松散材料。

2）混凝土工程。

①混凝土受冻临界强度的规定：采用硅酸盐水泥或普通硅酸盐水泥配制的混凝土，强度应为设计混凝土强度值的 30%；采用矿渣硅酸盐水泥配制的混凝土，强度应为设计混凝土强度值的 40%，但混凝土强度等级为 C10 及以下时，不得小于 $5N/m^2$。

②混凝土冬期施工应优先选用硅酸盐水泥或普通硅酸盐水泥，水泥的强度等级不应低于 32.5，每立方米混凝土中水泥用量不宜少于 300kg，水灰比不应大于 0.6。

③混凝土冬期施工方法有多种，主要以蓄热法为主，辅以其他方法。普通结构仍以使用普通硅酸盐水泥为主。不论使用何种水泥都要有搅拌水加热措施以及早强、防冻、减水等性能的化学剂，还要备有足够的保温材料。例如，冬期施工混凝土采用蓄热养护，如图 2-13 所示。

图 2-13　冬期施工混凝土蓄热养护

④拌制混凝土采用的骨料应清洁，不得含有冰、雪、冻块及其他易冻裂物质。在掺用含有钾、钠离子的防冻剂混凝土中，不得采用活性骨料或骨料中混有这类物质的材料。混凝土原材料加热应优先采用加热水的方法，当加热水不能满足要求时，再对骨料进行加热。

水、骨料加热的最高温度为：强度等级低于 42.5 的普通硅酸盐水泥、矿渣硅酸盐水泥，拌合水温度 80℃，骨料 60℃。弹度等级高于及等于 42.5 的硅酸盐水泥、普通硅酸盐水泥，拌合水温度 60℃，骨料 40℃。当水、骨料达到规定温度仍不能满足热工计算要求时，可提高水温到 100℃，但水泥不得与 80℃以上的水直接接触。

⑤冬期施工运输混凝土应使热量损失尽量减少。要从技术措施、施工方法和劳动组织等方面来防止混凝土受冻，当混凝土加冬期施工外加剂时，混凝土入模温度应不低于 5℃。在浇筑混凝土前，应清除模板和钢筋上的冰雪和污垢。运输和浇筑混凝土用的容器应有保温措施。冬期不得在冻胀性的地基土上浇筑混凝土。分层浇筑厚大的整体混凝土结构时，已浇筑层的混凝土温度在未被上一层混凝土覆盖前不应低于 2℃。

⑥大体积、大面积混凝土施工要编制混凝土防裂缝控制方案，经单位技术负责人审核，报监理机构或质量监督处批准，在施工中严格执行，混凝土的内外温差和混凝土与外界的温差应控制在 20℃以内。拆模时应覆盖。

⑦在对框架结构进行安装时，应安装一层、浇灌一层混凝土，以免框架在大风作用下产生位移。浇灌接头的混凝土，应先将结合处的表面预热到正常温度，浇灌后认真养护。

⑧对于混凝土拆模强度，应根据结构对象、施工方法、施工进度以及混凝土脱模后所承受的实际荷载情况，按现行施工质量验收规范执行。否则，应采取临时加固措施。

⑨混凝土试件，应按现行施工质量验收规范的规定留置。同条件养护试件的留置组数应

根据实际需要增加留置。以用于检验受冻临界强度和检验转入常温养护 28d 的强度，以作为验证拆模强度之用。

⑩覆盖的保温材料，除常规的塑料薄膜、草袋、草垫以外，还可以用玻璃棉毡等。

⑪混凝土外加剂要严格按配合比控制。外加剂应置于有明显标志的容器内，不得混淆，每班使用的外加剂应一次配成。

3）钢筋的加工及焊接。

①在负温条件下使用的钢筋，施工时应加强检验。钢筋在运输和加工过程中应防止撞击和刻痕。

②负温钢筋焊接宜采用闪光对焊，闪光对焊工艺应控制热影响区长度。在雪天或施焊现场风速超过 5.4m/s 进行焊接时，应采取遮蔽措施，焊接后冷却的接头应避免碰到冰雪。

③在负温下进行钢筋搭接或绑条焊条电弧焊时，宜采取分层控温施焊。根据钢筋级别、直径、接头形式和焊接位置，选择焊条和焊接电流，防止产生过热、烧伤、咬肉和裂纹等现象。

④在负温下进行坡口焊时，加强焊缝应分两层控温施焊。加强焊缝的宽度应超过 V 形坡口边缘 2~3mm，高度应超过 V 形坡口上、下边缘 2~3mm，并应平缓过渡。

⑤钢筋冷拉温度不宜低于-20℃。当环境温度低于-20℃时，不宜进行施焊。当温度低于-20℃时，不得对低合金二、三级钢筋进行冷弯操作，以免在钢筋弯点处发生脆断。

4）砌筑工程。

①砌块进场后，应及时运至砌筑楼层，对未能及时运至砌筑楼层的砌块，应采取防雨、防雪措施。

②砌筑前，应清除砌块表面的污物，冰雪、遭水浸后冻结的砌块不得使用。

③砌块专用腻子应入库保存，并采取防潮措施，拌和时，应随拌随用，铺浆长度不得大于一块砌块，缩短腻子降温时间。

④在砌筑完成后，对运输车辆及容器等工具及时清理，防止第二次使用时冻结。

⑤为保证砌筑质量，砖砌体应严格按“三一”砌筑法施工，并采用满丁满条排砖法，灰缝应控制在 10mm 左右。“三一”砌筑法如图 2-14 所示。

图 2-14　“三一”砌筑法

⑥转入冬期施工后，砌砖不浇水，要适当加大砂浆稠度，稠度值一般控制在10~12cm。

⑦砌筑砂浆的强度等级应按设计要求配制，一般不再提高强度等级。

⑧冬期施工用的混合砂浆，采用热砂浆，上墙温度不低于5℃。

5）抹灰工程。

①用冻结法砌筑的墙，应待其完全解冻后再进行室外抹灰施工；待抹灰的一面解冻深度小于墙厚的一半时，方可进行室内抹灰施工。不得采用热水冲刷冻结的墙面或用热水消除墙面的冰霜。冬期抹灰所采用的砂浆应采取保温防冻措施。室外抹灰砂浆内应掺入能降低冰点的防冻剂，其掺量应由试验确定。

②进行室内抹灰前，宜先做好屋面防水层和室内门口、窗口封闭，脚手眼或孔洞应堵好。砂浆应在搅拌棚中集中搅拌，并应在运输中保温，要随用随搅，防止砂浆冻结。砂浆室内抹灰的环境温度不应低于5℃。分层抹灰时，底层灰不得受冻。抹灰砂浆在硬化初期应采取防冻的保温措施。

③室内抹灰工程结束后，7d以内，应保持室内温度不低于5℃。抹灰层可采取加温措施加速干燥。当采取热空气加温时，应注意通风，排除湿气。室外墙面抹灰后要进行涂料施工时，抹灰砂浆内所掺的防冻剂品种应与所选用的涂料材质相匹配，掺量和使用效果应通过试验确定。

④对于装饰要求较高及配变电室工程，其抹灰砂浆不应掺盐。

⑤冬期室外装饰工程施工前，宜随外架子搭设，在西、北面加设挡风措施。各种饰面板、饰面砖以及地面砖施工，不宜在严寒季节进行，当需要安排施工时，温度不宜低于5℃，并按常温施工法操作。

⑥室内饰面工程可采用热空气或带烟囱的火炉取暖，并应设有通风、排湿装置。饰面板就位后，用1∶2.5水泥砂浆灌浆，保温养护时间不少于7d。

⑦冬期室内贴壁纸，施工地点温度不应低于5℃。

⑧釉面砖及外墙面砖在冬期施工时宜在2%盐水中浸泡2h，并在阴干后方可使用。

⑨不论室内、室外抹灰，其底层（包括墙面与地面）均应清除冰、雪、霜，可采用与抹灰砂浆同浓度的防冻剂溶液冲刷，并应清除表面的尘土。

⑩对于采用新材料、新工艺或进度要求紧急的工程，必须编制分项施工技术措施，报质量监督处审批。

6）水、电、风管工程。

①风管工程内不通暖，卫生设备试水后须把其内部及返水弯中的水放净。

②铸铁水管用水泥捻口时应在常温下操作。

3. 雨期、台风、雷击季节施工质量控制要点

1）雨期施工前，整理施工现场，由于现场施工、运输破坏的排水坡度重新整好，清理施工现场的排水沟，保证排水畅通。检查场内外的排水设施，确保排水设备完好，以保证暴雨后能在较短的时间内排出积水。

2）施工现场道路进行硬化处理，做到路面坚实平整，不沉陷、不积水，行车不打滑、不颠簸。路边设置200mm×300mm的排水沟，内侧抹灰，沟底向市政雨水管方向设不小于5‰的流水坡度。雨水有组织地排入市政雨水管网，防止地表水向土层渗漏影响边坡稳定。

3）检查大模板堆放场地，保证对方场地高于现场地面，并进行硬化处理。钢筋堆放场

地进行夯实，并高于现场地面200mm，用垫木将钢筋架起，避免因雨水浸泡而锈蚀。检查施工现场水泥库、料具库、加工棚等的防雨情况，保证现场内棚库不渗漏。检查现场各种机具、设备的防雨设施，保证机具入棚并具备防雨功能，机电设备机座均应垫高，不得直接放置在地面上，避免下雨时受淹。漏点接地保护装置应灵敏有效，雨期施工前检查线路的绝缘情况，做好记录，雨期施工期间定期检查。

4）对加工好的钢筋要用塑料布覆盖，防止雨水对钢筋产生锈蚀，堆放钢筋用250mm高的木方支垫，堆放地势高于周围地面，防止积水浸泡和泥土污染钢筋。

5）进现场的钢筋要堆码整齐，下雨时盖塑料布进行保护。尽量利用无雨天气加工钢筋。图2-15、图2-16所示，符合要求。

图2-15　钢筋堆放底部应架空、场地需硬化

图2-16　雨期施工钢筋应注意覆盖防雨

6）大模板存放场地必须进行硬化处理，并设置排水坡度，将雨水及时排到排水沟内，防止场地内积水。

7）混凝土浇筑前应及时了解天气预报，尽量利用非雨天气组织施工。如果在混凝土浇筑过程中遇雨，应及时用塑料布或雨布遮盖，若因工程抢工必须浇筑混凝土，应采取搭棚遮盖措施，并合理留设施工缝。

8）雨后接缝时应凿掉被雨水浸泡或冲刷过的松散混凝土，继续浇筑混凝土时应按施工缝处理。

9）混凝土浇筑后，若未达到初凝遇下雨，应及时用塑料布遮盖，防止雨淋。

10）如果浇筑的混凝土在终凝前受到雨水冲刷或浸泡，使其表面遭到破坏，应将这部分混凝土及时砸至密实层，再进行修补处理。

11）雨期施工期间，应特别注意架子的搭设质量和安全要求，应经常进行检查，发现问题及时整改。

12）搭设架子的地面要求夯实，并注意排水，立杆下端应垫通长厚木板，架子应设扫地杆、斜撑、剪刀撑，并与建筑物拉结牢固。

13）上人马道的坡度要适当，钉好防滑条，防滑条间距不大于300mm，并定期派人清扫马道上的积泥。

14）雨后高空作业人员应穿胶底鞋，注意防滑。

15）雨期施工期间对架子工程安排专人巡查、维修，特别是雨后地面容易下沉，防止架子悬空及下沉、确保使用安全。

16）外防护的脚手架高于建筑物应做好防雷接地。

17）雷雨天气应注意安排工作，避免作业人员直接暴露在建筑物最高处，防止雷电直接伤人。对于露天放置的大型机电设备要防雨、防潮，对其机械螺栓、轴承部分要经常加油并转动以防锈蚀，所有机电设备都要严格执行“一机、一闸、一保护”制度，投入使用前必须做好保护电流的测试，严格控制在允许范围内。在现场的最高机械起重机上加装避雷针，施工现场的低压配电室应将进出线绝缘子铁脚与配电室的接地装置相连接，作防雷接地，以防雷电波侵入。

18）对于施工现场比较固定的机电设备（对焊机、电锯、电刨等）要搭设防雨篷或对电机加防护罩（不允许用塑料布包裹）。

19）对于变压器、避雷器的接地电阻值必须进行复测（电阻值不大于4Ω），不符合要求的必须及时处理。对于避雷器要作一次预防性试验。

20）机电设备的安装、电气线路的架设必须严格按照临时用电方案措施执行。

21）各种机械的机电设备的电器开关，要有防雨、防潮设施。

22）雨后对各种机电设备、临时线路、外用脚手架等进行巡视检查，如发生倾斜、变形、下沉、漏电等迹象，应立即标志危险警示并及时修理加固，有严重危险的应立即停工。

23）施工现场的移动配电箱及施工机具全部使用绝缘防水线。用后应放回工地库房或加以遮盖防雨，不得放在露天淋雨，不得放在坑内，防止雨水浸泡。

24）加强用电安全巡视，检查每台机器的接地、接零是否正常，检查线路是否完好，若不符合要求，及时整改。

25）在雨天作业时，机械操作人员应戴绝缘手套，穿雨靴。

26）台风暴雨期间，施工单位要严密监控工地围墙、塔式起重机等施工机械的安全状况以及现场排水情况。

27）台风暴雨期间要确保通信畅通，发现重大险情要立即采取措施并报告有关部门。

28）现场机械操作棚必须搭设牢固，防止漏雨积水；脚手架上无活动物件，必要时拆除严重兜风的操作脚手架防护网。

29）在台风暴雨前应进行专项检查，起重机及高大机械设备要进行锚固或拉揽风绳，临建设施要有压顶措施。塔式起重机保证回转自由并联墙件完好。

30）台风暴雨期间要备足防汛物资，发现问题及时启动应急响应措施。

2.3.5 “四新技术”运用控制

1. “四新技术”现状及面临问题

“四新技术”是指新技术、新工艺、新材料和新设备。随着科学技术的飞速发展，在建设工程领域中“四新技术”的应用也日新月异，特别是近年来，工程建设中不断涌现的新技术和新工艺给传统的施工技术带来了较大的冲击。“四新技术”不但解决了过去传统施工技术无法实现的技术瓶颈，推广和引导了新的施工设备和施工工艺，而且新的施工技术使得施工效率得到了空前的提高，一方面它降低了工程的成本、减少了工程的作业时间，另一方面更是增强了工程施工的安全可靠度，为整个施工项目的发展提供了一个更为广阔的舞台。

目前中华人民共和国住房和城乡建设部重点推广的“建筑业十项新技术”包括：地基基础和地下空间工程技术，钢筋与混凝土技术，模板脚手架技术，装配式混凝土结构技术，钢

结构技术，机电安装工程技术，绿色施工技术，防水技术与围护结构节能，抗震、加固与监测技术，信息化技术。只有创新才能发展，毋庸置疑。但是应当看到，“四新技术”突出一个“新”字，既意味着年轻、有前景，也意味着幼稚、不成熟。建设工程项目有投资额巨大、影响深远的特点，任何新技术、新工艺、新材料和新设备的应用都必须慎重对待，切忌盲目采用。建设工程中采用“四新技术”给工程建设带来各种效益和便利的同时，给质量控制也带来诸多问题。一方面，在工程建设中采用新技术，可以进行借鉴和参考的质量控制措施较少，建设过程中不可预料和预估的因素较多，很难制定切实有效的质量控制方案和应急预案进行事前控制，只能被动地进行事中和事后控制。另一方面，对于新技术，与其相关的质量检验方法、质量评价标准、施工规范和验收规程等法律法规及规范性文件的制定往往比较滞后，使得施工人员施工无规范，质检人员和监理人员检查无依据，验收人员验收无根据，只能按照自己的理解去操作、检查和验收，质量控制的难度非常大。

2. “四新技术”质量控制措施初探

1）在施工准备阶段，监理工程师应对施工单位采用“四新技术”的施工组织者、管理者的资格与质量管理水平，特别是相应操作者的素质和能力进行重点审查。

2）凡采用新工艺、新技术、新材料、新设备的工程，除审查材料及设备的相应合格证明之外，都先应进行试验，并应有权威性技术部门的技术鉴定书及有关的质量数据、指标，在此基础上制定有关的质量标准和施工工艺规程，以此作为判断与控制质量的依据。

3）施工过程中技术作业准备阶段，凡是涉及“四新”技术的环节都应作为主要质量控制点，并进行严格把控。

4）对采用“四新技术”的工程环节，必须编制分项施工技术措施，报质量监督处审批。

5）对涉及“四新技术”的施工方案，建议采取分级管理、分级审批制度。

6）涉及“四新技术”的工程项目在展开大批量施工之前，通过样板的设立、验收、评价，提前发现深化设计、施工材料存在的问题和施工工艺的不合理之处，避免大面积施工后不合格造成的大量返工，节约工期成本。同时，样板质量将作为过程验收的标准和依据。

7）协调好“四新技术”与传统工艺、材料、设备间的协作统一关系。

3. “四新技术”示例

“四新技术”示例见“配套资源”。

2.4　建设工程竣工验收阶段质量控制

2.4.1　施工质量验收的基本概念

施工质量验收是工程质量控制的一个重要环节，它包括工程施工质量的中间验收和工程的竣工验收两个方面。通过对工程建设的中间产品和最终产品的质量验收，从过程控制和终端把关两个方面进行工程项目的质量控制，以确保达到业主所要求的使用功能和使用价值，实现建设投资的经济效益和社会效益。

1. 施工质量验收统一标准、规范体系的构成

建筑工程施工质量验收统一标准、规范体系由《建筑工程施工质量验收统一标准》

(GB 50300—2013) 和各专业验收规范共同组成，在使用过程中它们必须配套使用。

1)《建筑地基基础工程施工质量验收标准》(GB 50202—2018)。

2)《砌体结构工程施工质量验收规范》(GB 50203—2011)。

3)《混凝土结构工程施工质量验收规范 (附条文说明)》(GB 50204—2015)。

4)《钢结构工程施工质量验收规范》(GB 50205—2001)。

5)《木结构工程施工质量验收规范》(GB 50206—2012)。

6)《屋面工程质量验收规范》(GB 50207—2012)。

7)《地下防水工程质量验收规范》(GB 50208—2011)。

8)《建筑地面工程施工质量验收规范》(GB 50209—2010)。

9)《建筑装饰装修工程质量验收标准》(GB 50210—2018)。

10)《建筑给水排水及采暖工程施工质量验收规范》(GB 50242—2002)。

11)《通风与空调工程施工质量验收规范》(GB 50243—2016)。

12)《建筑电气工程施工质量验收规范》(GB 50303—2015)。

13)《电梯工程施工质量验收规范》(GB 50310—2002)。

14)《智能建筑工程质量验收规范》(GB 50339—2013)。

15)《民用建筑工程室内环境污染控制规范》(GB 50325—2010)。

2. 施工质量验收统一标准、规范体系的编制指导思想

(1) 验评分离　将验评标准中的质量检验与质量评定的内容分开，将施工及验收规范中的施工工艺和质量验收的内容分开，将验评标准中的质量检验与施工及验收规范中的质量验收衔接形成工程质量验收规范。现行施工及验收规范中的施工工艺部分，作为企业标准或行业推荐性标准。验评标准中的评定部分，主要评价企业操作工艺水平，可作为行业推荐性标准，为社会及企业的创优评价提供依据。

(2) 强化验收　将施工规范中的验收部分与验评标准中的质量检验内容合并起来，形成一个完整的工程质量验收规范，作为强制性标准，是建设工程必须完成的最低质量标准，是施工单位必须达到的施工质量标准，也是建设单位验收工程质量所必须遵守的规定，其规定的质量指标都必须达到。

(3) 完善手段　以往不论是施工规范还是验评标准，对质量指标的科学检测重视不够，以致评定及验收中科学的数据较少。现行标准体系中，改进了这个方面的不足，主要是从三个方面进行了改进：一是完善材料、设备的检测；二是完善施工阶段的施工试验；三是增设竣工工程抽查检验和检测 (见证检验)，减少或避免人为因素的干扰和主观评价的影响。

(4) 过程控制　根据工程质量的特点进行的质量管理。工程质量验收在施工企业过程控制的基础上，体现在企业建立过程控制的各项制度中。在标准的基本规定中，设置控制的要求，强化中间控制和合格控制，综合质量水平的考核、质量验收的要求和依据文件、验收规范的本身，分项、分部、单位工程的验收，就是过程的控制。

3. 施工质量验收相关术语

(1) 建筑工程　为新建、改建或扩建建筑物和附属构筑物设施所进行的规划、勘察、设计和施工、竣工等各项技术工作和完成的工程实体。

(2) 建筑工程质量　反映建筑工程满足相关标准规定或合同约定的要求，包括其在安全、使用功能及在耐久性能、环境保护等方面所有明显的隐含能力的特性总和。

（3）验收　在施工单位自行质量检查、评定的基础上，参与建设活动的有关单位共同对建筑工程中的检验批、分项工程、分部工程、单位工程的质量进行抽样复验，根据相关标准以书面形式对工程质量达到合格与否做出确认。

（4）进场验收　对进入施工现场的材料、构配件、设备等按相关标准规定要求进行检验，对产品达到合格与否做出确认。

（5）检验批　按同样的生产条件或按规定的方式汇总起来供检验用的，由一定数量样本组成的检验体。检验批是施工质量验收中的最小单位，是分项工程乃至整个建筑工程质量验收的基础。

（6）检验　对检验项目中的性能进行量测、检查、试验等，并将结果与标准规定要求进行比较，以确定每项性能是否合格所进行的活动。

（7）见证取样检测　在监理单位或建设单位的监督下，由施工单位有关人员现场取样，并送至具备相应资质的检测单位所进行的检测。

（8）交接检验　由施工的承接方与完成方检查并对可否继续施工做出确认的活动。

（9）主控项目　建筑工程中对安全、卫生、环境保护和公众利益起决定性作用的检验项目。例如，混凝土结构工程中“钢筋安装时，受力筋的品种、级别、规格和数量必须符合设计要求”“纵向受力钢筋连接方式应符合设计要求”“安装现浇结构的上层模板及其支架时，下层模板应具有承受上层荷载的承载能力，或加设支架；上、下层支架的立柱应对准、并敷设垫板”等都是主控项目。

（10）一般项目　除主控项目以外的检验项目。例如，混凝土结构工程中，除了主控项目外，“钢筋接头宜设置在受力较小处，同一纵向受力钢筋不宜设置两个或两个以上接头，接头末端至钢筋弯起点的距离不应小于钢筋直径的10倍”“钢筋应平直、无损伤，表面不得有裂纹、油污、颗粒状或片状老锈”“施工缝的位置应在混凝土浇筑前按设计要求和施工技术方案确定，施工缝的处理应按施工技术方案执行”等都是一般项目。

（11）抽样检验　按照规定的抽样方案，随机地从进场的材料、构配件、设备或建筑工程检验项目中，按检验批抽取一定数量的样本所进行的检验。

（12）抽样方案　根据检验项目的特性所确定的抽样数量和方法。

（13）计数检验　在抽样的样本中，记录每一个体有某种属性或计算每一个体中的缺陷数目的检查方法。

（14）计量检验　在抽样检验的样本中，对每一个体测量其某个定量特性的检查方法。

（15）观感质量　通过观察和必要的量测的方式反映的工程外在质量。

（16）返修　对工程不符合标准规定的部位采取整修等措施。

（17）返工　对不合格的工程部位采取的重新制作、重新施工等措施。

4. 施工质量验收的基本规定

1）施工现场应有相应的施工技术标准、健全的质量管理体系、施工质量检验制度和综合施工质量水平评价考核制度，并做好施工现场质量管理检查记录。

2）建筑工程施工质量验收的要求。

①应符合建筑工程施工质量验收统一标准和相关专业验收规范的规定。

②应符合工程勘察、设计文件的要求。

③参加验收的各方人员应具备规定的资格。

④应在施工单位自行检查评定的基础上进行。

⑤隐蔽工程在隐蔽前应由施工单位通知有关方进行验收，并应形成验收文件。

⑥涉及结构安全的试块、试件以及有关资料，应按规定进行见证取样检测。

⑦检验批应按主控项目和一般项目验收。

⑧对涉及结构安全和使用功能的分部工程应进行抽样检测。

⑨检测单位应具有相应资质。

⑩工程的观感质量应由验收人员通过现场检查，并应共同确认。

2.4.2 施工质量验收的划分

建筑工程质量验收应划分为单位（子单位）工程、分部（子分部）工程、分项工程和检验批。通过检验批和中间验收层次及最终验收单位的确定，实施对工程施工质量的过程控制和终端把关，确保工程施工质量达到工程项目决策阶段所确定的质量目标和水平。

1. 单位工程的划分

1）具备独立施工条件并能形成独立使用功能的建筑物及构筑物为一个单位工程。

2）规模较大的单位工程，可将其能形成独立使用功能的部分划分为子单位工程。

3）室外工程可根据专业类别和工程规模划分单位（子单位）工程。

子单位工程的划分一般可根据工程的建筑设计分区、使用功能的显著差异、结构缝的设置等实际情况，在施工前由建设、监理、施工单位自行商定，并据此收集整理施工技术资料和验收。

2. 分部工程的划分

1）分部工程的划分应按专业性质、建筑部位确定。例如，建筑工程划分为地基与基础、主体结构、建筑装饰装修、建筑屋面、建筑给水排水及采暖、建筑电气、智能建筑、通风与空调、电梯等九个分部工程。

2）当分部工程较大或较复杂时，可按施工程序、专业系统及类别等划分为若干个子分部工程。

3. 分项工程的划分

分项工程应按主要工种、材料、施工工艺、设备类别等进行划分。例如，混凝土结构工程中按主要工种分为模板工程、钢筋工程、混凝土工程等分项工程；按施工工艺又分为预应力、现浇结构、装配式结构等分项工程。

建筑工程分部（子分部）工程、分项工程的具体划分见《建筑工程施工质量验收统一标准》（GB 50300—2013），附录 B。

4. 检验批的划分

检验批可根据施工及质量控制和专业验收需要按楼层、施工段、变形缝等进行划分。

2.4.3 建设工程施工质量验收

1. 检验批质量验收

检验批合格质量应符合下列规定：

1）主控项目和一般项目的质量经抽样检验合格。

2）具有完整的施工操作依据、质量检查记录。

检验批是工程验收的最小单位，是分项工程乃至整个建筑工程质量验收的基础。检验批是施工过程中条件相同并有一定数量的材料、构配件或安装项目，由于其质量基本均匀一致，因此可以作为检验的基础单位，并按批验收。

质量控制资料反映了检验批从原材料到最终验收的各施工工序的操作依据，检查情况以及保证质量所必需的管理制度等。对其完整性的检查，实际是对过程控制的确认，这是检验批合格的前提。

检验批的质量是否合格主要取决于对主控项目和一般项目的检验结果。主控项目是对检验批的基本质量起决定性影响的检验项目，因此必须全部符合有关专业工程验收规范的规定。这意味着主控项目不允许有不符合要求的检验结果，即这种项目的检查具有否决权。鉴于主控项目对基本质量的决定性影响，从严要求是必需的。

2. 分项工程质量验收

分项工程质量验收合格应符合下列规定：

1）分部工程所含的检验批均应符合合格质量的规定。

2）分项工程所含的检验批的质量验收记录应完整。

分项工程的验收在检验批的基础上进行。一般情况下，分项工程和检验批具有相同或相近的性质，只是批量的大小不同。因此，将有关的检验批汇集构成分项工程。分项工程质量合格的条件比较简单，只要构成分项工程的各检验批的验收资料文件完整，并且均已验收合格，则分项工程验收合格。

3. 分部（子分部）工程质量验收

分部（子分部）工程质量验收合格应符合下列规定：

1）分部（子分部）工程所含工程的质量均应验收合格。

2）质量控制资料应完整。

3）地基与基础、主体结构和设备安装等分部工程有关安全及功能的检验和抽样检测结果应符合有关规定。

4）观感质量验收应符合要求。

分部工程的验收在其所含各分项工程验收的基础上进行。本条给出了分部工程验收合格的条件。

首先，分部工程的各分项工程必须已验收合格，且相应的质量控制资料文件必须完整，这是验收的基本条件。此外，由于各分项工程的性质不尽相同，因此作为分部工程不能简单地组合而加以验收，尚须增加以下两类检查项目：

涉及安全和使用功能的地基基础、主体结构、有关安全及重要使用功能的安装分部工程，应进行有关见证取样送样试验或抽样检测。对于观感质量验收，这类检查往往难以定量，只能以观察、触摸或简单量测的方式进行，并结合各个人的主观判断，检查结果并不给出“合格”或“不合格”的结论，而是综合给出质量评价。对于“差”的检查点应通过返修处理等方式补救。

4. 单位（子单位）工程质量验收

单位（子单位）工程质量验收合格应符合下列规定：

1）单位（子单位）工程所含分部（子分部）工程的质量均应验收合格。

2）质量控制资料应完整。

3）单位（子单位）工程所含分部工程有关安全和功能的检测资料应完整。

4）主要功能项目的抽查结果应符合相关专业质量验收规范的规定。

5）观感质量验收应符合要求。

单位工程质量验收也称为质量竣工验收，是建筑工程投入使用前的最后一次验收，也是最重要的一次验收。验收合格的条件有五个：

1）构成单位工程的各分部工程应该合格。

2）有关的资料文件应完整。

3）涉及安全和使用功能的分部工程应进行检验资料的复查。不仅要全面检查其完整性（不得有漏检缺项），而且对分部工程验收时补充进行的见证抽样检验报告也要复核。这种强化验收的手段体现了对安全和主要使用功能的重视。

4）对主要使用功能还须进行抽查。使用功能的检查是对建筑工程和设备安装工程最终质量的综合检验，也是用户最为关心的内容。因此，在分项、分部工程验收合格的基础上，竣工验收时再作全面检查。参加验收的各方人员在检查资料文件的基础上商定抽查项目，并通过计量、计数的抽样方法确定检查部位。检查要求按有关专业工程施工质量验收标准要求进行。

5）由参加验收的各方人员共同进行观感质量检查，最后共同确定是否验收。检查的方法、内容、结论等已在分部工程的相应部分中阐述。

2.4.4　施工质量验收的程序和组织

1. 检验批及分项工程的验收程序和组织

检验批及分项工程应由监理工程师（建设单位项目技术负责人）组织施工单位项目专业质量（技术）负责人等进行验收。

检验批和分项工程是建筑工程质量的基础，因此，所有检验批和分项工程均应由监理工程师或建设单位项目技术负责人组织验收。验收前，施工单位先填好《检验批和分项工程的质量验收记录》（有关监理记录和结论不填），并由项目专业质量检验员和项目专业技术负责人分别在检验批、分项工程质量检验员和项目专业技术负责人分别在《检验批和分项工程质量检验记录》中相关栏目签字，然后由监理工程师组织，严格按规定程序进行验收。

2. 分部工程的验收程序和组织

分部工程应由总监理工程师（建设单位项目负责人）组织施工单位项目负责人和技术、质量负责人等进行验收；地基与基础、主体结构分部工程的勘察、设计单位工程项目负责人和施工单位技术、质量部门负责人也应参加相关分部工程的验收。

3. 单位（子单位）工程的验收程序和组织

（1）竣工初验收的程序　当单位工程达到竣工验收条件后，施工单位应在自查、自评工作完成后，填写工程竣工报验单，并将全部竣工资料报送项目监理机构，申请竣工验收。总监理工程师应组织各专业监理工程师对竣工资料及各专业工程的质量情况进行全面检查，对检查出的问题，应督促施工单位及时整改，对需要进行功能试验的项目（包括单机试车和无负荷试车），监理工程师应督促施工单位及时进行试验，并对重要项目进行监督、检查，必要时请建设单位和设计单位参加；监理工程师应认真审查试验报告单并督促施工单位

搞好成品保护和现场清理。

经项目监理机构对竣工资料及实物全面检查、验收合格后，由总监理工程师签署工程竣工报验单，并向建设单位提出质量评估报告。

（2）正式验收　建设单位收到工程验收报告后，应由建设单位（项目）负责人组织施工（含分包单位）、设计、监理等单位（项目）负责人进行单位（子单位）工程验收。单位工程由分包单位施工时，分包单位对所承包的工程项目应按规定的程序检查评定，总包单位应派人参加。分包工程完成后，应将工程有关资料交总包单位。建设工程经验收合格后方可交付使用。

建设工程竣工验收应当具备下列条件。

1）完成建设工程设计和合同约定的各项内容。

2）有完整的技术档案和施工管理资料。

3）有工程使用的主要建筑材料、建筑构配件和设备的进场试验报告。

4）有勘察、设计、施工、工程监理等单位分别签署的质量合格文件。

5）有施工单位签署的工程保修书。

在竣工验收时，对某些剩余工程和缺陷工程，在不影响交付的前提下，经建设单位、设计单位、施工单位和监理单位协商后，施工单位应在竣工验收后的限定时间内完成。参加验收各方对工程质量验收意见不一致时，可请当地建设行政主管部门或工程质量监督机构协调处理。

4. 单位工程竣工验收备案

单位工程质量验收合格后，建设单位应在规定时间内将工程竣工验收报告和有关文件报建设行政管理部门备案。

1）凡在中华人民共和国境内新建、扩建、改建各类房屋建筑工程和市政基础设施工程的竣工验收，均应按有关规定进行备案。

2）国务院建设行政主管部门和有关专业部门负责全国工程的竣工验收监督管理工作。县级以上地方人民政府建设行政主管部门负责本行政区域内工程的竣工验收备案管理工作。

5. 工程施工质量不符合要求时的处理

当工程质量不符合要求时，应按下列规定进行处理：

1）经返工重做或更换器具、设备的检验批，应重新进行验收。

2）经有资质的检测单位检测鉴定能够达到设计要求的检验批，应予以验收。

3）经有资质的检测单位检测鉴定达不到设计要求、但经原设计单位核算认可能够满足结构安全和使用功能的检验批，可予以验收。

4）经返工或加固处理的分项、分部工程，虽然改变外形尺寸但仍能满足安全使用要求，可按技术处理方案和协商文件进行验收。

一般情况下，不合格现象在最基层的验收单位（检验批）时就应发现并及时处理，否则将影响后续检验批和相关的分项工程、分部工程的验收，因此，所有质量隐患必须尽快消灭在萌芽状态，这也是强化验收、促进过程控制原则的体现。非正常情况的处理分以下四种情况：

第一种情况，是指在检验批验收时，其主控项目不能满足验收规范，或一般项目超过偏差限值的子项不符合检验规定的要求时，该检验批应及时进行处理。其中，严重的缺陷应推倒重建；一般的缺陷通过返修或更换器具、设备予以解决，应允许施工单位在采取相应的措施后重新验收。如能够符合相应的专业工程质量验收规范，则应认为该检验批合格。

第二种情况，是指在个别检验批中发现试块强度等不满足要求等问题，难以确定是否验收时，应请具有资质的法定检测单位检测。当鉴定结果能够达到设计要求时，该检验批仍应认为通过验收。

第三种情况，如经检测鉴定达不到设计要求，但经原设计单位核算，仍能满足结构安全和使用功能的情况，该检验批可予以验收。一般情况下，规范标准给出了满足安全和功能的最低限度要求，而设计往往在此基础上留有一些余量。不满足设计要求和符合相应规范标准的要求，两者并不矛盾。

第四种情况，更为严重的缺陷或者超过检验批的更大范围的缺陷，可能影响结构的安全性和使用功能。若经法定检测单位检测鉴定以后认为达不到规范标准的相应要求，即不能满足最低限度的完全储备和使用功能，则必须按一定的技术方案进行加固处理，使之能保证满足安全使用的基本要求。这样会造成一些永久性的缺陷（如改变结构外形尺寸）、影响一些次要的使用功能等。为了避免社会财富经受更大的损失，在不影响安全和主要使用功能条件下，可按处理技术方案和协商文件进行验收，责任方应承担经济责任，不能轻视质量而回避责任，这是应该特别注意的。

5）通过返修或加固处理仍不能满足安全使用要求的分部工程、单位（子单位）工程，严禁验收。

2.4.5 优良工程施工质量评价

根据《建筑工程施工质量评价标准》（GB/T 50375—2016）规定，优良工程施工质量评价应符合以下规定。

1. 评价基础

1）建筑工程施工质量评价应实施目标管理，健全质量管理体系，落实质量责任，完善控制手段，提高质量保证能力和持续改进能力。

2）建筑工程质量管理应加强对原材料、施工过程的质量控制和结构安全、功能效果检验，具有完整的施工控制资料和质量验收资料。

3）工程质量验收应完善检验批的质量验收，具有完整的施工操作依据和现场验收检查原始记录。

4）建筑工程施工质量评价应对工程结构安全、使用功能、建筑节能和观感质量等进行综合核查。

5）建筑工程施工质量评价应按分部工程、子分部工程进行。

2. 评价体系

1）建筑工程施工质量评价应根据建筑工程特点分为地基与基础工程、主体结构工程、屋面工程、装饰装修工程、安装工程及建筑节能工程等六个部分，如图 2-17 所示。

2）每个评价部分应根据其在整个工程中所占的工作量及重要程度给出相应的权重，其权重应符合表 2-2 的规定。

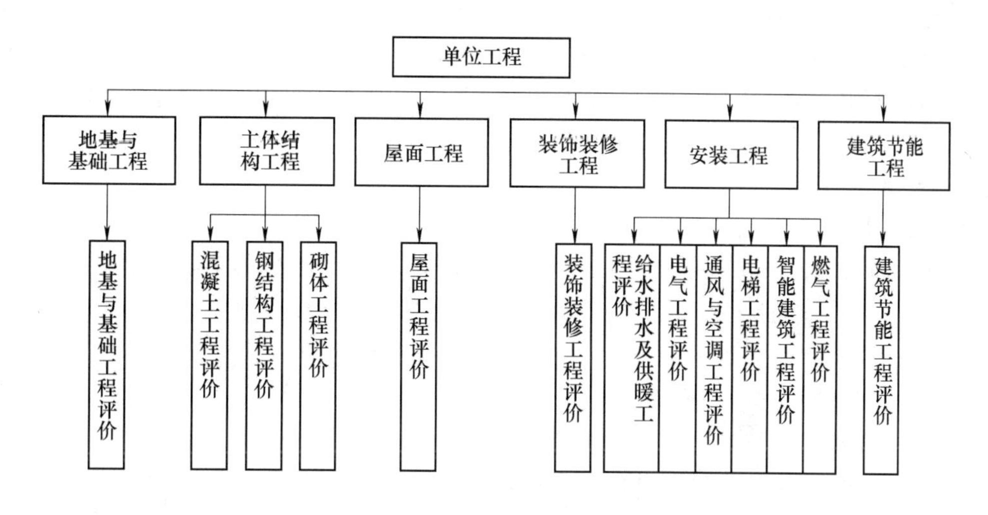

图 2-17　工程质量评价内容

注：1. 地下防水工程的质量评价列入地基与基础工程。

2. 地基与基础工程中基础部分的质量评价列入主体结构工程。

表 2-2　工程评价部分权重

工程评价部分	权重（%）	工程评价部分	权重（%）
地基与基础工程	10	装饰装修工程	15
主体结构工程	40	安装工程	20
屋面工程	5	建筑节能工程	10

注：1. 主体结构、安装工程有多项内容时，其权重可按实际工作量分配，但应为整数。

2. 主体结构中的砌体工程若是填充墙时，最多只占 10% 的权重。

3. 地基与基础工程中基础及地下室结构列入主体结构工程中评价。

3）每个评价部分应按工程质量的特点，分为性能检测、质量记录、允许偏差、观感质量四个评价项目。

每个评价项目应根据其在该评价部分内所占的工作量及重要程度给出相应的项目分值，其项目分值应符合表 2-3 的规定。

表 2-3　评价项目分值

序号	评价项目	地基与基础工程	主体结构工程	屋面工程	装饰装修工程	安装工程	节能工程
1	性能检测	40	40	40	30	40	40
2	质量记录	40	30	20	20	20	30
3	允许偏差	10	20	10	10	10	10
4	观感质量	10	10	30	40	30	20

4）每个评价项目应包括若干项具体检查内容，对每一具体检查内容应按其重要性给出分值，其判定结果分为两个档次：一档应为 100% 的分值；二档应为 70% 的分值。

5）结构工程、单位工程施工质量评价综合评分达到 85 分及以上的建筑工程应评为优良工程。

3. 评价方法

（1）性能检测评价方法应符合的规定

1）检查标准：检查项目的检测指标一次检测达到设计要求及规范规定的应为一档，取 100% 的分值；按相关规范规定，经过处理后满足设计要求及规范规定的应为二档，取 70% 的分值。

2）检查方法：核查性能检测报告。

（2）质量记录评价方法应符合的规定

1）检查标准：材料、设备合格证、进场验收记录及复试报告、施工记录及施工试验等资料完整，能满足设计要求及规范规定的应为一档，取 100% 的分值；资料基本完整并能满足设计要求及规范规定的应为二档，取 70% 的分值。

2）检查方法：核查资料的项目、数量及数据内容。

（3）允许偏差评价方法应符合的规定

1）检查标准：检查项目 90%及以上测点实测值达到规范规定值的应为一档，取 100% 的分值；检查项目 80%及以上测点实测值达到规范规定值，但不足 90% 的应为二档，取 70% 的分值。

2）检查方法：在各相关检验批中，随机抽取 5 个检验批，不足 5 个的取全部进行核查。

（4）观感质量评价方法应符合的规定

1）检查标准：每个检查项目以随机抽取的检查点按“好”“一般”给出评价。项目检查点 90% 及其以上达到“好”，其余检查点达到“一般”的应为一档，取 100% 的分值；项目检查点 80%及其以上达到“好”，但不足 90% ，其余检查点达到“一般”的应为二档，取 70% 的分值。

2）检查方法：核查分部（子分部）工程质量验收资料。

2.4.6 建设工程质量评定案例

建设工程质量评定案例见“配套资源”。

小　　结

本章主要讲解了施工准备、施工实施、竣工验收三个阶段中质量控制的具体要点及技术措施。具体包括施工质量控制概述；准备阶段的施工图审核、技术交底、施工组织设计、组织协调及人、料、机等方面的质量控制方法；施工实施阶段质量控制点的设置、实施过程中各项作业技术活动如技术复核、见证取样、工程变更、物资计量、记录资料、特殊季节施工及“四新技术”应用等方面的质量控制方法；竣工验收阶段项目验收的划分、验收程序和组织及优良工程施工质量评价方法。读者需通过对教材及课外案例资源的学习，理论结合实际，真正掌握工程实施全过程中质量控制的方法和要点。

习　　题

1. 施工阶段的质量控制主要可以分为几个环节？
2. 施工准备阶段材料构配件存放条件的控制具体包含哪些？
3. 施工质量验收阶段单位工程的划分依据是什么？
4. 简述检验批及分项工程的验收程序和组织。
5. 工程施工质量不符合要求时的处理方法有哪些？
6. 分项工程的质量等级判定为合格的条件有哪些？
7. 冬期土方工程施工质量控制要点有哪些？

第3章　建设工程施工主要模块质量控制要点

教学目标

了解建设工程施工中的质量控制要点，掌握土方工程、基础工程、主体结构工程、防水及保温工程等各分部分项工程的质量控制。

教学内容

土方开挖回填、地基处理、钢筋、模板、混凝土、钢结构、防水、保温节能等各分部、分项工程的质量控制要点。

3.1　土方工程质量控制要点

3.1.1　土方开挖质量控制

1）土方开挖应遵循“开槽支撑，先撑后挖，分层开挖，严禁超挖”的原则。

2）基坑（槽）和管沟开挖上部应有排水措施，防止地面水流入坑内，冲刷边坡，造成塌方或破坏基土，在挖土过程中应及时排除坑底表面积水。

3）基坑（槽）开挖应按规定的尺寸合理确定开挖顺序和分层开挖深度。开挖时应注意土壁的变动情况，如发现有裂缝或部分坍塌现象，应及时进行支撑或放坡，并注意支撑的稳固性和土壁的变化。当采取不放坡开挖的方式时，应设临时支护。

4）挖出的土除预留一部分用作回填外，不得在场地内任意堆放，在坑顶两边堆土时，距离坑顶边缘至少1m，堆土高度不得超过1.5m。

5）在已有建筑物侧挖基坑（槽）应分段进行，每段不超过2.5m，相邻槽段应待已挖好槽段基础回填夯实后进行。开挖基坑深于相邻建筑物基础时，开挖应保持一定的距离和坡度，满足H/L为0.5 ~1（H为相邻基础高差，L为相邻两基础外边缘水平距离）。

6）基坑严禁超挖，采用机械挖土时，为防止基底土壁振动，不应直接挖到基坑（槽）底，应在基底标高以上预留200~300mm余土，待基础施工前由人工清除。

7）基坑（槽）开挖后，应检验下列内容：

①核对基坑（槽）的位置、平面尺寸、坑底标高是否符合设计的要求，并检查边坡稳定状况，确保边坡安全。

②核对基坑土质和地下水情况是否满足地质勘察报告和设计要求；有无破坏原状土结构或发生较大的土质扰动现象。

③用钎探法或轻型动力触探法等检查基坑（槽）是否存在软弱土下卧层及空穴、古墓、古井、防空掩体、地下埋设物等并查明相应的位置、深度、性状，钎探法如图3-1所示。

3.1.2　土方回填质量控制

1）土方回填前应清除基底的垃圾、树根等杂物，抽除坑内积水，验收基底标高。若土方在耕植土或松土上进行，还应先对基底进行压实。

2）填方土料应按设计要求验收后方可填入。填土应处于最佳含水量状态，填土过湿时应翻松晾干，也可掺入同类干土或吸水性材料；填土过干时，则应预先洒水润湿。

3）填方施工过程中应检查排水措施、每层填筑厚度、含水量控制、压实度。填筑厚度及压实遍数应根据土质确定，压实系数及所用机具经试验确定。

图 3-1　钎探法

3.1.3　灰土垫层地基质量控制

1）铺土前对地基进行清理，消除积水，平整基层。

2）分段、分层敷设和夯压，在接缝处不得漏夯（碾），机具夯压不到的地方由人工或小型机具配合夯压密实。每层分段位置应错开，上下两层的施工缝错开不得小于 500mm，并不得在墙角、柱基及承重窗间墙下等处接缝。接缝处应夯压密实。

3）控制垫料的含水量，素土和灰土垫层施工的材料含水量宜控制在最优含水量±2%的范围内。含水量过大时，应晾晒或风干；含水量小于最优含水量时，应洒水润湿。

4）灰土应拌和均匀，颜色一致，拌好后及时铺好、夯实。入坑（槽）的垫料，应当日夯压，不得隔日夯打。

5）采取防雨、排水措施，避免垫层受雨水浸泡。夯实后的灰土，在 3d 内不得受水浸泡。若遭受雨淋浸泡，则应将积水及松软灰土除去并补填夯实。上部基础施工完毕后，应尽快回填基坑并夯实。

3.1.4　预压地基质量控制

1）堆载预压法水平排水垫层施工时，应避免对软土表层的过大扰动，以免造成砂和淤泥混合，影响垫层的排水效果。另外，在敷设砂垫层前，应清除砂井顶面的淤泥和其他杂质，以利砂井排水。

2）砂井中的砂宜用中砂、粗砂；袋中砂宜用干砂，不宜采用潮湿砂，以免袋内砂干燥后体积减小，造成袋装砂井缩短与排水垫层不搭接；垫层中的砂可用中砂、细砂。砂料含泥量要求小于 3%。

3）塑料排水带滤水膜在转盘和打设过程中应避免损坏，防止淤泥进入带芯堵塞输水孔而影响塑料带的排水效果。塑料带与桩尖的连接要牢固，避免提管时脱开导致塑料带拔出。桩尖平端与导管靴配合要适当，避免错缝，防止淤泥在打设过程中进入导管，增大对塑料带的阻力，甚至将塑料带拔出。塑料带需要接长时，为减少带与导管阻力，应采用滤水膜内平搭接的连接方式，搭接长度宜大于 200mm，以保证输水畅通并有足够的搭接强度。塑料排水带如图 3-2 所示。

4）加载预压过程施工时不能急于求成，应根据设计要求分级逐渐加载。在加载过程中，应每天进行竖向变形、边桩位移及孔隙水压力等项目的观测，根据观测资料严格控制加载速率。

5）塑料排水带的滤水膜应有良好的透水性，塑料排水带应具有足够的湿润抗拉强度和抗弯曲能力。

6）在真空预压法施工过程中，真空滤管的距离要适当，并使真空度分布均匀，滤管渗透系数大于 $1×10^2$cm/s；真空泵及膜内真空度应在 96kPa 和 73kPa 以上。地面总沉降规律应符合一般加载预压时的沉降规律，如发现异常，应及时采取措施，以免影响最终加固效果。因此，必须做好真空度、地面沉降量、深层沉降、水平位移、孔防水压力和地下水位的现场测试工作。真空预压法如图 3-3 所示。

图 3-2　塑料排水带

图 3-3　真空预压法

3.1.5　强夯地基质量控制

1）强夯前应对场地进行地质勘探，通过现场试验确定强夯参数（试夯区面积不小于 20m×20m）。

2）夯击前后应对地基土进行原位测试，包括室内土分析试验、野外标准贯入、静力（轻便）触探、旁压试验（或野外荷载试验），测定有关数据，以检验地基的实际影响深度。有条件时，应尽量选用上述两项以上的测试项目，以便比较。对于检验点数，每个独立基础至少有 1 点，基槽每 20 延米有 1 点，整片地基 50~100m^2 取 1 点。检测深度和位置按设计要求确定，同时现场测定夯击后每点的地基平均变形值，以检验强夯效果。强夯地基如图 3-4 所示。

图 3-4　强夯地基

3）施工前应检查夯锤重量、尺寸，落距控制手段，排水设施。

4）强夯中严格控制夯位和夯距，不漏夯；检查落距、夯击遍数和夯击范围，确保单位夯击能量符合设计要求。对各项参数和施工情况进行详细记录。

3.1.6　高压喷射注浆质量控制

1）施工前应先进行场地平整，挖好排浆沟，并根据现场环境和地下埋设物的位置等情况，复核高压喷射注浆的设计孔位。

2）水泥在使用前需作质量鉴定。搅拌水泥浆所用的水应符合《混凝土用水标准》（JGJ 63—2006）的规定。

3）做好钻机定位，钻机与高压注浆泵的距离不宜过远。要求钻机安放保持水平，钻杆保持垂直．其倾斜度不得大于1.5%。钻孔位置与设计位置的偏差不得大于50mm。

4）当注浆管贯入土中，喷嘴达到设计标高时，即可喷射注浆。在喷射注浆参数达到规定值后，随即分别按旋喷、定喷或摆喷的工艺要求提升注浆管，由下而上喷射注浆。注浆管分段提升的搭接长度不得小于100mm。

5）在高压喷射注浆过程中出现压力骤然下降、上升或大量冒浆等异常情况时，应停止提升和喷射注浆以防桩体中断，同时立即查明产生的原因并及时采取措施排除故障。若发现有浆液喷射不足，影响桩体的设计直径时，应进行复核。

6）当高压喷射注浆完毕时，应迅速拔出注浆管，用清水冲洗管路。为防止浆液凝固收缩影响桩顶高程，必要时可在原孔位采用冒浆回灌或第二次注浆等措施。

3.2　基础工程质量控制要点

3.2.1　浅基础质量控制

1. 砖石基础质量控制

1）砖石的品种、质量、规格、强度等级，砂浆品种、强度必须符合设计要求和施工规范的规定。

2）砌体砂浆必须饱满，水平灰缝的砂浆饱满度不小于80%。

3）砌体转角处必须同时砌筑，交接处不能同时砌筑时必须留斜槎，外墙基础的转角处严禁留直槎，其他临时间断处留槎的做法必须符合施工规范的规定。

2. 钢筋混凝土基础质量控制

1）在混凝土浇灌前应先行验槽，基坑尺寸应符合设计要求，应挖去局部软弱土层，用灰土或砂砾回填夯实至与基底相平。在地基或基土上浇筑混凝土时，应清除淤泥和杂物，并应有排水和防水措施。对干燥的黏性土，应用水湿润；对未风化的岩石，应用水清洗，但其表面不得留有积水。

2）垫层混凝土在验槽后应立即浇灌，以保护地基。当垫层素混凝土达到一定强度后，在其上面弹线、支模、铺放钢筋。

3）钢筋上的泥土、油污，模板内的垃圾、杂物应消除干净。木模板应浇水湿润，缝隙应堵严，基坑积水应排除干净。

4）当混凝土自高处倾落时，其自由倾落高度不宜超过2m，若高度超过2m，应设料斗、漏斗、串筒、斜槽、溜管，以防止混凝土分层、离析。

5）混凝土宜分段、分层灌筑，各段、各层间应互相衔接，每段长2~3m，使混凝土逐段、逐层呈阶梯形推进，并注意先使混凝土充满模板边角，然后浇灌中间部分。

6）混凝土应连续浇灌，以保证结构良好的整体性，若必须间歇，间歇时间不应超过规范的规定。若间歇时间超过规定，应设置施工缝，并应待混凝土的抗压强度达到 $1.2N/mm^2$ 以上时，才允许继续浇灌混凝土，以免已浇筑的混凝土结构因振动而受到破坏。

3.2.2 预制桩质量控制

1. 预制桩钢筋骨架质量控制

1）预制桩主筋可采用对焊或焊条电弧焊，同一截面的主筋接头不得超过50%，相邻主筋接头截面的距离应大于35D且不小于500mm。

2）为了防止桩顶击碎，桩顶钢筋网片位置要严格控制、按图施工，并采取措施使网片位置固定正确、牢固，保证混凝土浇筑时不移位；浇筑预制桩混凝土时，从桩顶开始浇筑，要保证柱顶和桩尖不积聚过多的砂浆。

3）为防止锤击时桩身出现纵向裂缝导致桩身击碎而被迫停锤，预制桩钢筋骨架中主筋距桩顶的距离必须严格控制，绝不允许主筋距桩顶面过近甚至触及桩顶的质量问题出现。

4）预制桩接桩注意事项：当桩尖接近硬持力层或桩尖处于硬持力层中时，不得接桩；若采用电焊接桩则应抓紧时间进行焊接，以免耗时长导致桩摩阻得到恢复，使桩下沉产生困难。

2. 混凝土预制桩的起吊、运输和堆存质量控制

1）预制桩达到设计强度70%方可起吊，达到100%才能运输。

2）桩的水平运输应用运输车辆，严禁在场地内直接拖拉桩身。

3）垫木和吊点应保持在同一横断面上，且各层垫木上下对齐，防止垫木参差不齐而使桩被剪切断裂。

4）根据大量的工程实践经验，只有龄期和强度都达到标准的预制桩，才能顺利打入土中，且很少打裂，故沉桩时应做到强度和龄期双控制。

3. 混凝土预制桩接桩施工质量控制

1）硫黄胶泥锚接法仅适用于软土层，因此法的管理和操作要求较严，所以一级建筑桩基或承受拔力的桩应慎用。

2）焊接接桩材料：钢板宜用低碳钢，焊条宜用E43；焊条使用前必须经过烘焙，降低烧焊时含氢量，防止焊缝产生气孔而降低其强度和韧性；焊条烘焙应有记录。

焊接接桩时，应先将四角定位焊固定，焊接必须对称进行，以保证设计尺寸正确，使上下节桩对中。焊接接桩如图3-5所示。

图3-5　焊接接桩

4. 混凝土预制桩沉桩质量控制

1）沉桩顺序是打桩施工方案的一项重要内容，必须正确选择确定，以避免桩位偏移、上拔、地面隆起过多、邻近建筑物破坏等事故发生。

2）沉桩中停止锤击应根据桩的受力情况确定：摩擦型桩以标高为主，贯入度为辅；而端承型桩应以贯入度为主，标高为辅。标高和贯入度应进行综合考虑，当两者差异较大时，应会同各参与方进行研究，共同研究确定停止锤击桩标准。

3）为避免或减少沉桩挤土效应和对邻近建筑物、地下管线的影响，在施打大面积密集桩群时，要采取预钻孔、设置袋装砂井或塑料排水板的方式消除部分超孔隙水压力。

4）插桩是保证桩位正确和桩身垂直度的重要开端，插桩应控制桩的垂直度，并应逐桩记录，以备核对查验、避免打偏。

5）打桩顺序：根据基础的设计标高，先深后浅；依桩的规格，宜先大后小，先长后短。由于桩的密集程度不同，可自中间向两侧对称进行或向四周进行；也可由一侧向单一方向进行。打桩顺序如图 3-6 所示。

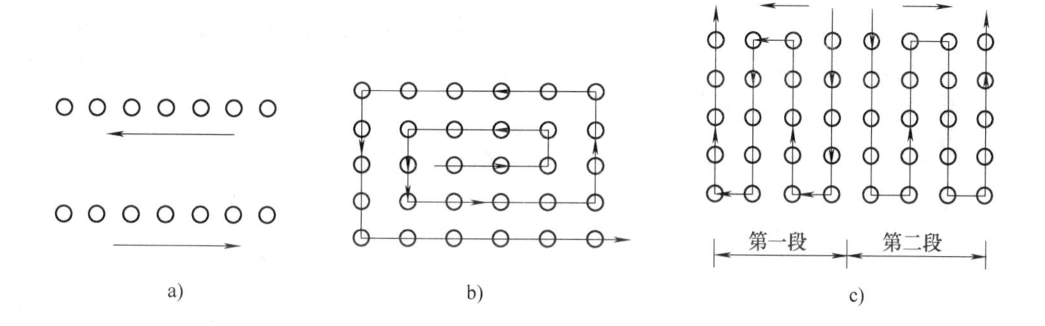

图 3-6　打桩顺序

a）逐排打设　b）自中部向四周打设　c）由中间向两侧打设

3.2.3　灌注桩质量控制

1. 灌注桩钢筋笼制作质量控制

1）钢筋笼制作允许偏差按规范执行。

2）主筋净距必须大于混凝土粗骨料粒径 3 倍以上以确保混凝土浇筑时达到密实度要求。

3）箍筋宜设在主筋外侧，当主筋需设弯钩时，弯钩不得向内圆伸露，以免钩住灌注导管，妨碍导管正常工作。

4）钢筋笼的内径应比导管接头处的外径大 100mm 以上。

5）分节制作的钢筋笼，主筋接头宜用焊接，由于在焊接灌注桩孔口时只能做单面焊，搭接长度要保证 10 倍主筋直径以上。

6）沉放钢筋笼前，在钢筋笼上套上或焊上主筋保护层垫块或耳环，使主筋保护层偏差符合以下规定：水下浇筑混凝土桩主筋保护层偏差在±20mm 以内，非水下浇筑混凝土桩主筋保护层偏差在±10mm 以内。钢筋笼沉放到桩孔中如图 3-7 所示。

图 3-7　钢筋笼沉放到桩孔中

2. 泥浆护壁成孔灌注桩施工质量控制

（1）泥浆制备和处理的施工质量控制

1）制备泥浆的性能指标按规范执行。

2）一般地区施工期间护筒内的泥浆面应高出地下水位 1.0m 以上，在受潮水涨落影响的地区施工时，泥浆面应高出最高地下水位 1.5m 以上。以上数据应记入《开孔通知单》或《钻孔班报表》中。

3）在清孔过程中，要不断置换泥浆，直至浇筑水下混凝土时才能停止置换，以保证孔底沉渣厚度符合要求，防止由于泥浆静止、渣土下沉而导致孔底实际沉渣超厚的弊病。

4）浇筑混凝土前，孔底 500mm 以内的泥浆相对密度应小于 1.25；含砂率不大于 8%；黏度不大于 28s。

（2）正、反循环钻孔灌注桩施工质量控制

1）孔深大于 30m 的端承型桩，钻孔机具工艺选择时宜用反循环工艺成孔或清孔。

2）为了保证钻孔的垂直度，钻机应设置导向装置。潜水钻的钻头上应有不小于 3 倍钻头直径长度的导向装置；利用钻杆加压的正循环回转钻机，在钻具中应加设扶正器。

3）孔达到设计深度后，清孔后的沉渣厚度应符合下列规定：端承桩≤50mm；摩擦端承桩、端承摩擦桩≤100mm；摩擦桩≤300mm。

4）正、反循环钻孔灌注桩成孔施工的允许偏差应满足规范规定。

（3）水下混凝土浇筑施工质量控制

1）水下混凝土配制的强度等级应有一定的余量，能保证水下浇筑混凝土强度等级符合设计强度的要求（并非在标准条件下养护的试块达到设计强度等级，即判定符合设计要求）。

2）水下混凝土必须具备良好的和易性，坍落度宜为 180～220mm，水泥用量不得少于 360kg/m^3。

3）水下混凝土的含砂率宜控制在 40%～45%，粗骨料粒径应小于 40mm。

4）导管使用前应试拼装、试压，试水压力取 0.6～1.0MPa。防止导管渗漏发生堵管现象。

5）隔水栓应有良好的隔水性能，并确保隔水栓能顺利从导管中排出，保证水下混凝土浇筑成功。

6）用以储存混凝土的灌斗的容量，必须满足第一斗混凝土灌下后能使导管一次埋入混凝土面以下 1m 以上。

7）浇筑水下混凝土时应有专人测量导管内外混凝土面标高，埋管 2～6m 深时，才允许提升混凝土导管。当选用起重机提拔导管时，必须严格控制导管提拔时导管离开混凝土面的可能，防止发生断桩事故。

8）严格控制浮桩标高，凿除泛浆高度后，必须保证暴露的桩顶混凝土达到设计强度值，凿除桩顶泛浆如图 3-8 所示。

图 3-8　凿除桩顶泛浆

3.3　主体结构工程质量控制要点

3.3.1　模板工程质量控制

1. 一般规定

1）模板及其支架必须符合下列规定：

①保证工程结构和构件各部分形状尺寸和相互位置的正确，这就要求模板工程的几何尺寸、相互位置及标高满足设计图要求，并且在混凝土浇筑完毕后，模板工程的几何尺寸，相互位置及标高在允许偏差范围内。

②要求模板工程具有足够的承载力、刚度和稳定性，不出现塑性交形、倾覆和失稳。

③构造简单，拆装方便，便于钢筋的绑扎和安装，另外，对混凝土的浇筑和养护，要做到加工容易、集中制造、提高工效、紧密配合、综合考虑。

④模板的拼缝不应漏浆。对于反复使用的钢模板要不断进行整修，保证其棱角顺直、平整。

2）组合钢模扳、大模板、滑升模板等的设计、制作和施工，应符合国家现行标准的有关规定。

3）模板使用前应涂刷隔离剂，不宜采用油质类隔离剂。严禁隔离剂玷污钢筋与混凝土接槎处，以免影响钢筋与混凝土的握裹力以及混凝土接槎处不能有机结合。不得在模板安装后刷隔离剂。

4）对模板及其支架应定期维修。钢模板及支架应防止锈蚀，从而延长模板及其支架的使用寿命。

2. 模板安装的质量控制

1）竖向模板和支架的支撑部分必须坐落在坚实的基土上，并应加设垫板，使其有足够的支撑面积。

2）一般情况下，应自下而上地安装模板。在安装过程中要注意模板的稳定，可设临时支撑稳住模板，待安装完毕且校正无误后方可固定牢固。

3）模板安装要考虑拆除方便，宜在不拆梁的底模和支撑的情况下，先拆除梁的侧模，以利于周转使用。

4）在模板安装过程中应多检查垂直度、中心线、标高偏差是否在允许范围之内，保证结构部分的几何尺寸和相邻位置的正确。

5）现浇钢筋混凝土梁、板，当跨度大于或等于 4m 时，模板应起拱；当设计无要求时，起拱高度宜为全跨长的 1/1000~3/1000，不准许起拱过小而造成梁、板底下垂。

6）现浇多层房屋和构筑物支模时，采用分段、分层方法。下层混凝土须达到足够的强度以承受上层作业荷载传来的力，且上下立柱应对齐，并敷设垫板。

7）固定在模板上的预埋件和预留洞不得遗漏，安装必须牢固、位置准确，其允许偏差应符合相关现行规范的规定。

8）现浇结构模板安装的允许偏差，应符合《混凝土结构工程施工质量验收规范》（GB

50204—2015）中表 4. 2. 10 的规定。

3. 模板拆除的质量控制

（1）混凝土结构拆模时的强度要求　模板及其支架拆除时的混凝土强度应符合设计要求，当设计无具体要求时，应符合下列规定：

1）侧模在混凝土强度能保证其表面及棱角不因拆除模板而受损坏后，方可拆除。

2）底模在混凝土强度达表 3-1 的规定后，方可拆除。

表 3-1　底模拆除的混凝土强度要求

结构类型	结构跨度/m	按设计的混凝土强度标准值的百分比（%）
悬臂结构	—	≥100
梁、拱、壳	>8	
板	>8	
梁、拱、壳	≤8	≥75
板	>2 且≤8	
	≤2	≥50

（2）混凝土结构拆模后的强度要求　混凝土结构在模板和支架拆除后，需待混凝土强度达到设计混凝土强度等级后，方可承受全部使用荷载；当施工荷载所产生的效应比使用荷载的效应更为不利时，必须经过核算，加设临时支撑。

（3）其他注意事项

1）拆模时用力不要过猛、过急，拆下来的模板和支撑用料要及时运走、整理。

2）拆模顺序一般应是后支的先拆、先支的后拆，先拆非承重部分、后拆承重部分，重大复杂模板的拆除，事先要制订拆模方案。

3）多层楼板模板支柱的拆除，应按下列要求进行：当上层楼板正在浇筑混凝土时，下一层楼板的模板支柱不得拆除，再下一层楼板的支柱仅可拆除一部分；跨度 4m 及以上的梁上均应保留支柱，其间距不得大于 3m。

4. 模板工程专项施工方案

对于下列危险性较大的模板工程及支撑体系，应单独编制专项施工方案：

1）各类工具式模板工程　包括大模板、滑模、爬模、飞模等工程。

2）混凝土模板支撑工程　搭设高度 5m 及以上、搭设跨度 10m 及以上、施工总荷载 10kN/m 及以上、集中线荷载 15kN/m 及以上、高度大于支撑水平投影宽度且相对独立无联系构件的混凝土模板支撑工程。

3）承重支撑体系　用于钢结构安装等满堂支撑体系。

对于超过一定规模的危险性较大的模板工程及支撑体系，还应组织专家对单独编制的专项施工方案进行论证：

1）工具式模板工程　包括滑模、爬模、飞模工程。

2）混凝土模板支撑工程　搭设高度 8m 及以上、搭设跨度 18m 及以上、施工总荷载 15kN/m 及以上、集中线荷载 20kN/m 及以上。

3）承重支撑体系　用于钢结构安装等满堂支撑体系，承受单点集中荷载 700kg 以上。

3.3.2 钢筋工程质量控制

1. 一般规定

（1）钢筋采购与进场验收

1）在进行钢筋采购时，混凝土结构中采用的热轧钢筋、热处理钢筋、碳素钢丝、刻痕钢丝和钢绞线的质量，应分别符合现行国家标准的规定。

2）钢筋从钢厂发出时，应具有《出厂质量证明书》或《试验报告单》，每捆（盘）钢筋均应有标牌。

3）钢筋进入施工单位的仓库或放置场时，应按炉罐号及直径分批验收。验收内容包括：查对标牌、外观检查、按有关技术标准的规定抽取试样作机械性能试验，检查合格后方可使用。

4）钢筋在运输和储存时，必须保留标牌、严格防止混料，并按批分别堆放整齐，无论在检验前或检验后，都要避免锈蚀和污染。

（2）其他要求

1）当钢筋在加工过程中发生脆断、焊接性能不良或力学性能显著不正常等现象时，应按现行国家标准对该批钢筋进行化学成分检验或其他专项检验。

2）进口钢筋当需要焊接时，还要进行化学成分检验。

3）对有抗震要求的框架结构纵向受力钢筋，检验的强度实测值应符合下列要求：

①钢筋的抗拉强度实测值与屈服强度实测值的比值不应小于1.25。

②钢筋的屈服强度实测值与钢筋的强度标准值的比值，当按一级抗震设计时，不应大于1.25；当按二级抗震设计时，不应大于1.4。

4）钢筋的强度等级、种类和直径应符合设计要求，当需要代换时，必须征得设计单位同意，并应符合下列要求：

①不同种类钢筋的代换，应按钢筋受拉承载力设计值相等的原则进行。

②当构件受抗裂、裂缝宽度、挠度控制时，钢筋代换后应重新进行验算。

③钢筋代换后，应满足混凝土结构设计规范中有关间距、锚固长度、最小钢筋直径、根数等要求。

④对重要的受力结构，不宜用光圆钢筋代换带肋钢筋。

⑤梁的纵向受力钢筋与弯起钢筋应分别进行代换。

⑥对有抗震要求的框架，不宜以强度等级较高的钢筋代替原设计中的钢筋；当必须代换时，尚应符合上述第③条的规定。

⑦预制构件的吊环，必须采用未经冷拉的HPB300级钢筋制作。

（3）热轧钢筋取样与试验　每批钢筋由同一截面尺寸和同一炉罐号的钢筋组成，数量不大于60t。在每批钢筋中任选3根钢筋切取3个试样供拉力试验用，再任选3根钢筋切取3个试样供冷弯试验用。

拉力试验和冷弯试验结果必须符合现行钢筋机械性能的要求，如有某一项试验结果达不到要求，则从同一批中再任取双倍数量的试件进行复试，若有任一指标在复试中达不到要求，则该批钢筋就被判断为不合格。

2. 钢筋焊接施工质量控制

钢筋的焊接技术包括：电阻定位焊、闪光对焊、焊条电弧焊和竖向钢筋接长的电渣压焊以及气压焊。下面仅就焊条电弧焊和电渣压焊施工质量控制进行介绍。

（1）焊条电弧焊的施工质量控制

1）操作要点。

①进行帮条焊时，两钢筋端头之间应留 2.5mm 的间隙。

②进行搭接焊时，钢筋宜预弯，以保证两根钢筋的轴线在同一直线上。

③焊接时，引弧应从帮条或搭接钢筋一端开始，收弧应在帮条或搭接钢筋梢头上，弧坑应填满。

④熔槽帮条焊钢筋端头应加工平面，两钢筋端面间隙为 10~16mm；焊接按时电流宜稍大，从焊缝根部引弧后连续施焊，形成熔池，保证钢筋端部熔合良好，焊接过程中应停焊敲渣一次。焊平后，进行加强缝的焊接。

⑤坡口焊钢筋坡面应平顺，切口边缘不得有裂纹和较大的钝边、缺棱；钢筋根部最大间隙不宜超过 10mm；为了防止接头过热，应采用几个接头轮流施焊；加强焊缝的宽度应超过 V 形坡口的边缘 2~3mm。

2）外观检查要求。

①焊缝表面平整，不得有较大的凹陷、焊瘤。

②接头处不得有裂缝。

③帮条焊的帮条沿接头中心线纵向偏移不得超过 4°，接头处钢筋轴线的偏移不得超过 0.1d 或 3mm。

④坡口焊及熔槽帮条焊接头的焊缝加强高度为 2~3mm。

⑤在进行坡口焊时，预制柱的钢筋外露长度：当钢筋根数少于 14 根时，取 250mm；当钢筋根数大于等于 14 根时，取 350mm。

（2）电渣压力焊的施工质量控制

1）操作要点。

①为使钢筋端部局部接触，以便引弧，形成渣池，进行手工电渣压焊时，可采用直接引弧法。

②待钢筋熔化达到一定程度后，在切断焊接电源的同时，迅速进行顶压，持续数秒钟方可松开操作杆，以免接头偏斜或接合不良。

③在焊剂使用前，须经恒温 250℃烘焙 1~2h。

④焊前应检查电路，观察网络电压波动情况，若电源的电压降大于 5%，则不宜进行焊接。

2）外观检查要求。

①接头焊包均匀，不得有裂纹，钢筋表面无明显烧伤等缺陷。

②接头处的钢筋轴线偏移不得超过 0.1d，同时不得大于 2mm。

③接头处弯曲不得大于 4°。

电渣压焊的施工如图 3-9 所示。

图 3-9　电渣压焊的施工

3）其他要求。

①焊工必须持有焊工考试合格证。在进行钢筋焊接前，必须根据施工条件进行试焊，合格后方可施焊。

②由于钢筋弯曲处内、外边缘的应力差异较大，因此焊接头距钢筋弯曲处的距离不应小于钢筋直径的 10 倍。

③在受力钢筋采用焊接接头时，设置在同一构件内的焊接接头应相互错开。在任一焊接接头中心至长度为钢筋直径的 35 倍且不小于 500mm 的区段内，同一根钢筋不得有两个接头。

④对于轴心受拉杆、小偏心受拉杆以及直径大于 32mm 的轴心受压柱和偏心受压柱中的钢筋接头均应采用焊接。

⑤对于有抗震要求的受力钢筋接头，宜优先采用焊接或机械连接。

3. 钢筋机械连接施工质量控制

钢筋机械连接技术包括直、锥螺纹连接和套筒挤压连接，下面仅介绍最常用的直螺纹连接的施工质量控制。

（1）构造要求

1）同一构件内同一截面受力钢筋的接头位置应相互错开。在任一接头中心至长度为钢筋直径的 35 倍的区域范围内，有接头的受力钢筋截面面积占受力钢筋总截面面积的百分率应符合下列规定：

①受拉区的受力钢筋接头百分率不宜超过 50%。

②受拉区的受力钢筋受力较小时，A 级接头百分率不受限制。

③接头宜避开有抗震设防要求的框架梁端和柱端的箍筋加密区；当无法避开时，接头应采用 A 级接头，且接头百分率不应超过 50%。

2）接头端头距钢筋弯起点不得小于钢筋直径的 10 倍。

3）不同直径的钢筋连接时，一次对接钢筋直径规格不宜超过二级。

4）钢筋连接套处的混凝土保护层厚度除了要满足现行国家标准外，还不得小于 15mm，且连接套之间的横向净距不宜小于 25mm。直螺纹连接如图 3-10 所示。

图 3-10　直螺纹连接

（2）操作要点

1）操作工人必须持证上岗。

2）钢筋应先调直再下料，切口端面应与钢筋轴线垂直，不得有马蹄形或挠曲，不得用气割下料。

3）加工钢筋直螺纹丝头的牙型、螺距等必须与连接套的牙型、螺距一致，且经配套的量规检测合格。

4）加工直螺纹钢筋时，应采用水溶性切削润滑液，不得用机油作润滑液或不加润滑液套丝。

5）已检验合格的丝头应加帽头予以保护。

6）连接钢筋时，钢筋规格和连接套的规格应一致，并确保钢筋和连接套的丝扣干净、完好无损。

7）采用预埋接头时，连接套的位置、规格和数量应符合设计要求。带连接套的钢筋应固定牢固，连接套的外露端应有密封盖。

8）必须用精度±5%的力矩扳手拧紧接头，且要求每半年用扭力仪检测力矩扳手一次。

9）连接钢筋时，应对正轴线将钢筋拧入连接套，然后用力矩扳手拧紧。

10）接头拧紧值应满足规定的力矩值，不得超拧。拧紧后的接头应做好标志。

4. 钢筋绑扎与安装施工质量控制

（1）准备工作

1）确定分部、分项工程的绑扎进度和顺序。

2）了解运料路线、现场堆料情况、模板清扫和润滑状况以及坚固程度、管道配合条件等。

3）检查钢筋的外观质量，着重检查钢筋的锈蚀状况，确定有无必要进行除锈。

4）在运料前要核对钢筋的直径、形状、尺寸以及钢筋级别是否符合设计要求。

5）准备必需数量的工具、水泥砂浆垫块与绑扎所需的钢丝等。

（2）操作要点

1）钢筋的交叉点都应扎牢。

2）板和墙的钢筋网，除靠近外围两行钢筋的相交点全部扎牢外，中间部分的相交点可相隔交错扎牢，但必须保证受力钢筋不位移；若采用一面顺扣绑扎，交错绑扎扣应变换方向绑扎；对于面积较大的网片，可适当用钢筋作斜向拉结，加固双向受力的钢筋，且须将所有相交点全部扎牢。

3）梁和柱的箍筋，除设计有特殊要求外，应与受力钢筋保持垂直，箍筋弯钩叠合处，应与受力钢筋方向错开。此外，梁的箍筋弯钩应尽量放在受压处。

4）绑扎柱竖向钢筋时，角部钢筋的弯钩应与模板成45°；中间钢筋的弯钩应与模板成90°；当采用插入式振动器浇筑小型截面柱时，弯钩平面与模板面的夹角不得小于150°。

5）绑扎基础底板钢筋时，要防止弯钩平放，应预先使弯钩朝上；若钢筋有带弯起直段的，绑扎前应将直段立起来，宜用细钢筋连接上，防止直段倒斜。

6）钢筋的绑扎接头应符合下列要求：

①搭接长度的末端与钢筋弯曲处的距离不得小于钢筋直径的10倍，接头不宜位于构件最大弯矩处。

②在钢筋受拉区域内，HPB300级钢筋和冷拔低碳钢丝接头末端应做弯钩，HRB335级和HRB400级钢筋可不做弯钩。

③直径不大于12mm的受压HPB300级钢筋的末端，以及轴心受压构件中任意直径的受力钢筋的末端可不做弯钩，但搭接长度不得小于钢筋直径的35倍。

④在钢筋搭接处，应用钢丝扎牢其中心和两端。

⑤受拉钢筋绑扎接头的搭接长度应符合现行相关标准的规定，受压钢筋的搭接长度相应取受拉钢筋搭接长度的0.7倍。

⑥焊接骨架和焊接网采用绑扎接头时：搭接接头不宜位于构件的最大弯矩处；焊接骨架

和焊接网在非受力方向的搭接长度宜为 100mm；受拉焊接骨架和焊接网在受力钢筋方向的搭接长度应符合现行标准的规定；受压焊接骨架和焊接网取受拉焊接骨架和焊接网的 0.7 倍。

⑦各受力钢筋之间的绑扎接头位置应相互错开。从任一绑扎接头中心至搭接长度 L 的 1.3 倍区域内，受力钢筋截面面积占受力钢筋总截面面积的百分率应符合有关规定，且绑扎接头中钢筋的横向净距不应小于钢筋直径，还需不小于 25mm。

⑧在绑扎骨架中非焊接接头长度范围内，当搭接钢筋受拉时，其箍筋间距应不大于 $5d$，且应不大于 100mm；当受压时，应不大于 $10d$，且应不大于 20mm。

（3）钢筋安装注意事项

1）钢筋的混凝土保护层厚度应符合规定。

2）一般情况下，当保护层厚度在 20mm 以下时，垫块尺寸约为 30mm×30mm；当保护层厚度在 20mm 以上时，垫块尺寸约为 50mm×50mm。

3）混凝土保护层砂浆垫块应根据钢筋粗细和间距垫得适量可靠。竖向钢筋可采用带钢丝的垫块绑在钢筋骨架外侧。

4）当物件中配置双层钢筋网时，需利用各种撑脚支托钢筋网片，撑脚可用相应的钢筋制成。

5）当梁中配有两排钢筋时，为了使上排钢筋保持正确位置，需用短钢筋作为垫筋垫在两排钢筋中间。

6）当墙体中配置双层钢筋时，为了使两层钢筋网保持正确位置，可采用各种用细钢筋制作的撑件加以固定。

7）对于柱的钢筋，现浇柱与基础连接而设在基础内的插筋，其箍筋应比柱的箍筋缩小一个直径，以便连接；插筋必须固定准确、牢靠。下层柱的钢筋露出楼面的部分，宜用工具式箍将其收进一个柱筋直径，以利上层柱的钢筋搭接，当柱截面改变时，其下层柱钢筋的露出部分必须在绑扎上部其他部位钢筋前，先行收缩准确。

8）安装钢筋时，配置的钢筋级别、直径、根数和间距应符合设计图的要求。

9）绑扎和焊接的钢筋网和钢筋骨架，不得变形、松脱和开焊。钢筋位置的允许偏差应符合现行相关规范的规定。

3.3.3　普通混凝土质量控制

1. 混凝土搅拌质量控制

（1）搅拌机的选用　按搅拌原理划分，混凝土搅拌机可分为自落式和强制式两种。在选用搅拌机时，应综合考虑以下因素：

1）所需拌制混凝土的总量和同时需要混凝土的最大数量。

2）混凝土的品种和混凝土的流动性。

3）混凝土粗集料的最大粒径。

4）混凝土的运输方法。

5）混凝土搅拌机的容量、搅拌能力、搅拌时间等主要技术性能。

（2）混凝土搅拌前材料质量检查　在混凝土搅拌前，应对原材料质量进行检查，合格原材料才能使用。

（3）混凝土工程的施工配料计量　在混凝土工程的施工中，混凝土质量与配料计量控制关系密切，但在施工现场有关人员为图方便，往往是骨料按体积比例确定，加水量凭经验由人工控制，这样造成拌制的混凝土离散性很大，难以保证混凝土的质量，故混凝土的施工配料计量须符合下列规定：

1）水泥、砂、石子、混合料等干料的配合比，应采用重量法计量。

2）水的计量：必须在搅拌机上配置水箱或定量水表。

3）外加剂中的粉剂可按水泥计量的一定比例先与水泥拌匀，在搅拌时加入；溶液掺入先按比例稀释，按用水量加入。

4）混凝土原材料每盘称量的偏差，水泥及掺和料不得超过±2%。粗、细骨料不得超过±3%，水和外加剂不得超过±2%。

（4）首拌混凝土的操作要求　搅拌第一盘混凝土是搅拌整个混凝土操作的基础，其操作要求如下：

1）空车运转的检查：旋转方向是否与机身箭头一致；空车转速约比重车快 2～3r/min；检查时间 2～3min。

2）上料前应先启动，待正常运转后方可进料。

3）为补偿黏附在机内的砂浆，第一盘减少石子约 30%；或多加水泥、砂各 15%。

（5）搅拌时间的控制　搅拌混凝土的目的是使所有骨料表面都涂满水泥浆，从而使混凝土各种材料混合成匀质体。因此，必需的搅拌时间与搅拌机类型、容量和配合比有关。

2. 混凝土浇捣质量控制

（1）混凝土浇捣前的准备

1）对模板、支架、钢筋、预埋螺栓、预埋铁的质量、数量、位置逐一检查，并做好记录。

2）应清除与混凝土直接接触的模板、地基基土、未风化的岩石上的淤泥和杂物，用水湿润。地基基土应有排水和防水措施。模板中的缝隙和孔应堵严。

3）对于浇筑梁、板等水平构件，混凝土自由倾落高度不宜超过 2m。对于浇筑柱、墙等竖向构件，混凝土自由倾落高度不宜超过 3m。

4）根据工程需要和气候特点，应准备好抽水设备、防雨设备等。

（2）浇捣过程中的质量要求

1）分层浇捣时间间隔。

①分层浇捣是为了保证混凝土的整体性，浇捣工作原则上要求一次完成；但由于振捣机具性能、配筋等原因，当混凝土需要分层浇捣时，其浇筑层的厚度应符合相应规定。

②浇捣的时间间隔：浇捣应连续进行，必须间歇时，其间歇时间应尽量缩短，并应在前层混凝土初凝之前，将次层混凝土浇筑完毕。前层混凝土凝结时间不得超过相关规定，否则应留施工缝。

2）采用振动器振实混凝土时，每一振点的振捣时间，应至将混凝土振实至呈现浮浆和不再沉落为止。

3）在浇筑与柱和墙连成整体的梁与板时，应在柱和墙浇捣完毕后停歇 1～1.5h，再继续浇筑，梁和板宜同时浇筑混凝土。

4）大体积混凝土的浇筑应按施工方案合理分段、分层进行，浇筑应在室外气温较高时

进行，但混凝土浇筑温度不宜超过35℃。

（3）施工缝的位置设置与处理

1）施工缝的设置。混凝土施工缝的位置宜留在剪力较小且便于施工的部位。柱应留水平缝，梁、板、墙应留竖直缝，具体要求如下：

①柱子留置在基础的顶面，梁和吊车梁牛腿的下面，吊车梁的上面，无梁楼板柱帽的下面。

②与板连成整体的大截面梁，留置在板底面以下20~30mm处；当板下有梁托时，留在梁托下部。

③单向板留置在平行于板的任何位置。

④有主次梁的楼板，宜顺着次梁方向浇筑，施工缝应留置在次梁跨度的中间1/3范围内。

⑤双向受力板、大体积结构、拱、薄壳、蓄水池及其他结构复杂的工程，施工缝的位置应按设计要求留置。

⑥施工缝应与模板成90°。

2）施工缝的处理。在混凝土施工缝处继续浇筑混凝土时，应满足下列要求：

①已浇筑的混凝土，其抗压强度不小于1.2N/mm^2。

②在已硬化的混凝土表面浇筑混凝土前，应清除水泥薄膜和松动石子以及软弱混凝土层，并加以充分湿润（一般湿润构件的时间不宜小于24h）和冲洗干净，且不得积水。

③在浇筑混凝土前，宜先在施工缝处铺一层10~15mm厚的水泥砂浆或与混凝土内成分相同的水泥砂浆。

④混凝土应细致捣实，使新、旧混凝土紧密结合，同时加强施工缝处的保湿养护。

3. 混凝土养护质量控制

混凝土的养护应在混凝土浇筑完毕后的12h以内，对混凝土加以覆盖和保温养护。

1）根据气候条件，洒水次数应能使混凝土处于湿润状态。养护用水应与拌制用水相同。

2）用塑料布覆盖养护，应全面将混凝土盖严，并保持塑料布内有凝结水。

3）当日平均气温低于5℃时，不应洒水。

4）对不便洒水和覆盖养护的，宜涂刷保护层（如薄膜养生液等）养护，减少混凝土内部水分蒸发。

5）混凝土养护时间应根据所用水泥品种确定。采用硅酸盐水泥、普通硅酸盐水泥拌制的混凝土，养护时间不应少于7d。对掺用缓凝型外加剂或有抗渗性能要求的混凝土，养护时间不应少于14d。

6）养护期间，当混凝土强度小于1.2MPa时，不应进行后续施工。

3.3.4　高强混凝土质量控制

在建筑工程中，把抗压强度标准值达到60~80MPa的混凝土称为高强混凝土，在高层特别是超高层大跨度混凝土结构中，使用高强混凝土与使用普通混凝土相比较，前者可以减小截面尺寸，节省混凝土、钢筋材料用量，降低工程造价，减轻自重，增加使用净空，取得明显的经济和技术效果。对整体现浇混凝土结构，实现混凝土的高强度主要是通过掺加高效能的减水剂；在保证混凝土拌合物和易性前提下大幅度降低水灰比；采用强度等级高的水泥并增加水泥用量；选用坚硬、高强度、密实的骨料并予以合理级配。

1. 原材料质量

（1）水泥　水泥作为胶结材料，是影响混凝土强度的主要因素，混凝土的强度破坏往往是从水泥石与骨料黏结界面开始，并穿过水泥石本身，因此混凝土的强度主要取决于水泥石与骨料之间的黏结力与水泥石本身的强度，提高水泥强度、增加水泥用量是提高水泥石强度和提高水泥石与骨料之间黏结力的重要保证。水泥强度等级一般应为混凝土设计强度标准值的0.9~1.5倍，一般应采用强度不低于42.5MPa的硅酸盐水泥、普通硅酸盐水泥、高铝水泥、快硬高强水泥，水泥用量一般应不低于450kg/m^3，且不大于550kg/m^3。

（2）骨料　应选用坚硬、高强度、密实的优质骨料，岩石骨料的抗压强度与设计要求的混凝土强度等级的比值应不小于1.5。粗骨料应选用近似方形的碎石，避免用天然卵石，最好选用花岗石、辉绿岩，其中石灰岩碎石与水泥浆要有良好的黏结性。配制高强混凝土时，其强度会随着粗骨料粒径加大而降低，粒径较小能增加与砂浆接触面积，受力均匀，减少骨料与水泥砂浆收缩差，减少粗骨料表面产生的微裂缝，石子最大粒径应控制在25mm以内。针片状颗粒含量不宜大于5%，含泥量不应大于0.5%，泥块含量不宜大于0.2%。采用质地坚硬级配良好的中砂，细度模数宜为2.6~3.0，含泥量不超过2%，泥块含量不应大于0.5%。配制高强混凝土的碎石应具有连续级配，若不能保证，可用两种或两种以上不同粒径的碎石相配合，以便使砂石骨料的空隙率尽量减小，争取在20%~22%之间。

（3）活性掺合料　为了改善高强混凝土性能，减少水泥用量，可以掺加一定数量的粉煤灰、硅粉、磨细的粒化高炉矿渣等矿物掺合料。粉煤灰应采用Ⅰ级或Ⅱ级，并磨细，掺量为水泥质量的15%~30%。质量要求：烧失量小于5%，细度为通过45μm筛孔量不少于总量的66%，MgO含量小于5%，SO_3含量小于3%。水泥和矿物掺合料的总量不应大于600kg/m^3。

（4）高效减水剂　降低水灰比、减少单位用水量是获得高强度混凝土的主要条件，对C50~C80混凝土，一般需将水胶比控制在0.4之下，宜在0.25~0.38之间，在这样水胶比较小的情况下，为了使混凝土拌合物满足泵送施工和易性要求，高效减水剂的减水率一般为25%~30%，对C60~C80高强混凝土，单位用水量可控制在150~180kg。

2. 高强混凝土的施工

高强混凝土施工除应按普通混凝土施工工艺要求执行外，尚应特别注意如下几点：

1）对于施工拌合加料严格控制配合比，各种原材料称量误差不应超过以下规定：水泥土为±2%，活性矿物掺合料为±1%，粗细骨料为±3%，高效减水剂为±0.1%。

2）应采用强制式搅拌机搅拌，搅拌时投料顺序要合理，高效减水剂不能直接投入干料中与水泥接触，可在已投入搅拌机斗内的拌合物加水搅拌1~2min后掺入，或将高效减水剂加入水中，搅匀后同拌合水一起掺入混凝土拌合物中；搅拌时间可适当延长，但不能过长，尽量缩短运输时间，以免搅拌和运输时间过长使混凝土的含气量增加，对C60以上混凝土，每增加1%含气量，其强度将降低5%，若搅拌时间过短则不易搅拌均匀，影响和易性。

3）采用泵送施工时，为了减少泵送管道的黏着摩阻力，要控制水泥用量，用量一般不超过500kg/m^3，当超过用量时，可用5%~10%的粉煤灰替代，每掺1kg粉煤灰可替代0.5kg水泥。

4）应采用高频振捣器振捣密实，浇筑后8h内应覆盖保水养护，之后浇水养护时间不少于14d，由于高强混凝土水灰比小、水泥用量大，浇水养护既有利于强度增长，又可减少蒸发失水，减少混凝土收缩，避免干缩裂缝。

5）配制高强混凝土所用水泥强度等级高，水泥颗粒细、用量大，水泥产生的水化热较大，使构件（特别是截面面积较大的构件）内部温度较高，为了减少构件表里温差，脱模时要采取保温措施，控制构件表面与大气的温差不大于20℃，防止急骤降温，否则在其表面容易产生温度裂缝。

6）掺加的高效减水剂要注意与水泥的相容性、外加剂产品质量的稳定性及可能出现的坍落度经时损失过大的问题，为此施工现场应有专人对坍落度值进行监测。

3.3.5　大体积混凝土质量控制

大体积混凝土是指现浇混凝土结构的几何尺寸较大，以至于必须采用相应的技术措施以处理温度差值，解决温度应力并控制裂缝开展的结构。

大体积混凝土与普通钢筋混凝土相比，具有结构厚、体形大、钢筋密、混凝土数量多、工程条件复杂和施工技术要求高等特点，在高层建筑、高耸结构物以及大型设备基础中广泛采用。这类大体积混凝土结构，由外荷载引起裂缝的可能性较小，但水泥水化过程中释放的水化热引起的温度变化和混凝土收缩而产生的温度应力和收缩应力，是使其产生裂缝的主要因素。这些裂缝往往给工程带来不同程度的危害，因此除了必须满足强度、刚度、整体性和耐久性要求以外，还必须控制温度变形裂缝的开展。

1. 大体积混凝土的裂缝

大体积混凝土出现的裂缝按深度不同，分为表面裂缝、深层裂缝和贯穿裂缝三种。

1）表面裂缝主要是温度裂缝，一般危害性较小，但影响外观。

2）深层裂缝部分地切断了结构断面，对结构耐久性产生一定危害。

3）贯穿裂缝是由混凝土表面裂缝发展为深层裂缝，最终形成贯穿裂缝；它切断了结构的断面，可能破坏结构的整体性和稳定性，其危害性较严重。

2. 裂缝产生的原因

混凝土结构裂缝产生的原因主要有三种：

1）由外荷载引起，即按常规计算的主要应力引起。

2）结构次应力引起，是由结构的实际受力状态与计算假定的模型的差异引起；

3）变形应力引起，是由温度、收缩、膨胀、不均匀沉降等引起的结构变形在约束下产生的应力超过混凝土抗拉强度时产生的。

大体积混凝土裂缝的控制主要是控制第三个原因产生的裂缝，其主要原因是：

（1）水泥水化热影响　水泥在水化过程中产生大量的热量，因而使混凝土内部的温度升高，当混凝土内部与表面温差过大时，就会产生温度应力和温度变形。温度应力与温差成正比，温差越大，温度应力就越大，当温度应力超过混凝土内外的约束力时，就会产生裂缝。混凝土内部的温度与混凝土的厚度及水泥用量有关，混凝土越厚，水泥用量越大，内部温度越高。

（2）内外约束条件的影响　混凝土在早期温度上升时，产生的膨胀受到约束而形成压应力。当温度下降，则产生较大的拉应力。另外，混凝土内部由于水泥的水化热造成中心温度高、热膨胀大，因而在中心区产生压应力，在表面产生拉应力。若拉应力超过混凝土的抗拉强度，混凝土将会产生裂缝。

（3）外界气温变化的影响　在施工阶段，大体积混凝土常受外界气温的影响。混凝土内部温度是由水泥水化热引起的绝热温度、浇筑温度和散热温度三者的叠加。当气温下降，特别是气温骤降时，会大幅增加外层混凝土与混凝土内部的温度梯度，产生温差和温度应力，使混凝土产生裂缝。

（4）混凝土的收缩变形　混凝土中80%的水分要蒸发，只有约20%的水分是水泥硬化所必需的。最初失去的30%自由水分几乎不引起收缩，随着混凝土的继续干燥而使20%的吸附水逸出，就会出现干燥收缩，而表面干燥收缩快，中心干燥收缩慢。由于表面的干燥收缩受到中心部位混凝土的约束，因而会在表面产生拉应力并导致裂缝。在设计时，混凝土表层布设抗裂钢筋网片，可有效地防止混凝土收缩时产生干裂。

（5）混凝土的沉陷裂缝　支架、支撑变形下沉会引发结构裂缝，过早拆除模板支架易使未达到强度的混凝土结构产生裂缝和破损。

3. 大体积混凝土裂缝的控制

（1）优化混凝土配合比

1）大体积混凝土因其水泥水化热的大量积聚，易使混凝土内外形成较大的温差，产生温度应力，因此应选用水化热较低的水泥，以降低水泥水化所产生的热量，从而控制大体积混凝土的温度升高。

2）充分利用混凝土的中后期强度，尽可能降低水泥用量。

3）严格控制集料的级配及含泥量。如果含泥量大，不仅会增加混凝土的收缩，而且会引起混凝土抗拉强度的降低，对混凝土抗裂不利。

4）选用合适的缓凝、减水等外加剂，以改善混凝土的性能。加入外加剂后，可延长混凝土的凝结时间。

5）控制好混凝土坍落度，坍落度不宜过大，一般为120mm±20mm。

（2）浇筑与振捣措施　采取分层浇筑法浇筑混凝土，利用浇筑面散热，以大幅减少施工中出现裂缝的可能性。选择浇筑方案时，除应满足每一处混凝土在初凝以前就被上一层新混凝土覆盖并捣实完毕外，还应考虑结构大小、钢筋疏密、预埋管道和地脚螺栓的留设、混凝土供应情况以及水化热等因素的影响，常采用的方法有全面分层、分段分层和斜面分层三种，如图3-11所示。

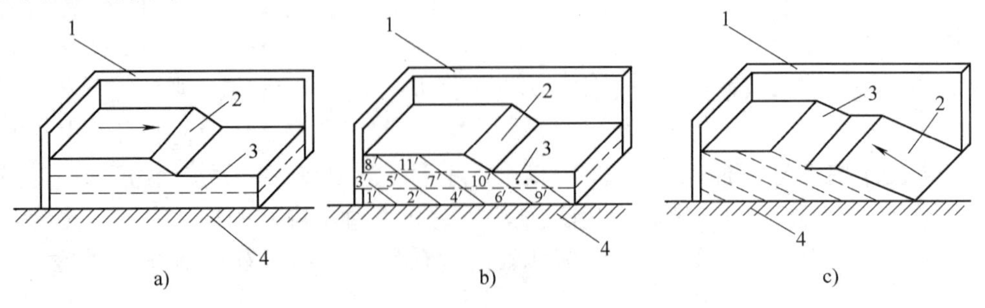

图3-11　大体积混凝土浇筑方案

a）全面分层　b）分段分层　c）斜面分层

图a）、图c）：1—模板　2—新浇筑的混凝土　3—已浇筑的混凝土　4—垫层　图b）：1′~11′—混凝土的浇筑顺序

1）全面分层：即在第一层全面浇筑完毕后，再浇筑第二层，此时应保证第一层混凝土还未初凝，如此逐层连续浇筑，直至完工为止，分层厚度宜为1.5~2.0m。采用这种方案时，结构的平面尺寸不宜过大，且施工时从短边开始，沿长边推进比较合适。必要时可分成两段，从中间向两端或从两端向中间同时进行浇筑。

2）分段分层：混凝土浇筑时，先从底层开始，浇筑至一定距离后浇筑第二层，如此依次向前浇筑其他各层。由于总的层数较多，所以浇筑到顶后，第一层末端的混凝土还未初凝，又可以从第二段依次分层浇筑。这种方案适用于单位时间内要求供应的混凝土较少、结构物厚度不太大而面积或长度较大的工程。当截面面积在200m^2以内时分段不宜大于2段，截面面积在300m^2以内时分段不宜大于3段，每段面积不得小于50m^2。

3）斜面分层：要求斜面的坡度不大于1/3，适用于结构的长度大大超过厚度3倍的情况。混凝土从浇筑层下端开始，逐渐上移。混凝土的振捣也要适应斜面分层浇筑工艺，一般在每个斜面层的上、下各布置一道振动器。上面的一道振动器布置在混凝土卸料处，保证上部混凝土的捣实。下面的一道振动器布置在近坡脚处，确保下部混凝土密实。随着混凝土浇筑的向前推进，振动器也相应跟上。

（3）养护措施　大体积混凝土养护的关键是保持适宜的温度和湿度，以便控制混凝土内外温差，在促进混凝土强度正常发展的同时防止混凝土裂缝的产生和发展。大体积混凝土的养护，不仅要满足强度增长的需要，还应通过温度控制，防止因温度变形引起的混凝土开裂。

混凝土养护阶段的温度控制措施：

1）混凝土的中心温度与表面温度之间、混凝土表面温度与室外最低气温之间的差值均应小于20℃；当结构混凝土具有足够的抗裂能力时，温度差值不大于30℃。

2）在进行混凝土拆模时，混凝土的表面温度与中心温度之间、混凝土表面温度与外界气温之间的温差不超过20℃。

3）采用内部降温法来降低混凝土的内外温差。内部降温法是在混凝土内部预埋水管，通入冷却水，降低混凝土内部最高温度。冷却在混凝土刚浇筑完时就开始进行。常见的还有投毛石法，也可以有效控制混凝土开裂。

4）保温法是在结构外露的混凝土表面以及模板外侧覆盖保温材料（如草袋、锯木、湿砂等），在缓慢散热的过程中，保持混凝土的内外温差小于20℃。根据工程的具体情况，尽可能延长养护时间，拆模后立即回填或覆盖保护，同时预防近期气候骤冷的影响，防止混凝土早期和中期裂缝。

（4）改善约束条件

1）设置永久性伸缩缝。将超长的现浇钢筋混凝土结构分成若干段，减少约束体与被约束体之间的相互制约，以期释放大部分变形，减小约束应力。

2）设置后浇带和施工缝。合理设置水平或垂直施工缝，或在适当的位置设置施工后浇带，以削减温度收缩应力，同时也有利于散热，降低混凝土的内部温度。后浇带间距一般为20~30mm，带宽1.0m左右，混凝土浇筑30~40d后用混凝土封闭。

3）设置滑动垫层。在垫层混凝土上，先筑一层低强度水泥砂浆，以降低新旧混凝土之间的约束力。

（5）提高混凝土的极限拉伸强度

1）在截面突变和转折处、顶板与墙转折处、孔洞转角及周边等应力集中处设置温度筋，增强抵抗温度应力的能力，减少混凝土收缩，提高混凝土抗拉强度。

2）采用二次投料法、二次振捣法，浇筑后及时排除表面积水，加强早期养护，提高混凝土早期和相应龄期的抗拉强度和弹性模量。

3.3.6 预应力混凝土质量控制

1. 原材料质量

1）在对锚具、夹具及连接器进场验收时，应按出厂合格证和质量证明书核查其锚固性能类别、型号、规格、数量，确认无误后进行外观检查、硬度检验和静载锚固性能试验。

2）预应力筋应符合现行国家标准、规范的规定，进场时应对其质量证明文件、包装、标志和规格等进行检验，并应按规定对表面质量、力学性能等进行检验。

3）管道进场时，应检查出厂合格证和质量保证书，核对其类别、型号、规格和数量，应对外观、尺寸、集中荷载下的径向刚度、荷载作用后的抗渗及抗弯曲渗漏等进行检验。

4）预应力混凝土应优先采用硅酸盐水泥、普通硅酸盐水泥，不宜使用矿渣硅酸盐水泥，不得使用火山灰硅酸盐水泥及粉煤灰硅酸盐水泥。粗骨料应采用碎石，其粒径宜为5~25mm。

5）混凝土中水泥用量不宜大于550kg/m^3，严禁使用含氯化物的外加剂。

2. 下料与安装

1）预应力筋及孔道的品种、规格、数量必须符合设计要求。

2）预应力筋下料长度应经计算，并考虑模具尺寸及张拉千斤顶所需长度；严禁使用焊条电弧焊切割。

3）锚垫板和螺旋筋安装位置应准确，保证预应力筋与锚垫板面垂直。锚板受力中心应与预应力筋合力中心一致。

4）管道安装应严格按照设计要求确定位置，曲线平滑、平顺；架立筋应绑扎牢固，管道接头应严密，不得漏浆。管道应留压浆孔和溢浆孔。

5）在预应力筋及管道安装时应避免电焊火花等造成损伤。

6）在预应力筋穿束时宜用卷扬机整束牵引，应依据具体情况采用先穿法或后穿法，但必须保证预应力筋平顺，没有扭绞现象。

3. 张拉与锚固

1）张拉时，混凝土强度、张拉顺序和工艺应符合设计要求和相关规范的规定。

2）张拉前应根据设计要求对孔道的摩阻损失进行实测，以便确定张拉控制应力，并确定预应力筋的理论伸长值。

3）张拉时应逐渐加大拉力，不得突然加大拉力，以保证应力正确传递。张拉过程中，先张预应力筋的断丝、断筋数量和后张预应力筋的滑丝、断丝、断筋数量不得超过现行相关规范的规定。

4）张拉施工质量控制应做到“六不张拉”，即没有预应力筋出厂材料合格证，预应力筋规格不符合设计要求，配套件不符合设计要求，张拉前交底不清，准备工作不充分、安全设施未做好，混凝土强度达不到设计要求，不张拉。

5）张拉控制应力达到稳定后方可锚固，锚固后预应力筋的外露长度不宜小于30mm，对

锚具应采用封端混凝土保护，当需较长时间外露时，应采取防锈蚀措施。锚固完毕经检验合格后，方可切割端头多余的预应力筋，严禁使用焊条电弧焊切割。

4. 压浆与封锚

1）张拉后，应及时进行孔道压浆，宜采用真空辅助法压浆；水泥浆的强度应符合设计要求，且不得低于30MPa。

2）压浆时排气孔、排水孔应有水泥浓浆溢出。应从检查孔抽查压浆的密实情况，若有不实，则应及时处理。

3）压浆过程中及压浆后48h内，结构混凝土的温度不得低于5℃。当白天气温高于35℃时，压浆宜在夜间进行。

4）压浆后应及时浇筑封锚混凝土。封锚混凝土的强度应符合设计要求，不宜低于结构混凝土强度等级的80%，且不得低于30MPa。

3.3.7　砌筑工程质量控制

1. 砌筑施工过程的检查项目

1）检查测量放线的测量结果并进行复核，标志板、皮数杆应位置准确，设置牢固。

2）检查砂浆拌制的质量。砂浆配合比、和易性应符合设计及施工要求。砂浆应随拌随用，常温下水泥和水泥混合砂浆应分别在3h和4h内用完，当温度高于30℃时，应再提前1h。

3）检查砖的含水率，应提前1~2d浇水使砖湿润。普通砖、多孔砖的含水率宜为10%~15%，灰砂砖、粉煤灰砖宜为8%~12%，现场可断砖以水浸入砖10~15mm深为宜。

4）检查砂浆的强度。应在砂浆拌制地点留置砂浆强度试块，各类型及强度等级的砌筑砂浆每一检验批不超过250m^2的砌体，每台搅拌机应至少制作一组试块（每组6块），其标准养护28d的抗压强度应满足设计要求。

5）检查砌体的组砌形式。保证上下皮砖至少错开1/4的砖长，避免产生通缝。

6）检查砌体的砌筑方法，应采取“三一”砌筑法。

7）施工过程中应检查是否按规定挂线砌筑，随时检查墙体平整度和垂直度，采取“三皮一吊、五皮一靠”的检查方法，保证墙面的横平竖直。

8）检查砂浆的饱满度。水平灰缝饱满度应达到80%，每层每轴线应检查1~2次，出现问题时应加大频度2倍以上。竖向灰缝不得出现透明缝、瞎缝和假缝。

9）检查转角处和交接处的砌筑及接槎的质量。施工中应尽量保证墙体同时砌筑，以提高砌体结构的整体性和抗震性。检查时要注意砌体的转角处和交接处应同时砌筑，严禁无可靠措施的内外墙分砌施工。对不能同时砌筑而又必须留置的临时间断处应砌成斜槎，斜槎水平投影长度不应小于高度的2/3。当不能留斜槎时，除转角处外，也可留直槎（阳槎）。

10）检查预留孔洞、预埋件是否符合设计要求。

11）检查构造柱的设置、施工是否符合设计及施工规范的要求。

2. 小型砌块工程质量要求

1）砌块的品种、强度等级必须符合设计要求。

2）砂浆品种必须符合设计要求，强度等级必须符合下列规定：

①同一验收批砂浆立方体抗压强度的各组平均值应大于或等于验收批砂浆设计强度等级

所对应的立方体抗压强度。

②向一验收批中砂浆立方体抗压强度的最小一组平均值应大于或等于 0.75 倍验收批砂浆设计强度等级所对应的立方体抗压强度。

3）砌体砂浆必须密实饱满，水平灰缝的砂浆饱满度应按净面积计算，不得低于 90%，竖向灰缝的砂浆饱满度不得低于 80%。

4）砌体的水平灰缝厚度和竖直灰缝宽度应控制在 8~12mm，砌筑时的铺灰长度不得超 80mm，严禁用水冲浆灌缝。

5）对设计规定的洞口、管道、沟槽和预埋件等，应在砌筑时预留或预埋，严禁在砌好的墙体上打凿。在小砌块墙体中不得预留水平沟槽。

6）外墙的转角处严禁留直槎，其他临时间断处留槎的做法必须符合相应小砌块的技术规程。接槎处砂浆应密实，灰缝、砌块平直。

7）小砌块缺少辅助规格时，墙体通缝不得超过两皮砌块高。

8）预埋拉结筋的数量、长度及留置要符合设计要求。

9）清水墙组砌正确，墙面整洁，刮缝深度适宜。

10）芯柱混凝土的拌制、浇筑、养护应符合《混凝土结构施工质量验收规范》（GB 50204—2015）的要求。

3.3.8 钢结构工程质量控制

1. 原材料及成品进场

钢材、焊接材料、连接用紧固标准件、焊接球、螺栓球、封板、锥头、套筒、金属压型钢板、涂装材料、橡胶垫及其他特殊材料的品种、规格、性能等应符合现行国家产品标准及设计要求，其中进口钢材产品的质量应符合设计和合同规定标准的要求，主要通过产品质量的合格证明文件、中文标志和检验报告（包括抽样复验报告）等进行检查。

2. 钢结构焊接工程

其主要检查焊工合格证及其有效期和认可范围，焊接材料、焊钉（栓钉）烘焙记录，焊接工艺评定报告，焊缝外观、尺寸及探伤记录，焊缝焊前预热、焊后热处理施工记录和工艺试验报告等是否符合设计标准和规范要求。

3. 紧固件连接工程

其主要检查紧固件和连接钢材的品种、规格、型号、级别、尺寸、外观及匹配情况，普通螺栓的拧紧顺序、拧紧情况、外露丝扣，高强度螺栓连接摩擦面抗滑移系数试验报告和复验报告、扭矩扳手标定记录、紧固顺序、转角或扭矩（初拧、复拧、终拧）、螺栓外露丝扣等是否符合设计和规范要求。普通螺栓作为永久性连接螺栓时，当设计有要求或对其质量有疑义时，应检查螺栓实物复验报告。

4. 钢零件及钢部件加工

其主要检查钢材切割面或剪切面的平面度、割纹和缺口的深度、边缘缺棱情况、型钢端部垂直度、构件几何尺寸偏差、矫正工艺和温度、弯曲加工及其间隙、刨边允许偏差和粗糙度、螺栓孔质量（包括精度、直径、圆度、垂直度、孔距、孔边距等）、管和球的加工质量等是否符合设计和规范的要求。

5. 钢结构安装

其主要检查钢结构零件及部件的制作质量、地脚螺栓及预留孔情况、安装平面轴线位置、标高、垂直度、平面弯曲、单元拼接长度与整体长度、支座中心偏移与高差、钢结构安装完成后环境影响造成的自然变形、节点平面紧贴的情况、垫铁的位置及数量等是否符合设计和规范的要求。

6. 钢结构涂装工程

防腐涂料、涂装遍数、间隔时间、涂层厚度及涂装前钢材表面处理应符合设计要求和国家现行有关标准，防火涂料黏结强度、抗压强度、涂装厚度、表面裂纹宽度及涂装前钢材表面处理和防锈涂装等应符合设计要求和国家现行有关标准。

7. 其他

钢结构施工过程中，用于临时加固、支撑的钢构件，其原材料、加工制作、焊接、安装、防腐等应符合相关技术标准和规范的要求。

3.4　防水及保温工程质量控制要点

3.4.1　防水工程质量控制要点

1. 地下工程混凝土自防水质量控制

1）用与防水混凝土相同的混凝土块或砂浆块做成垫块垫牢钢筋，以保证保护层厚度。

2）严格控制各种材料用量，不得任意增减。对各种外加剂应稀释成较小浓度的溶液后，再加入搅拌机内。

3）防水混凝土必须用搅拌机搅拌，搅拌时间应不小于2min，掺加外加剂时，应根据外加剂的技术要求确定搅拌时间。

4）使用防水混土，尤其在高温季节使用时，必须加强检测混凝土的水灰比和坍落度。对于加气剂防水混凝土，还需要抽查混凝土拌合物的含气量，使其严格控制在3%~5%范围内。

5）浇筑混凝土前应清除模板内杂物，木模还应用清水湿润，保持模板表面清洁、无浮浆。浇筑高度不超过2m，分层浇筑时，每层厚度不大于250mm。

6）防水混凝土振捣必须采用高频机械振捣器，振捣时间宜为20~30s，以混凝土泛浆和不冒气泡为准，应避免漏振、欠振和过振。振捣器插入间距不大于500mm，并且插入下层混凝土内的深度不小于50mm。

2. 地下工程卷材防水质量控制

1）地下工程卷材防水所使用的合成高分子防水卷材和新型沥青防水卷材的材质证明必须齐全。

2）防水卷材进场后，应对材质分批进行抽样复检，其技术性能指标必须符合所用卷材规定的质量要求。

3）防水施工的每道工序必须经检查验收，合格后方能进行后续工序的施工。

4）卷材防水层必须确认无任何渗漏隐患后方能覆盖隐蔽。

5）卷材与卷材之间的搭接宽度必须符合要求。搭接缝必须进行嵌缝，宽度不得小于

10mm，并且必须用封口条对搭接缝进行封口和密封处理。

6）防水层不允许有皱褶、孔洞、脱层、滑移和虚黏等现象存在。

7）地下工程防水施工必须做好隐蔽工程记录，预埋件和隐蔽物需变更设计方案时，必须有工程洽商单。

3. 地下工程涂膜防水质量控制

1）涂膜防水材料的技术性能指标必须符合合成高分子防水涂料的质量要求和高聚物碱性沥青防水涂料的质量要求。

2）进场防水涂料的材质证明文件必须齐全，这些文件中所列出的技术性能数据必须和现场取样进行检测的试验报告以及其他有关质量证明文件中的数据相符合。

3）涂膜防水层必须形成一个完整的闭合防水整体，不允许有开裂、脱落、气泡、粉裂点和末端收头密封不严等缺陷存在。

4）涂膜防水层必须均匀固化，不应有明显的凹坑、凸起等，涂膜的厚度应均匀一致，合成高分子防水涂料的总厚度应不小于2mm；无胎体硅橡胶防水涂膜的厚度不宜小于1.2m，用于复合防水时不应小于1mm；高聚物性碱沥青防水涂膜的厚度不应小于3mm，用于复合防水时不应小于1.5mm。涂膜的厚度，可用针刺法或测厚法进行检查，针眼处用涂料覆盖，以防基层结构发生局部位移时将针眼拉大，留下渗漏隐患，必要时也可选点割开检查，割开处用同种涂料填刮平修复，此后再用胎体增强材料补强。

4. 屋面卷材防水质量控制

1）屋面不得有渗漏和积水现象。

2）屋面工程所用的合成高分子防水卷材必须符合质量标准和设计要求，以便能达到设计所规定的耐久使用年限。

3）坡屋面和平屋面的坡度必须准确，坡度的大小必须符合设计要求，平屋面不得出现排水不畅和局部积水的现象。

4）找平层应平整、坚固，表面不得有酥软、起砂、起皮等现象，平整度误差不应超过5mm。

5）屋面的细部构造和节点是防水的关键部位，所以其做法必须符合设计要求和规范的规定：节点处的封闭应严密，不得开缝、翘边、脱落；水落口及突出屋面设施与屋面连接处应固定牢靠，密封严实。

6）绿豆砂、细砂、蛭石、云母等松散材料保护层和涂料保护层覆盖应均匀，黏结应牢固；刚性整体保护层与防水层之间应设隔离层；块体保护层应铺砌平整，勾缝平密，分格缝的留设位置、宽度应正确。

7）卷材铺贴方法、方向和搭接顺序应符合规定，搭接宽度应正确，卷材与基层、卷材与卷材之间黏结应牢固，接缝缝口、节点部位密封应严密，无皱褶、鼓包、翘边。

8）保温层厚度、含水率、表观密度应符合设计要求。

5. 屋面涂膜防水质量控制

1）屋面不得有渗漏和积水现象。

2）为保证屋面涂膜防水层的使用年限，所用防水涂料应符合质量标准和涂膜防水的设计要求。

3）屋面坡度应准确，排水系统应通畅。

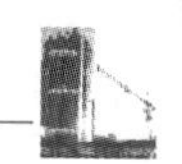

4）找平层表面平整度应符合要求，不得有疏松、起砂、起皮、尖锐棱角等现象。

5）细部节点做法应符合设计要求，封固应严密，不得开缝、翘边，水落口及突出屋面设施与屋面连接处应固定牢靠、密封严实。

6）涂膜防水层不应有裂纹、脱皮、流淌、鼓包、胎体外露和皱皮等现象，与基层应黏结牢固，厚度应符合规范要求。

7）胎体材料的敷设方法和搭接方法应符合要求，上下层胎体不得互相垂直敷设，搭接缝应错开，间距不应小于幅宽的1/3。

8）松散材料保护层、涂料保护层应覆盖均匀、严密，黏结牢固；刚性整体保护层与防水层间应设置隔离层，其表面分格缝的留设应正确。

3.4.2　保温节能工程质量控制要点

1. 聚苯板（EPS板）薄抹灰外墙外保温质量控制

（1）基层墙体的处理

1）基层墙体必须清理干净，墙面应无油、灰尘、污垢、隔离剂、风化物、涂料、防水剂、霜、泥土等污染物或其他有碍黏结的材料，并应剔除墙面的凸出物，再用水冲洗墙面，使之清洁、平整。

2）清除基层墙体中松动或风化的部分，用水泥砂浆填充后找平。

3）基层墙的表面平整度不符合要求时，可用1∶3水泥砂浆找平。

4）既有建筑进行保温改造时，应彻底清除原有外墙饰面层，露出基层墙体表面，并按上述方法进行处理。

5）基层墙体处理完毕后，应将墙面略微湿润，以备进行粘贴聚苯板工序的施工。

（2）粘贴聚苯板

1）根据设计图的要求，在经平整处理的外墙面上沿散水标高，用墨线弹出散水水平线。当需设置系统变形缝时，应在墙面相应位置弹出变形缝及其宽度线，标出聚苯板的粘贴位置。

2）聚苯板在抹完黏结胶浆后，应立即将板平贴在基层墙体墙面上滑动就位。粘贴时动作应轻柔，均匀挤压。为了保持墙面平整度，应随时用一根长度超过2m的靠尺进行压平操作。平整度检查如图3-12所示。

图3-12　平整度检查

3）应由建筑外墙勒脚部位开始，自下而上，沿水平方向横向敷设聚苯板，每排板互相错缝1/2板长。

4）聚苯板贴牢后，应随时用专用抹子将板边的不平处搓平，尽量减少板与板间的高差接缝。当板缝间隙大于1.6mm时，则应切割聚苯板条将缝填实后磨平。

5）在外墙转角部位，上、下排聚苯板的竖向接缝应垂直交错连接，保证转角处板材安装的垂直度，并将标有厂名的板边露在外侧。门窗洞口四角处聚苯板接缝离开角部至少200mm。

6）粘贴上墙后的聚苯板应用粗砂纸磨平，然后再将整个聚苯板面打磨一遍。打磨时，散落的碎屑粉尘应随时用刷子、扫把或压缩空气清理干净，操作工人应戴防护面具。

（3）薄抹一层抹面胶浆　涂抹抹面胶浆前，应先检查聚苯板是否干燥，表面是否平整，去除板面的有害物质、杂质，并用细麻面的木抹子将聚苯板表面扫毛，并扫净聚苯浮屑。

（4）贴压玻纤网布

1）在薄层抹面胶浆上从上而下铺贴标准玻纤网布。

2）网布应平整、不皱褶，网布对接，用木抹子将网布压入抹面胶浆内。

3）对于设计切成V形或U形的分格缝，网布不应切断，应将网布压入V形或U形分格缝内，用抹面胶浆在表面做成V形或U形缝。

（5）抹面胶浆找平　贴压网布后再用抹面胶浆在网布表面薄抹一层，找平。

（6）锚栓使用注意事项

1）当采用点粘方式固定聚苯板时，锚栓应钉在粘胶点上，否则会使聚苯板因受压而产生弯曲变形，对保温系统产生不利影响。

2）宜在粘胶点硬化后再钉锚栓。如果要在粘贴保温板的同时用锚栓临时帮助固定，固定锚栓时应适当掌握紧固压力，以保证保温板粘贴的平整度。

3）应根据不同的基层墙体选用不同类型的锚栓。

4）锚栓在基层墙体中应有一定的锚固深度。

2. 现浇保温材料的屋面节能工程质量控制

（1）清理基层　将基层表面的浮灰、油污、杂物等清理干净。

（2）拌和

1）沥青、膨胀珍珠岩配合比为（重量比）1∶0.7～1∶0.8，拌和时，先将膨胀珍珠岩散料倒在锅内加热并不断翻动，预热温度宜为100～120℃。然后倒入已熬好的沥青中拌和均匀。沥青在熬制过程中，要注意加热温度不应高于240℃，使用温度不宜低于190℃。

2）沥青膨胀珍珠岩宜用机械进行拌和，拌和以色泽均匀一致、无沥青团为宜。

（3）敷设保温层

1）敷设保温层时，应采取分仓法施工，每仓宽度为700～900mm，可采用木板分隔控制宽度和厚度。

2）保温层的虚铺厚度和压实厚度应根据试验确定，一般虚铺要求为设计厚度的130%（不包括找平层），铺好后用木板拍实抹平至设计厚度。压实程度应一致，且表面平整。敷设时，应尽可能使膨胀珍珠岩的层理平面与敷设平面平行。

（4）抹找平层　沥青膨胀珍珠岩压实抹平并进行验收后，应及时施工找平层。找平层配合比为：水泥∶粗砂：细砂=1∶2∶1，稠度为70～80mm（成粥状）。找平层初凝后应洒水养护。

3.5　建设工程常见的质量通病

质量通病是指建设工程中经常发生、普遍存在的一些工程质量问题。由于其量大面广，因此对建设工程的质量危害很大，是提高工程质量的主要障碍。

3.5.1　常见的质量通病

1. 挖方边坡塌方

（1）现象　在场地平整过程中或平整后，挖方边坡土方局部或大面积发生塌方或滑塌现象。

（2）原因分析

1）由于采用机械整平，未遵循由上而下分层开挖的顺序，坡度过陡或将坡脚破坏，使边坡失稳等，造成塌方或溜坡。

2）在有地表水、地下水作用的地段开挖边坡，未采取有效的降水、排水措施，地表滞水或地下水浸入坡体内，使土的黏聚力降低，坡脚冲蚀掏空，边坡在重力作用下失去稳定而引起塌方。

3）软土地段，在边坡顶部大量堆土或堆放建筑材料，或行驶施工机械设备、运输车辆。

（3）预防措施

1）在斜坡地段开挖边坡时，应遵循由上而下、分层开挖的顺序，合理放坡，不使边坡过陡，同时避免切割坡脚，以防导致边坡失稳而造成塌方。

2）在有地表滞水或地下水作用的地段，应做好降水、排水措施，以拦截地表滞水和地下水，避免冲刷坡面和掏空坡脚，防止坡体失稳。应特别注意在软土地段开挖边坡，应降低地下水位，防止边坡产生侧移。

3）施工中避免在坡顶堆土和存放建筑材料，并避免行驶施工机械设备和车辆振动，以减轻坡体负担，防止塌方。

（4）治理方法　对临时性边坡塌方，可将塌方清除，将坡顶线后移或将坡度改缓；对永久性边坡局部塌方，在清除塌方松土后，用块石填砌或由下而上分层回填 2∶8 或 3∶7 灰土，与土坡面接触部位做成台阶式搭接，使接合紧密。

2. 泥浆护壁钻孔坍孔

（1）现象　在成孔过程中或成孔后，孔壁坍落，造成钢筋笼放不到底，在桩底部有很厚的泥夹层。

（2）原因分析

1）泥浆密度不足，起不到可靠的护壁作用。

2）孔内水头高度不足或孔内出现承压水，降低了静水压力。

3）护筒埋置过浅，下端孔坍塌。

4）在松散砂层中钻进时，进尺速度过快或停在一处空转时间过长，转速过快。

5）冲击（抓）锥或掏渣筒倾倒，撞击孔壁。

6）用爆破处理孔内孤石、探头石时，炸药量过大，造成较大振动。

7）勘探孔较少，对地质与水文地质描述欠缺。

（3）预防措施

1）在松散砂土或流沙中钻进时，应控制进尺，选用较大密度、黏度、胶体率的优质泥浆，或投入黏土掺片、卵石，低锤冲击，使黏土膏、片、卵石挤入孔壁。

2）若地下水位变化过大，应采取升高护筒、增大水头，或用虹吸管连接等措施。

3）严格控制冲程高度和炸药用量。

4）在复杂地质条件下钻孔时应加密探孔，详细描述地质与水文地质情况，以便预先制定技术措施；施工中发现塌孔时，应停钻采取相应措施后再进行钻进，如加大泥浆密度稳定孔壁，也可投入黏土、泥膏，使钻机空转不进尺进行固壁。

（4）治理方法　若发生孔口坍塌，应先探明坍塌位置，将砂和黏土（或沙砾和黄土）混合物回填到坍孔位置以上1~2m，若坍孔严重，应全部回填，等回填物沉积密实后再进行钻孔。

3. 地下工程卷材防水层空鼓

（1）现象　铺贴后的卷材表面，经敲击或手感检查，出现空鼓声。

（2）原因分析

1）基层潮湿，沥青胶结材料与基层黏结不良。

2）由于人员走动或其他工序的影响，找平层表面被漏水玷污，与基层黏结不良。

3）立墙材料的铺贴，操作比较困难，热作业容易造成铺贴不实、不严。

（3）预防措施

1）无论用外贴法或内贴法施工，都应把地下水位降至垫层以下不少于300mm。垫层上应抹1：2.5水泥砂浆找平层，以创造良好的基层表面，同时防止由于毛细水上升造成基层潮湿。

2）保持找平层表面干燥、洁净。必要时应在铺贴卷材前采取刷洗、晾干等措施。

3）铺贴卷材前1~2d，喷或刷1~2道冷底子油，以保证卷材与基层表面黏结。

4）无论采取内贴法或外贴法，卷材均应实铺（即满涂热沥青胶结料），保证铺实、贴严。

5）当防水层采用弹性体改性沥青防水卷材（SBS）、无规聚丙烯改性沥青防水卷材（APP）施工时，可采用热熔条粘法施工。即采用火焰加热器熔化热熔型卷材底层的热熔胶进行粘贴。铺贴时，卷材与基层宜采用条状黏结，每幅卷材与基层黏结面不少于4条，每条宽不小于150mm，卷材之间满粘。

6）冷粘法铺贴卷材时气温不宜低于5℃。热熔法冬期施工应采取保温措施，以确保胶结材料的适宜湿度。雨期施工应有防雨措施，或错开雨天施工。

（4）治理方法　对于检查出的空鼓部位，应剪开重新分层粘贴。

4. 砖缝砂浆不饱满，砂浆与砖黏结不良

（1）现象　砌体水平灰缝砂浆饱满度低于80%；竖缝出现瞎缝，特别是空心砖墙，出现较多的透明缝；砌筑清水墙采取大缩口铺灰，缩口缝深度甚至超过20mm，影响砂浆饱满度。砖在砌筑前未被浇水湿润，干砖上墙，或铺灰长度过长，致使砂浆与砖黏结不良。

（2）原因分析

1）低强度等级的砂浆，若使用水泥砂浆，因水泥砂浆和易性差，砌筑时挤浆费力，操作者用大铲或瓦刀铺刮砂浆后，使底灰产生空穴，砂浆不饱满。

2）用干砖砌墙，使砂浆早期脱水而降低强度，与砖的黏结力下降，而干砖表面的粉屑又起隔离作用，减弱了砖与砂浆层的黏结。

3）用铺浆法砌筑，有时因铺浆过长，砌筑速度跟不上，砂浆中的水分被底砖吸收，使砌上的砖层与砂浆失去黏结。

4）砌清水墙时，为省去刮缝工序，采取了大缩口铺灰方法，使砌体砖缝缩口深度超过20mm，既降低了砂浆饱满度，又增加了勾缝工作量。

（3）防治措施

1）改善砂浆和易性是确保灰缝砂浆饱满度和提高黏结强度的关键。

2）改进砌筑方法。不宜采取铺浆法或摆砖砌筑，应推广“三一砌砖法”，即使用大铲，“一块砖、一铲灰、一挤揉”的砌筑方法。

3）当采用铺浆法砌筑时，必须控制铺浆的长度，一般气温情况下不得超过750mm，当施工期间气温超过30℃时，不得超过500mm。

4）严禁用干砖砌墙。砌筑前1~2d应将砖浇湿，使砌筑时烧结普通砖和多孔砖的含水率控制在10%~15%；灰砂砖和粉煤灰砖的含水率控制在8%~12%。

5）冬期施工时，在正湿度条件下也应将砖面适当湿润后再砌筑。负温下施工无法浇砖时，应适当增大砂浆的稠度。对于9度抗震设防地区，在严冬无法浇砖的情况下，不能进行砌筑。

（4）治理方法

1）砖缝砂浆不饱满，应把缝隙里的浮灰清理干净，用同标号的砂浆或高一个等级标号的砂浆，用直径6mm的钢筋砸扁制作一个勾缝刀，用托板盛砂浆，逐缝填满，跟墙体勾缝一样。如果不饱满的面积较大，则应重新砌筑。

2）砂浆与砖黏结不良，一般应重新砌筑。

5. 同一连接区段内钢筋接头过多

（1）现象　在绑扎或安装钢筋骨架时，发现同一连接区段内受力钢筋接头过多，有接头的钢筋截面面积占总截面面积的百分率超出规范规定的数值。

（2）原因分析

1）钢筋配料时疏忽大意，没有认真安排原材料下料长度的合理搭配。

2）忽略了某些杆件不允许采用绑扎接头的规定。

3）错误选取有接头的钢筋截面面积占总截面面积的百分率数值。

4）分不清钢筋位于受拉区还是受压区。

（3）预防措施

1）配料时按下料单钢筋编号再划出几个分号，注明哪个分号与哪个分号搭配，对于同一组搭配而安装方法不同的，要加文字说明。

2）轴心受拉和小偏心受拉杆件（如屋架下弦、拱拉杆等）中的受力钢筋接头均应焊接，不得采用绑扎。

3）弄清楚规范中规定的“同一连接区段”的含义。参见平法图集16G-101-1中的规定。

4）当分不清钢筋所处部位是受拉区或受压区时，接头设置均应按受拉区的规定处理；如果在钢筋安装过程中安装人员与配料人员对受拉区或受压区理解不同，则应讨论解决或征询设计人员意见。

（4）治理方法　在未绑扎钢筋骨架时，若发现接头数量不符合规范要求，应立即通知配料人员重新考虑设置方案；如果已绑扎或安装完钢筋骨架才发现该问题，则要根据具体情况处理。一般情况下，应拆除骨架或抽出有问题的钢筋并返工，如果返工影响工时或工期太长，则可采用焊帮条（经过研究，在个别情况下也可以采用绑扎帮条）的方法解决，或将

绑扎搭接改为焊条电弧焊搭接。

6. 现浇混凝土蜂窝

（1）现象　混凝土结构局部疏松，砂浆少、石子多，石子之间出现类似蜂窝状的大量空隙、窟窿，使结构受力截面削弱，强度和耐久性降低。

（2）原因分析

1）混凝土配合比不当，或砂、石子、水泥材料计量错误，加水量不准确，造成砂浆少、石子多。

2）混凝土搅拌时间不足，未拌均匀，和易性差，振捣不密实。

3）混凝土下料不当，一次下料过多或过高，未设串筒，使石子集中，造成石子与砂浆离析。

4）混凝土未分段、分层下料，振捣不实或模板处漏振；使用干硬性混凝土，振捣时间不够；下料与振捣未很好配合，未及时振捣就下料，因漏振而造成蜂窝。

5）模板缝隙未堵严，振捣时水泥浆大量流失；或模板未支牢，振捣混凝土时模板松动或位移，或振捣过度造成严重漏浆。

6）结构构件截面面积小，钢筋较密，使用的石子粒径过大或坍落度过小，混凝土被卡住，造成振捣不实。

（3）预防措施

1）认真设计并严格控制混凝土配合比，加强检查，保证材料计量准确。

2）混凝土应接合均匀，其搅拌延续时间应符合规范要求，坍落度应适宜。

3）若混凝土下料高度超过2m，应设串筒或溜槽。

4）浇筑应分层下料、分层振捣，浇筑层的厚度不得超过规定要求，并防止漏振。

5）混凝土浇筑宜采用带浆下料法或赶浆捣固法。捣实混凝土拌合物时，插入式振捣器移动间距不应大于其作用半径的1.5倍；振捣器至模板的距离不应大于振捣器有效作用半径的1/2。为保证上、下层混凝土良好结合，振捣棒应插入下层混凝土5cm；平板振捣器在相邻两段之间应搭接振捣3~5cm。

6）混凝土每点的振捣时间，根据混凝土的坍落度和振捣有效作用半径确定。合适的振捣时间一般是：当振捣到混凝土不再显著下沉和出现气泡，混凝土表面出浆呈水平状态时，将模板边角填满密实即可。

7）模板缝应堵塞严密。浇筑混凝土过程中，要经常检查模板、支架、拼缝等情况，若发现模板变形、走动或漏浆，应及时修复。

（4）治理方法

1）对小蜂窝，用水洗刷干净后，用1∶2或1∶2.5的水泥砂浆压实、抹平。

2）对较大蜂窝，先凿去蜂窝处薄弱松散的混凝土和突出的颗粒，刷洗干净后支模，用高一强度等级的细石混凝土仔细强力填塞、捣实，并认真养护。

3）若清除较深蜂窝困难，可埋压浆浆管和排气管，表面抹砂浆或支模灌混凝土封闭后，进行水泥压浆处理。

3.5.2　质量通病产生的原因分析

工程质量通病的类型多种多样，但究其原因，主要有以下几个方面：

1. 违背基本建设法规

1）违背基本建设程序。基本建设程序是工程项目建设过程及其客观规律的反映，但有些工程不按基本建设程序办理，例如未做好调查分析就拟定施工方案；未搞清地质情况就仓促开工；边设计边施工，甚至无图施工；未经竣工验收就交付使用等。违背基本建设程序常是导致工程重大质量事故的重要原因。

2）违反有关法规和工程合同的规定。例如无证设计，越级设计；无证施工，越级施工；工程招投标中的不公平竞争；超低价中标；转包、违法分包；擅自修改工程设计等。

2. 地质勘察原因

例如未认真进行地质勘察或勘探时钻孔深度、间距、范围不符合规定要求，地质勘察报告不详细、不准确、不能全面反映实际的地基情况等，使得地下情况不清，或对基岩起伏、土层分布误判，或未能查清地下软土层、墓穴、孔洞等，均会导致采用不恰当或错误的基础方案，造成地基不均匀沉降、失稳，使上部结构或墙体开裂、破坏，或引发建筑物倾斜、倒塌等质量事故。

3. 对不均匀地基处理不当

对软弱土、杂填土、冲填土、大孔性土或湿陷性黄土、膨胀土、红黏土、熔岩、土洞、岩层出露等不均匀地基未进行处理或处理不当，也是导致重大事故的原因。必须根据不同地基的特点，从地基处理、结构措施、防水措施、施工措施等方面综合考虑，加以治理。

4. 设计计算问题

例如，盲目套用图样、采用不正确的结构方案、计算简图与实际受力情况不符、荷载取值过小、内力分析有误、沉降缝或变形缝设置不当、悬挑结构未进行抗倾覆难处以及计算错误等，都是引发质量事故的隐患。

5. 建筑材料及制品不合格

例如，钢筋物理力学性能不良会导致钢筋混凝土结构产生裂缝或脆性破坏；骨料中活性氧化硅会导致碱骨料反应使混凝土产生裂缝；水泥安定性不良会造成混凝土爆裂；水泥受潮、过期、结块，砂石含泥量及有害物含量超标；外加剂掺量不符合要求，会影响混凝土强度、和易性、密实性、抗渗性，从而导致混凝土结构强度不足、裂缝、渗漏、蜂窝等质量事故。此外，预制构件断面尺寸不足、支承锚固长度不足、未可靠地建立预应力值、漏放或少放钢筋、板面开裂等均可能导致断裂、坍塌事故。

6. 施工与管理问题

1）未经设计单位同意擅自修改设计，或不按图施工。例如将铰接做成刚接，将简支梁做成连续梁；用光圆钢筋代替变形钢筋等，导致结构破坏。挡土墙上不按图纸设置滤水层、排水孔，导致压力增大，墙体破坏或倾覆。

2）图样未经会审即仓促施工；或不熟悉图样，盲目施工。

3）不按有关施工规范和操作规程施工。例如浇筑混凝土时振捣不良，造成薄弱部位。

4）不懂装懂，蛮干施工。例如将钢筋混凝土预制梁倒置吊装，将悬挑结构钢筋放在受压区等，均可导致结构破坏并造成严重后果。

5）管理紊乱，施工方案考虑不周，施工顺序错误，技术交底不清，违章作业，疏于检查、验收等，均可能导致质量事故。

6）自然条件影响。空气温度、湿度、暴雨、风、浪、洪水、雷电、日晒等均可能成为质量事故的诱因，施工中应特别注意并采取有效的措施预防。

7. 建筑结构或设施的使用不当

对建筑物或设施使用不当也易造成质量事故。例如未经校核验算就任意对建筑物加层，任意拆除承重结构部位、任意在结构主体上开槽、打孔、削弱承重结构截面等。

3.5.3 工程质量通病的防治措施

1）制订消除工程质量通病的规划，分析质量通病：一是列出哪些质量通病是本地区（部门）最普遍的，且危害性是比较大的；二是初步分析这些质量通病产生的原因；三是分析采取什么措施治理较为适宜；四是确定是否需要外部给予协助。

2）消除因设计欠周密而出现的工程质量通病，属于设计方面原因的，通过改进设计方案来治理。

3）提高施工人员素质，改进操作工艺和施工工艺，认真按规范、规程及设计要求组织施工，对易形成质量通病的部位或工艺增设质量控制点。

4）对一些治理技术难度大的质量通病，要组织科研力量攻关。

5）应避免大面积推广技术不配套、不成熟的材料、工艺等。例如，合成高分子防水片材自身的质量很好，既耐久又具有良好的防水性能，但其黏结剂的质量不能相应配套，致使合成防水层后，仍然出现翘边等质量通病。

6）要择优选购建筑材料、部件和设备。严禁购置生产情况不清、质量不合格的建筑材料、部件和设备；在使用前不仅要检查购入的材料、部件和设备有无出厂合格证，还要进行质量检验，经复验合格后方准予使用；若发现已进场的材料中有少数不符合标准的，一定要经过挑选使用；对一些性能尚未完全过关的新材料慎重使用；建筑材料、部件和设备不仅要实施生产许可证制度，还要实施质量认证制度。

7）因工程造价控制过低而易发生影响安全或使用功能的质量通病的部位，不仅不能降低工程造价，有些还应适当提高工程造价。

《建筑工程质量控制方案》《质量管理专项施工方案》见“配套资源”。

小　　结

本章介绍了建设工程中土方工程、基础工程、主体结构工程、防水及保温工程的质量控制要点，建设工程中常见质量通病的原因分析及防治措施。学习重点应放在施工过程中的质量控制和质量检查，在掌握其他分部、分项工程施工工艺的基础之上，推导其质量控制要点。同时还应该将理论知识与工程实际结合起来，达到学以致用。

习　　题

1. 土方回填质量控制有哪些要点？
2. 如何确定混凝土预制桩的沉桩顺序？
3. 模板拆除时对混凝土结构的强度有什么要求？

4. 简述钢筋绑扎接头的质量要求。
5. 简述混凝土施工缝的处理要求。
6. 大体积混凝土的裂缝分为哪几种?
7. 张拉施工质量控制中“六不张拉”的具体含义是什么?
8. 砌体转角和交接处应如何进行砌筑?
9. 现浇混凝土出现蜂窝的原因有哪些?
10. 工程质量通病产生的原因可归纳为哪几方面?

第4章 建设工程质量事故分析及处理

教学目标

了解质量问题分类、认识典型质量事故现象，理解质量事故发生的原因和处理方法，掌握工程质量事故分类标准、质量事故处理程序和事故报告内容，具备分析和处理简单质量事故的能力。

教学内容

质量问题分类、典型质量事故现象及原因分析，质量事故处理方法，工程质量事故分类标准、质量事故处理程序和事故报告内容。

4.1 工程质量事故分类

4.1.1 质量问题分类

1. 工程质量缺陷

工程质量缺陷是指建筑工程施工质量中不符合规定要求的检验项或检验点，按其程度可分为严重缺陷和一般缺陷。严重缺陷是指对结构构件的受力性能或安装使用性能有决定性影响的缺陷；一般缺陷是指对结构构件的受力性能或安装使用性能无决定性影响的缺陷。

2. 工程质量通病

工程质量通病是指各类影响工程结构、使用功能和外形观感的常见性质量损伤，犹如“多发病”一样，故称为质量通病。例如，结构表面不平整、局部漏浆、混凝土结构表面的裂缝、管线不顺直等。

3. 工程质量事故

工程质量事故是指由于建设、勘察、设计、施工、监理等单位违反工程质量相关法律法规和工程建设标准，使工程产生结构安全、重要使用功能等方面的质量缺陷，造成人身伤亡或者重大经济损失的事故。

4.1.2 工程质量事故分类

根据《建设工程质量管理条例》的规定，工程质量事故分为四个等级：

1）特别重大事故，是指造成30人以上死亡，或者100人以上重伤，或者1亿元以上直接经济损失的事故；

2）重大事故，是指造成10人以上30人以下死亡，或者50人以上100人以下重伤，或者5000万元以上1亿元以下直接经济损失的事故；

3）较大事故，是指造成3人以上10人以下死亡，或者10人以上50人以下重伤，或者1000万元以上5000万元以下直接经济损失的事故；

4）一般事故，是指造成3人以下死亡，或者10人以下重伤，或者100万元以上1000万元以下直接经济损失的事故。

本等级划分所称的“以上”包括本数，所称的“以下”不包括本数。

4.2　工程质量事故分析处理

4.2.1　工程质量事故分析处理程序

1. 工程质量事故分析

工程质量问题常见的成因有：违背建设程序；违反法规行为；地质勘察失真；设计差错；施工与管理不到位；使用不合格的原材料、制品及设备；自然环境因素；机械设备使用不当。建筑施工中几种典型的质量事故原因如下：

（1）倾倒事故

1）由于地基不均匀沉降或受较大外力而造成的建筑物或构筑物倾斜或倒塌。

2）在砌筑过程中没有按照图样或规范要求的施工工艺操作而造成的墙体失稳、倾倒的情形。

3）施工荷载超重支撑系统不足，造成楼盖或墙体局部倒塌的情形，如图4-1所示。

（2）开裂事故

1）由于施工措施、工艺不到位而造成混凝土构件表面或钢结构焊缝出现超过规范允许的裂缝。

2）施工荷载过重、混凝土养护不及时、模板拆除过早，造成混凝土构件表面出现超过规范允许的裂缝。

3）对混凝土原材料、外加剂和配合比使用不严谨，使出场的混凝土自身存在缺陷而形成裂缝。

4）使用了与母材不匹配的焊接材料及与环境不对应的焊接参数和措施，而形成裂缝，如图4-2所示。

图4-1　楼房倒塌

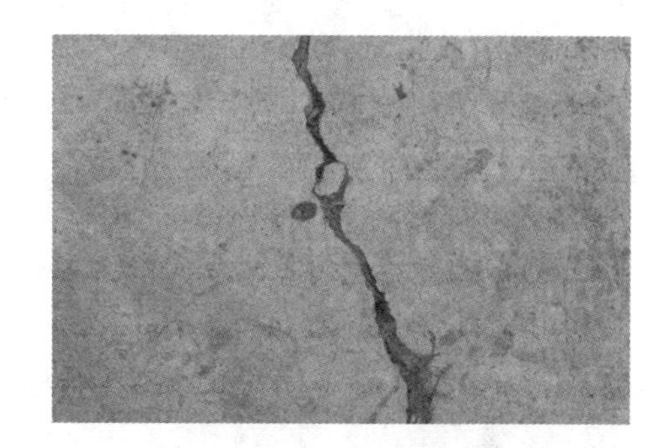

图4-2　楼板开裂

（3）错位事故

1）由于自身工作疏忽，造成建筑物定位放线不准确。

2）设备基础预埋件、预留洞位置不准确、严重偏位，造成设备无法安装。

3）钢结构制作工艺不良，运输、堆放、安装方法不当，焊接定位不精确。

4）预留洞、预埋件位置错位，如图 4-3 所示（说明：本图旨在说明错位现象，图中梁是否真的错位，应结合设计图判断）。

（4）边坡支护垮塌事故

1）设计方案不合理、基坑降水措施不到位、土方开挖程序不合理等。

2）边坡顶部堆载超过设计要求，边坡锚杆深度不足或预应力张拉过早且不到位，孔内水泥灌浆不饱满、边坡监测不到位等造成边坡塌陷，如图 4-4 所示。

图 4-3　梁错位

图 4-4　边坡支护塌陷

（5）沉降事故

1）回填材料或施工质量不合格，未按规范规定分层夯实、检测，导致回填部位出现下沉现象。

2）不均匀沉降造成的损害，如图 4-5 所示。

图 4-5　地基沉降

（6）功能失效性事故

1）防水工程。

①防水材料的质量未达到设计、规范的要求，在使用中出现严重渗漏。

②防水工程交叉施工时成品保护不到位，材料等未按要求堆放导致防水层被破坏。

③防水工程未按施工方案、工序、工艺要求进行施工，造成严重渗漏。

2）装饰工程。

①保温、隔热、装饰等材料质量不合格或不符合节能环保的要求，从而影响使用功能。

②工程中使用的防火材料质量未达到设计、规范规定的防火等级标准。

③施工中未按方案、工序、工艺标准进行操作。

（7）安装事故

1）在运输、吊装大型设备、管道过程中方案不正确或未按方案执行，导致设备或管道滑脱、坠落。

2）大型设备、管道的支、托、吊架安装不牢固，所使用的型钢、锚栓的规格、型号不符合要求，导致设备、管道脱落变形，影响正常使用或形成安全隐患。

3）阀类、压力容器等安装质量及承压能力不符合设计和规范要求。

4）由于安装的原因，导致系统运转不正常或者不能满足设计的要求。

（8）管理事故

1）分部、分项工程施工安排顺序不当，造成质量问题和严重经济损失。

2）施工人员不熟悉图样，盲目施工，致使构件或预埋件定位错误。

3）在施工过程中未严格按施工组织设计、方案和工序、工艺标准要求进行施工，造成经济损失。

4）不按规定对进场的材料、成品、半成品检查验收、存放、复试等，造成经济损失。

5）未尽到总包责任，导致现场管理混乱，进而造成一定的经济损失。

建筑工程施工现场质量通病分析见“配套资源”。

2. 工程质量事故处理

（1）工程质量事故处理依据　对工程质量问题的处理依据主要有以下几个方面：质量问题的实况资料；合法的工程承包合同、设计委托合同、材料或设备购销合同以及监理合同或分包合同等合同文件；有关的技术文件、档案和相关的建设法规。

1）质量事故的实况资料。要搞清质量事故的原因和确定处理对策，首要的是要掌握质量事故的实际情况，有关质量事故实况的资料主要可来自以下几个方面：

①施工单位的质量事故调查报告。质量事故发生后，施工单位有责任就发生的质量事故进行周密的调查、研究掌握情况，并在此基础上写出调查报告，提交给监理工程师和业主。

②监理单位调查研究所获得的第一手资料。其内容大致与施工单位调查报告中有关内容相似，可用来与施工单位所提供的情况对照、核实。

2）有关合同及合同文件。

①所涉及的合同文件是：工程承包合同；设计委托合同；设备与器材购销合同；监理合同等。

②有关合同和合同文件在处理质量事故中的作用是：确定在施工过程中有关各方是否按照合同有关条款实施其活动，借以探寻产生事故的可能原因。

3）有关的技术文件和档案。

①有关的设计文件，如施工图和技术说明等，是施工的重要依据，在处理质量事故中，它的作用是：一方面，可以对照设计文件，核查施工质量是否完全符合设计的规定和要求；另一方面，可以根据所发生的质量事故情况，核查设计中是否存在问题或缺陷，成为导致质量事故的一方面原因。

②与施工有关的技术文件、档案和资料。属于这类的文件、档案有：

a. 施工组织设计或施工方案、施工计划。

b. 施工记录、施工日志等。

c. 有关建筑材料的质量证明资料。

d. 现场制备材料的质量证明资料。

e. 质量事故发生后，对事故状况的观测记录、试验记录或试验报告等。

f. 其他有关资料。

上述各类技术资料对于分析质量事故原因、判断其发展变化趋势、推断事故影响及严重程度、考虑处理措施等都是不可缺少的，起着重要的作用。

4）相关的建设法律、法规、规范性文件。2011 版《中华人民共和国建筑法》的实施，为加强建筑活动的监督管理、维护市场秩序、保证建设工程质量提供了法律保障。与工程质量及质量事故处理有关的法律、法规、规范性文件有以下五类：

①勘察、设计、施工、监理等单位资质管理方面。其主要内容涉及：勘察、设计、施工和监理等单位的等级划分；明确各级企业应具备的条件；确定各级企业所能承担的任务范围；以及其等级评定的申请、审查、批准、升降管理等。

②从业者资格管理方面。其主要涉及：建筑活动的从业者应具有相应的执业资格；注册等级划分；考试和注册办法；执业范围；权利、义务及管理等。

③建筑市场方面。其主要涉及工程发包、承包活动，以及国家对建筑市场的管理活动。

④建筑施工方面。这类文件涉及的内容十分广泛，其特点是大多与现场施工有直接关系。例如，《建设工程监理规范》（GB/T 50319—2013）明确了现场监理工作的内容、深度、范围、程序、行为规范和工作制度。《建设工程质量管理条例》全面系统地对与建设工程有关的质量责任和管理问题做了明确的规定，可操作性强。它不但对建设工程的质量管理具有指导作用，而且是全面保证工程质量和处理工程质量事故的重要依据。

⑤关于标准化管理方面。其主要涉及技术标准（勘察、设计、施工、安装、验收等）、经济标准和管理标准（如建设程序、设计文件深度、企业生产组织和生产能力标准、质量管理与质量保证标准等）。

（2）处理方案　一般处理原则是：正确确定事故性质，弄清事故是表面性还是实质性、是结构性还是一般性、是迫切性还是可缓性；正确确定处理范围，除直接发生部位以外，还应检查、处理事故影响作用范围的结构部位或构件。其处理基本要求是：安全可靠，不留隐患；满足建筑物的功能和使用要求；遵循技术上可行，经济上合理原则。

1）工程质量事故处理方案。

①修补处理。这是最常用的一类处理方案。当工程的某个检验批、分项工程或分部工程的质量虽未达到规定的规范、标准或设计要求存在一定缺陷，但通过修补或更换器具、设备后仍可达到要求的标准，又不影响使用功能和外观要求时，在此情况下，可以进行修补处理。属于修补处理这类的具体方案很多，例如封闭保护、复位纠偏、结构补强、表面处理等。某些事故造成的结构混凝土表面裂缝，可根据其受力情况，仅做表面封闭保护。某些混凝土结构表面的蜂窝、麻面，经调查分析确定后，可进行剔凿、抹灰等表面处理，一般不会影响其使用和外观。对较严重的问题，可能影响结构的安全性和使用功能，必须按一定的技术方案进行加固补强处理，这样往往会造成一些永久性缺陷，如改变结构外形尺寸，影响一些次要的使用功能等。

②返工处理。在工程质量未达到规定的标准和要求，存在着严重质量问题，对结构的使用和安全构成重大影响，且又无法通过修补处理的情况下，可对检验批、分项工程、分部工程甚至整个工程进行返工处理。例如，某地下室填筑压实后，其实压土的干密度未达到规定值，应进行返工处理。又如，某厂房工程预应力张力系数按规定应为 1.3，实际仅为 0.8，属于严重的质量缺陷，也无法修补，只能返工处理。对某些存在严重质量缺陷，且无法采用加固补强修补处理或修补处理费用比原工程造价还高的工程，应进行整体拆除，全面返工。

③不做处理。某些工程质量问题虽然不符合规定的要求和标准，构成质量事故，但经过分析、论证、法定检测单位鉴定和设计等有关单位认可，对工程或结构使用及安全影响不大的，也可不做专门处理。通常不用专门处理的情况有以下几种：

a. 不影响结构安全和正常使用。例如，有的工业建筑物出现放线定位偏差，且严重超过规范、标准规定，若要纠正会造成重大经济损失，若经过分析、论证其偏差不影响产生工艺和正常使用，在外观上也无明显影响，可不做处理。又如，某些隐蔽部位结构混凝土表面裂缝，经检查分析，属于表面养护不够的干缩微裂，不影响使用及外观，也可不做处理。

b. 质量问题，经过后续工序可以弥补。例如，混凝土表面轻微麻面，可通过后续的抹灰、喷涂或刷白等工序弥补，可不做专门处理。

c. 法定检测单位鉴定合格。例如，某检验批混凝土试块强度值不满足规范要求，在法定检测单位，对混凝土实体采用非破损检验等方法测定其实际强度已达规范允许和设计要求值时，可不做处理。对于经检测未达要求值，但相差不多，经分析论证，只要使用前经再次检测达到设计强度，也可不做处理，但应严格控制施工荷载。

d. 出现的质量问题，经检测鉴定达不到设计要求，但经原设计单位核算，仍能满足结构安全和使用功能。

2）选择最适用工程质量事故处理方案的辅助方法。

①试验验证。对某些有严重质量缺陷的项目，可采取合同规定的常规试验方法进一步进行验证，以便确定缺陷的严重程度。例如，混凝土构件的试件强度低于要求的标准不太大（例如 10%以下）时，可进行加载试验，以证明其是否满足使用要求。又如，公路工程的沥青面层厚度误差超过了规范允许的范围，可采用弯沉试验，检查路面的整体强度等。

②定期观测。有些工程，在发现其质量缺陷时其状态可能尚未达到稳定，且仍会继续发展，在这种情况下一般不宜过早做出决定，可以对其进行一段时间的观测，然后再根据情况做出决定。属于这类的质量问题有：桥墩或其他工程的基础在施工期间发生沉降超过预计的或规定的标准；混凝土表面发生裂缝，并处于发展状态等。有些有缺陷的工程，短期内其影响可能不十分明显，需要较长时间的观测才能得出结论。

③专家论证。对于某些工程质量问题，可能涉及的技术领域比较广泛，或问题很复杂，有时仅根据合同规定难以决策，这时可提请专家论证。采用这种方法时，应事先做好充分准备，尽早为专家提供尽可能详尽的情况和资料，以便专家能够进行较充分、全面和细致地分析、研究，提出切实的意见与建议。

④方案比较。这是比较常用的一种方法。对于同类型和同一性质的事故，可先设计多种处理方案，然后结合当地的资源情况、施工条件等逐项给出权重，做出对比，从而选择具有较高处理效果又便于施工的处理方案。例如，结构构件承载力达不到设计要求，可采用改变结构构造方式减少结构内力、结构卸荷或结构补强等不同的处理方案，可将其每一方案按经济、工期、效果等指标列项，分配相应的权重值，并进行对比，辅助决策。

（3）工程质量事故处理程序　在建筑工程在设计、施工和使用过程中，难免会出现各种问题，而工程质量事故是其中最为严重又较为常见的问题，它不仅涉及建筑物的安全与正常使用，而且还关系到社会的稳定。近几年来，随着人民群众对工程质量的重视程度增加，有关建筑工程质量的投诉有增加的趋势，群体上访的事件也时有发生。建筑工程质量事故的原因有时较为复杂，其涉及的专业和部门较多，因此如何正确处理显得尤为重要，事故的正确处理应遵循一定的程序和原则，以达到科学准确、经济合理，并为各方所接受的目的。

工程质量事故处理的一般程序如图 4-6 所示。

1）事故调查。事故调查包括事故情况与性质，涉及工程勘察、设计、施工各部门，并与使用条件和周边环境等各个方面有关。一般可分为初步调查、详细调查和补充调查。

①初步调查主要针对工程事故情况、设计文件、施工内业资料、使用情况等方面进行调查分析，根据初步调查结果，判别事故的危害程度，确定是否需要采取临时支护措施，以确保人民生命、财产安全，并对事故处理提出初步处理意见。

②详细调查是在初步调查的基础上，认为有必要时，进一步对设计文件进行计算复核与审查，对施工进行检测确定是否符合设计文件要求，以及对建筑物进行专项观测与测量。

③补充调查是在已有调查资料还不能满足工程事故分析处理时，需增加的项目，一般需做某些结构试验与补充测试。例如，工程地质补充勘察，结构、材料的性能补充检测，载荷试验等。

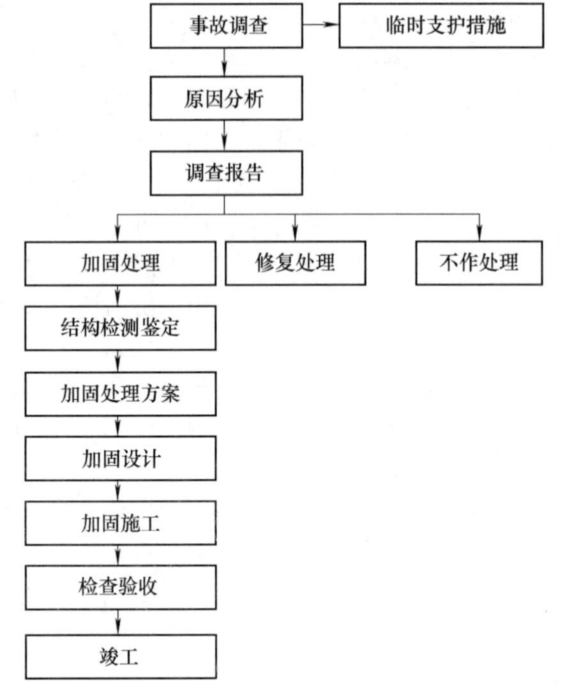

图 4-6　工程质量事故处理的一般程序

2）原因分析。在完成事故调查的基础上，对事故的性质、类别、危害程度以及发生的原因进行分析，为事故处理提供必需的依据。进行原因分析时，往往会存在原因的多样性和综合性，要正确区别分清同类事故的各种不同原因，通过详细的计算与分析、鉴别事故发生的主要原因。在综合原因分析中，除确定事故的主要原因外，还应正确评估相关原因对工程质量事故的影响，以便能采取切实有效的综合加固修复方法。

3）调查后的处理。根据调查与分析形成的报告，应提出对工程质量事故是否需进行修复处理、加固处理或不作处理的建议。经相关部门签证同意、确认工程质量事故不影响结构安全和正常使用，可对事故不作处理。例如，经设计计算复核，原有承载能力有一定余量可满足安全使用要求，混凝土强度虽未达到设计值，但相差不多，预估混凝土后期强度能满足安全使用要求等。

工程质量事故不影响结构安全，但影响正常使用或结构耐久性，应进行修复处理。例如，构件表层的蜂窝麻面、非结构性裂缝、墙面渗漏等。修复处理应委托专业施工单位进行。

工程质量事故影响结构安全时，必须进行结构加固补强，此时应委托有资质的单位进行结构检测鉴定和加固方案设计，并由有专业资质的单位进行施工。

按照规定的工程施工程序，在进行建筑结构的加固设计与施工前，宜进行施工图审查与施工过程的监督和监理，防止加固施工过程中再次出现质量事故而带来的各方面的影响。

4）修复加固处理的原则。建筑工程事故修复加固处理应满足下列原则：

①技术方案切合实际，满足现行相关规范要求。

②安全可靠，满足使用或生产要求。

③经济合理，具有良好的性价比。

④施工方便，可操作性强。

⑤具有良好的耐久性。

修复加固处理应依据事故调查报告和建筑物实际情况，并应满足现行国家相关规范要求，经业主同意确认。修复处理时可选择不同的方法和材料。修复方法对原有结构的影响以及工程费用有直接关系，因此处理方法应遵循上述原则和要求，根据具体工程条件确定，以确保处理工作顺利进行。

同样，修复加固处理施工应严格按照设计要求和相关标准规范的规定进行，以确保处理质量和安全，达到要求的处理效果。

工程质量事故的分析处理具有较多的复杂性、危险性、综合性。工程事故处理是一项专业性的技术，必须由专业技术人员进行分析鉴定，以提供科学的调查报告，为事故处理提供正确的依据，对于有争议的工程质量事故，应委托相关资格单位进行检测鉴定。

现有工程质量事故处理，尚存在不规范之处。某些施工单位为了掩盖质量事故，事故未经处理或处理不合理便投入使用，遗留安全隐患，导致使用过程中被投诉，在实际工程中，可能出现同一个工程多次处理、重复投诉的现象。

现有加固设计文件有些未经施工图审查，可能存在某些设计不合理的现象，从而造成同一事故的加固处理修复费用相差较大。另外，受检测条件限制，加固施工中使用的一些新技术和新材料未能进行施工质量检验，给工程质量评定和验收带来隐患，这些应引起有关部门关注。

工程质量事故案例举例见“配套资源”。

4.2.2　工程质量事故调查报告

1. 报告程序

1）工程质量事故发生后，事故现场有关人员应当立即向工程建设单位负责人报告；工程建设单位负责人接到报告后，应于1小时内向事故发生地县级以上人民政府、住房和城乡建设主管部门及有关部门报告。情况紧急时，事故现场有关人员可直接向事故发生地县级以上人民政府、住房和城乡建设主管部门报告。

2）住房和城乡建设主管部门接到事故报告后，应当依照下列规定上报事故情况，并同时通知公安、监察机关等有关部门：

①对于较大、重大及特别重大事故应逐级上报至国务院住房和城乡建设主管部门，对于一般事故，应逐级上报至省级人民政府住房和城乡建设主管部门，必要时可以越级上报事故情况。

②住房和城乡建设主管部门上报事故情况，应当同时报告本级人民政府；国务院住房和城乡建设主管部门接到重大和特别重大事故的报告后，应当立即报告国务院。

③住房和城乡建设主管部门逐级上报事故情况时，每级上报时间不得超过2小时。

发生一般及以上事故，或者领导有批示要求的，设区的市级住房和城乡建设主管部门应派员赶赴现场了解事故有关情况。

发生较大及以上事故，或者领导有批示要求的，省级住房和城乡建设主管部门应派员赶赴现场了解事故有关情况。

发生重大及以上事故，或者领导有批示要求的，国务院住房和城乡建设主管部门应根据相关规定派员赶赴现场了解事故有关情况。

2. 报告内容

事故报告应包括下列内容：

1）事故发生的时间、地点、工程项目名称、工程各参建单位名称。

2）事故发生的简要经过、伤亡人数（包括下落不明的人数）和初步估计的直接经济损失。

3）事故的初步原因。

4）事故发生后采取的措施及事故控制情况。

5）事故报告单位、联系人及联系方式。

6）其他应当报告的情况。

事故报告后出现新情况，以及事故发生之日起30日内伤亡人数发生变化的，应当及时补报。

3. 事故调查

1）住房和城乡建设主管部门应当按照有关人民政府的授权或委托，组织事故调查组或参与事故调查，并履行下列职责：

①核实事故基本情况，包括事故发生经过、人员伤亡情况及直接经济损失。

②核查事故项目基本情况，包括项目履行法定建设程序情况、工程各参建单位履行职责的情况。

③依据国家有关法律法规和工程建设标准，分析事故的直接原因和间接原因，必要时组织对事故项目进行检测鉴定和专家技术论证。

④认定事故的性质和事故责任。

⑤依照国家有关法律法规，提出对事故责任单位和责任人员的处理建议。

⑥总结事故教训，提出防范和整改措施。

⑦提交事故调查报告。

2）事故调查报告应当包括下列内容：

①事故项目及各参建单位概况。

②事故发生经过和事故救援情况。

③事故造成的人员伤亡和直接经济损失。

④事故项目有关质量检测报告和技术分析报告。

⑤事故发生原因和事故性质。

⑥事故责任的认定和事故责任者的处理建议。

⑦事故防范和整改措施。

事故调查报告应当附有相关证据材料。事故调查组成员应当在事故调查报告上签名。

4.2.3 工程质量事故鉴定验收

质量事故的技术处理是否达到了预期目的，是否消除了工程质量不合格和工程质量问题，是否仍留有隐患，监理工程师应通过组织检查和必要的鉴定，进行验收并予以最终

确认。

1. 检查验收

工程质量事故处理完成后，监理工程师在施工单位自检合格报验的基础上，应严格按施工验收标准及有关规范的规定进行，结合监理人员的旁站、巡视和平行检验结果，依据质量事故技术处理方案和设计要求，通过实际量测，检查各种资料数据，进行验收，并应办理交工验收文件，组织各有关单位会签。

2. 必要的鉴定

为确保工程质量事故的处理效果，凡涉及结构承载力等使用安全和其他重要性能的处理工作，通常需做必要的试验和检验鉴定工作。当质量事故处理施工过程中建筑材料及构配件保证资料严重缺乏，或对检查验收结果各参与单位有争议时，常见的检验工作有：混凝土钻芯取样，用于检验密实性和裂缝修补效果，或检测实际强度；结构荷载试验，确定其实承载力；超声波检测焊接或结构内部质量；池、罐、箱柜工程的渗漏检验等。检测鉴定必须委托政府批准的有资质的检测单位进行。

3. 验收结论

对所有质量事故，无论经过技术处理通过检查鉴定验收，还是不需专门处理的，均应有明确的书面结论。若对后续工程施工有特定要求，或对建筑物使用有一定限制条件，应在结论中提出。

验收结论通常有以下几种：

1）事故已排除，可以继续施工。

2）隐患已消除，结构安全有保证。

3）经修补处理后，完全能够满足使用要求。

4）基本上满足使用要求，但使用时应有附加限制条件，如限制荷载等。

5）对耐久性的结论。

6）对建筑物外观影响的结论。

7）对短期内难以做出结论的，可提出进一步观测检验的意见。

小　　结

本章介绍了工程质量事故的基本概念、分类、质量事故的分析处理、事故报告和鉴定验收程序，重点介绍了质量事故分析处理方法和程序以及事故报告的相关规定，通过案例详细地分析了质量事故的处理步骤。在学习中，应重点把握质量事故分析处理方法和程序以及事故报告的相关规定，并能在实际中运用。

习　　题

1. 工程质量事故等级划分的依据是什么？
2. 建筑施工中有哪几种典型的质量事故？
3. 质量事故报告的内容有哪些？
4. 质量事故验收的结论有哪些？
5. 案例

某商住楼，平面基本形状为矩形，总长度为80.9m，总宽度为36.6m，设计地上24层，地下2层，地下1层及地下2层层高均为3.9m。该商住楼采用现浇钢筋混凝土框支剪力墙结构，抗震设防裂度为6度，地下室底板、外围剪力墙均采用C45、P8级抗渗膨胀混凝土，施工时沿结构长度方向留有两条后浇带。

该商住楼地下室底板、剪力墙采用泵送混凝土，浇筑完毕后，在地下1层及地下2层剪力墙混凝土表面发现有多处裂缝，为确保地下室剪力墙结构的安全及后期的正常使用，需对其裂缝进行检测、评定，并依据检测结果进行相应的处理。

通过对地下室剪力墙裂缝调查发现，裂缝基本分布于地下1层及地下2层外围剪力墙上，且数量较多；内部电梯井壁及剪力墙上局部也发现有少数裂缝。裂缝基本形状为竖直内外贯穿裂缝，基本宽度为0.1~0.2mm，但也有局部少数裂缝表现为斜裂缝。竖直裂缝基本发生于剪力墙面的中部，底端自地面约100~200mm位置开始产生，上端止于距顶板约200~300mm处。

采用回弹法检测剪力墙混凝土强度，满足原设计要求。采用钢筋探测仪检测剪力墙钢筋数量和保护层厚度，均满足原设计和构造要求。

试分析本案例中剪力墙产生裂缝的原因，并指出处理方案。

下　篇

建设工程安全控制

第 5 章　建设工程安全控制概述

教学目标

了解安全管理基本概念、安全生产特点与基本要求、重大危险源、应急救援的概念，掌握各责任主体的安全责任、重大危险源的识别与管理、应急救援体系的建立，具备识别重大危险源并编写应急救援预案的能力。

教学内容

安全管理基本概念、安全生产特点与基本要求、重大危险源、应急救援的概念，各责任主体的安全责任、重大危险源的识别与管理、应急救援体系的建立。

5.1　安全管理基本概念及各责任主体的安全责任

5.1.1　安全管理基本概念

1. 安全与危险

（1）安全　安全是指生产系统中人员免遭不可承受危险的伤害、没有危险、不出事故、不造成人员伤亡和财产损失的状态。因此，安全不但包括人身安全，还包括财产安全。

（2）危险　危险是指系统中存在导致发生非期望后果的可能性超过了人们的承受程度。从危险的概念可以看出，危险是人们对事物的具体认识，必须指明具体对象，如危险环境、危险条件、危险状态、危险物质、危险场所、危险人员、危险因素等。

安全与危险是相对的概念，它们是人们对生产、生活中是否可能遭受健康损害和人身伤亡的综合认识，按照系统安全工程的认识论，无论是安全还是危险都是相对的。在生产经营活动中，安全问题无处不在，无时不有，安全与危险并存，并且相互转化。有时看来很危险的事，由于人们在思想上给予了足够的重视，措施得力、方法得当、防护有效，可以把危险转化成安全。有时看起来虽然较安全的事，由于人们在思想上麻痹大意、重视不够，忽视安全制度、放弃安全措施，却往往发生事故，甚至付出生命的代价，使安全转化危险。因此，无论做什么事情，都应当揭示事情的本质，熟知事物的规律，根据事物的特性、规律、制定相应的方法，采取有效的措施，才能避免或减少事故的发生。

2. 安全生产与安全生产管理

（1）安全生产　安全生产是指为预防生产过程中发生事故而采取的各种措施和活动；它是为了使生产过程符合物质条件和在工作秩序下进行，防止发生人身伤亡和财产损失等生产事故，消除或控制危险有害因素，保障人身安全与健康、设备设施免受损坏、环境免遭破坏的总称。

安全生产是我国的基本国策，是保护劳动者安全健康和发展生产的重要工作，是各级领导和全体员工必须贯彻执行的义务，是义不容辞的社会责任。安全生产是维护社会团结稳

定，促进国民经济长期、稳定、持续、健康发展的基本条件，是社会文明程度的标志。

（2）安全生产管理　安全生产管理是指针对人们生产过程的安全问题，运用有效的资源，发挥人们的智慧，通过人们的努力，进行有关决策、计划、指挥、协调控制和不断改进等一系列活动，实现生产过程中人与机器设备、物料、环境的和谐，达到安全生产的目标。

安全生产管理的目的是保证在生产经营活动中的人身安全、财产安全。只有做到这一点才能促进生产发展；才能做到为员工的生命负责，为员工的家庭负责，从而为社会负责，促进社会和谐稳定。

5.1.2　建设工程各责任主体的安全责任

根据“管生产必须管安全”“安全生产，人人有责”的原则，在生产中应明确规定各级领导、各职能部门、各岗位、各工种人员应负的安全职责。

1. 各级人员的安全责任

（1）企业法定代表人　企业是安全生产的责任主体，实行法人代表负责制。企业法人代表要严格落实安全生产责任制，使安全生产真正成为企业的一项自觉行动。

1）认真贯彻国家和地方有关安全生产的方针政策和法律、法规、规章，掌握本企业安全生产动态，定期研究安全工作，对本企业安全生产负全面领导责任。

2）领导编制和实施本企业中、长期整体规划及年度、特殊时期安全工作实施计划，建立、健全本企业的各项安全生产管理制度及奖惩办法。

3）建立、健全安全生产的保证体系，保证安全技术措施经费的落实。

4）领导并支持安全管理人员或部门的监督检查工作。

5）在事故调查组的指导下，领导、组织本企业有关部门或人员，做好特大、重大伤亡事故调查处理的具体工作，监督防范措施的制定和落实，预防事故重复发生。

（2）企业主要负责人　企业经理（厂长、首席执行官）和主管生产的副经理（副厂长）对本企业的劳动保护和安全生产负全面领导责任。

1）认真贯彻执行劳动保护和安全生产政策、法令和规章制度。

2）定期分析研究、解决安全生产中的问题，定期向企业职工代表会议报告企业安全生产情况和措施。

3）制定安全生产工作规划和企业的安全责任制等制度，建立、健全安全生产保证体系。

4）保证安全生产的投入及有效实施。

5）组织审批安全技术措施计划并贯彻实施。

6）定期组织安全检查和开展安全竞赛等活动，及时消除安全隐患。

7）对职工进行安全和遵章守纪及劳动保护法制教育。

8）督促各级领导干部和各职能单位的职工做好本职范围内的安全工作。

9）总结与推广安全生产先进经验。

10）及时、如实地报告安全生产事故，主持伤亡事故的调查分析，提出处理意见和改进措施，并督促实施。

11）组织制定企业的安全事故救援预案，组织演习及实施。

（3）企业总工程师（企业技术负责人）

1）企业总工程师（企业技术负责人）对本企业劳动保护和安全生产的技术工作负领导责任。

2）组织编制和审批施工组织设计（施工方案）以及采用新技术、新工艺、新设备时制定的专项安全技术措施。

3）负责提出改善劳动条件的项目和实施措施，并付诸实施。

4）对职工进行安全技术教育。

5）编制审查企业的安全操作技术规程，及时解决施工中的安全技术问题。

6）参加重大伤亡事故的调查分析，提出技术鉴定意见和改进措施。

（4）项目经理

1）项目经理（项目负责人）对承包工程项目的安全生产负全面领导责任。

2）在项目施工生产全过程中，认真贯彻安全生产方针、政策、法律法规和各项规章制度，结合项目特点，提出有针对性的安全管理要求，严格履行安全考核指标和安全生产奖惩办法。

3）认真落实施工组织设计中安全技术管理的各项措施，严格执行安全技术措施审批制度、施工项目安全交底制度和设施、设备交接验收使用制度。

4）领导组织安全生产检查，定期研究分析项目施工中存在的安全生产问题，并及时落实解决。

5）发生事故时应及时上报，保护好现场，做好抢救工作，积极配合调查，认真落实纠正和预防措施，并认真吸取教训。

（5）项目技术负责人

1）对本工程项目的劳动保护、安全生产、文明施工技术工作负总的责任，编制和审核施工组织设计（施工方案），采用新技术、新工艺、新设备时负责制定相应的安全技术措施。

2）负责提出改善劳动条件的项目和实施措施，并付诸实施。

3）对职工进行安全技术教育，及时解决安全达标和文明施工中的安全技术问题。

4）参与重大伤亡事故的调查分析，提出整改技术措施。

（6）项目安全员

1）在项目经理领导下，负责施工现场的安全管理工作。

2）做好安全生产的宣传教育工作，组织好安全生产、文明施工达标活动，经常开展安全检查。

3）掌握施工进度及生产情况，研究解决施工中的安全隐患，并提出改进意见和措施。

4）按照施工组织设计方案中的安全技术措施，督促检查有关人员贯彻执行情况。

5）协助有关部门做好新员工、特种作业人员、变换工种人员的安全技术、安全法规及安全知识的培训、考核、发证工作。

6）制止违章指挥、违章作业的现象，遇到危及人身安全或造成财产损失的险情时，有权暂停生产并立即向有关领导报告。

7）组织或参与对进入施工现场的劳保用品、防护设施、器具、机械设备的检验、检测及验收工作。

8）参与本工程发生的伤亡事故的调查、分析、整改方案（或措施）的制定及事故、登记和报告工作。

(7) 项目施工员

1) 认真贯彻上级审批的安全技术措施和施工组织设计，在施工与安全防护发生冲突时，应积极主动地配合，坚持做到先防护、后施工的原则，坚决制止违章、侥幸、冒险的行为。

2) 熟练掌握《建筑施工安全检查标准》(JGJ 59—2011) 及有关规定，在分管的分部、分项工程中，对工人进行安全技术措施交底及教育。

3) 随时制止违章行为，对施工过程中发现的安全隐患要及时处理并提出合理化建议，对坚持错误的班组和个人有权责令其停工，在发生险情时，要及时上报并配合有关部门做好善后工作。

4) 发生施工伤亡事故要立即上报，保护现场，抢救伤员，协助调查、整改工作的进行。

(8) 项目质量员

1) 贯彻执行有关安全生产法律、法规、规范和标准，正确认识安全与质量的关系。

2) 督促班组（人员）遵守安全生产技术措施和有关安全技术操作规程，有责任制止违章指挥、违章作业。

3) 发现事故隐患时，应首先责令班组（人员）进行整改或者停止作业，然后及时汇报给工长和安全员进行处理，并跟踪整改落实情况。

4) 发生事故后，要立即上报并保护现场，参与调查与分析。

(9) 项目材料员

1) 贯彻执行有关安全生产的法律、法规、规范、标准，树立良好的工作作风，做好本职工作。

2) 熟悉建筑施工安全防护用品、设施、器具的有关标准、性能、技术参数、检验检测和质量鉴别方法，不断提高业务水平。

3) 对采购的安全防护用品、设施器具、材料、配料的质量负有直接的安全责任，禁止采购影响安全的不合格材料和用品。

4) 做好安全防护用品、施工机具等入库的保养、保管、发放、检查工作，对不合格的产品有权拒绝进入施工现场。

5) 对采购的上述产品，检查生产许可证、质量合格证。

6) 配合安监部门做上述产品的抽检工作，发现质量问题及时向领导反映，确保安全防护产品的安全性、可靠性。

(10) 项目预算员

1) 熟悉和遵守国家、地方有关部门的安全生产法律、法规、规范、标准。

2) 按《建筑施工安全检查标准》(JGJ 59—2011) 和工程项目实际，编制安全技术措施费，并按计划准确地提供给财务部门。

3) 审核材料员所购安全防护产品备料清单是否符合项目实际需要及是否列入计划。

4) 根据工伤事故报告，准确地计算安全事故所带来的直接损失、间接损失，并做好整改所需费用的预算。

5) 对于购入的安全防护产品因质量问题带来的经济损失，应及时向项目经理汇报，并

建议追查有关责任人或厂家的责任，挽回经济损失。

（11）项目设备员

1）负责宣传、贯彻国家、省、市有关安全生产的法律、法规、规范、标准及管理规定，做好机械设备管理、维修、保养工作，确保其性能良好、安全装置齐全完好、灵敏可靠。

2）负责编制垂直运输机械设备的装、拆安全施工组织设计和验收工作，并监督实施。

3）配合有关部门对机操工进行“十字”作业（清洁、坚固、润滑、调整、防腐）、安全技术操作、遵章守纪的教育、培训考核。

4）经常对机械设备进行安全检查，发生隐患及时排除，禁止机械设备带病运转。

5）禁止无有效证件的人员操作机械设备，制止违章作业和违章指挥，参与有关工伤事故调查、分析，并提出整改措施。

（12）项目劳资员

1）认真执行国家、省、市有关安全生产、教育培训的法律、法规、规范、标准，努力做好对职工安全生产的宣传、教育、培训工作。

2）配合有关部门编制职工安全教育培训计划及协助组织新工人入场三级教育，变换工种、特种作业人员的技能训练培训和考核工作。

3）积极开展预防工伤和职业病的宣传教育工作，提出改善职工作业环境、实现劳逸结合的合理化建议。

4）组织或参与职工或新工人入场前、变换工种等身体检查。关心工伤、职业病的职工，并建议安排合适的工作。

5）及时发放劳保防护用品和经费。

（13）施工工长

1）对所管单位工程或分部工程的安全生产负直接领导责任。

2）对分部、分项工程，向作业班组进行书面的安全技术交底，工长、安全员、班组长在交底书上签字。

3）组织实施安全技术措施。

4）参加所管工程施工现场的脚手架、物料提升机、塔式起重机、外用电梯、模板支架、临时用电设备线路的检查验收，合格后才可使用。

5）参加每周的安全检查，边查边改。

6）有权拒绝使用无特种作业操作证的人员上岗作业。

7）经常组织职工学习安全技术操作规程，随时纠正违章作业和违纪行为。

8）有权拒绝使用伪劣防护用品。

9）发生工伤事故时，立即组织抢救并向项目经理报告，并保护好现场。

10）负责实施文明施工。

（14）班组长

1）班组长要模范遵守安全生产规章制度，领导本班组安全作业。

2）认真遵守安全操作规程和有关安全生产制度，根据本组人员的技术、体力、思想等情况合理安排工作，认真执行安全技术交底，有权拒绝违章作业。

3）组织搞好安全活动日活动，开好班前、班后安全会，支持班组安全员的工作，对新

调入的工人进行现场第三级安全教育，并在其未熟悉工作环境前，指定专人帮助其搞好本身的安全。

4）班前对所使用的机具、设备、防护用具及作业环境进行安全检查，发现问题立即采取改进措施，及时消除事故隐患，对不能解决的问题要采取临时控制措施，并及时上报。

5）组织本班组职工学习安全规程和制度，不违章蛮干，不擅自动用机械、电气、架子等设备。

6）发生工伤事故立即组织抢救并上报，要保护好伤亡事故的现场，事后要组织全组人员认真分析，提出防范措施。

7）拒绝违章指令。

8）听从专职安全员的指导，接受改进措施，教育全组从业人员坚守岗位，严格执行安全规程和制度；

9）发动全班组职工，提出促进安全生产和改善劳动条件的合理化建议。

（15）操作工人

1）接受安全教育培训，认真学习和掌握本工种的安全操作规程及有关方面的安全知识，努力提高安全知识和安全技能。

2）严格执行安全技术操作规程，自觉遵守安全生产规章、制度，不违章作业，服从安全人员的指导，做到“三不伤害”（不伤害自己、不伤害他人和不被他人伤害）。

3）正确使用防护用品和安全设施、工具，爱护安全标志，不随便开动他人操作的机械、电气设备，不无证进行特种作业。

4）随时检查工作岗位的环境和使用的工具、材料、电气、机械设备，做好文明施工和各种机具的维护保养工作，发现隐患及时处理或上报。

5）发生伤亡和未遂事故，要保护现场并立即上报。

6）有权拒绝违章指令，提出防止事故发生、促进安全作业、改善劳动条件等方面的合理化建议。

7）发扬团结友爱精神，在安全生产方面做到互相帮助、互相监督。对新工人要积极传授安全生产知识。

2. 各部门的安全责任

（1）生产计划部门

1）在编制下达生产计划时，要考虑工程特点和季节气候条件，合理安排并会同有关部门提出相应的安全要求和注意事项，安排月、旬作业计划时，要将支、拆安全网，拆、搭脚手架等列为正式工作，给予时间保证。

2）在检查月、旬生产计划的同时，要检查安全措施的执行情况。

3）在排除生产障碍时，要贯彻“安全第一”的思想，同时消除安全隐患，遇到生产与安全发生矛盾时，生产必须服从安全，不得冒险违章作业。

4）对改善劳动条件的工程项目必须纳入生产计划，视同生产任务并优先安排，在检查生产计划完成情况时一并检查。

5）加强对现场的场容、场貌管理，做到安全生产、文明施工。

（2）技术部门

1）对施工生产中的有关技术问题负安全责任。

2）对改善劳动条件、减轻笨重体力劳动、消除噪声、治理尘毒危害等情况，制定技术措施。

3）严格按照国家有关安全技术规程、标准，编制、审批施工组织设计、施工方案、工艺等技术文件，使安全措施贯穿在施工组织设计、施工方案、工艺卡的内容中，负责解决施工中的疑难问题，从技术措施上保证安全生产。

4）对新工艺、新技术、新设备、新施工方法要制定相应的安全措施和安全操作规程。

5）会同劳动、教育部门编制安全技术教育计划，对职工进行安全技术教育。

6）参加安全检查，对查出的隐患因素提出技术改进措施，并检查执行情况。

7）参加伤亡事故和重大未遂事故的调查，针对事故原因提出技术措施。

（3）机械设备部门

1）制定安全措施，保证机、电、起重设备、锅炉、受压容器安全运行，对所有现用的安全防护装置及附件，经常检查其是否齐全、灵敏、有效，并督促操作人员进行日常维护。

2）对严重危及职工安全的机械设备，应会同技术部门提出技术改进措施，并付诸实施。

3）新购进的机械、锅炉、受压容器等设备的安全防护装置必须齐全、有效，出厂合格证及技术资料必须完整，使用前要制定安全操作规程。

4）负责对机、电、起重设备的操作人员，锅炉、受压容器的运行人员的定期培训、考核并签发作业合格证，制止无证上岗。

5）认真执行机、电、起重设备、锅炉、压力容器的安全规程和安全运行制度，对违章作业人员要严肃处理，发生机电设备事故应认真调查分析。

（4）材料供应部门

1）供施工生产使用的一切机具和附件等，在购入时必须有出厂合格证明，发放时必须符合安全要求，回收后必须检修。

2）采购的劳动保护用品，必须符合规格标准。

3）负责采购、保管、发放和回收劳动保护用品，并向本单位劳动部门提供使用情况。

4）对批准的安全设施所用材料应纳入计划，及时供应。

5）对所属职工经常进行安全意识和纪律教育。

（5）劳动部门

1）负责对劳动保护用品发放标准的执行情况进行监督检查，并根据上级有关规定修改和制定劳保用品发放标准实施细则。

2）严格审查和控制上报职工加班、加点情况和营养补助情况，以保证职工劳逸结合和身体健康。

3）会同有关部门对新工人做好入场安全教育，对职工进行定期安全教育和培训考核。

4）对违反劳动纪律，影响安全生产的职工应加强教育，经说服无效或屡教不改的应提出处理意见。

5）参加伤亡事故调查处理，认真执行对责任者的处理决定，并将处理材料归档。

（6）安全管理部门

1）贯彻执行安全生产和劳动保护方针、政策、法规、条例及企业的规章制度。

2）做好安全生产的宣传教育和管理工作，总结、交流、推广先进经验。

3）经常深入基层，指导下级安全技术人员的工作，掌握安全生产情况，调查研究生产中的不安全问题，提出改进意见和措施。

4）组织安全活动和定期安全检查，及时向上级领导汇报安全情况。

5）参加审查施工组织设计（施工方案）和编制安全技术措施计划，并对贯彻执行情况进行督促检查。

6）与有关部门共同做好新工人、转岗工人、特种作业人员的安全技术训练、考核、发证工作。

7）进行工伤事故统计、分析和报告，参加工伤事故的调查和处理。

8）制止违章指挥和违章作业，遇有严重险情时，有权暂停生产并报告领导处理。

（7）工会

1）向员工宣传国家的安全生产方针、政策、法律、法规、标准和行业标准以及企业的安全生产规章制度，对员工进行遵章守纪安全意识和安全卫生知识教育。

2）监督检查企业安全生产经费的投入，督促改善安全生产条件项目的落实情况。

3）发现违章指挥、强令工人冒险作业或发现明显重大事故隐患和职业危害，危及职工生命安全和身体健康时，有权代表职工向企业主要负责人或现场指挥人员提出解决的建议，若无效，应支持和组织职工停止作业，撤离危险现场。

4）把本单位安全生产和职业卫生议题纳入职工代表大会的重要议程，并作出相应决议。

5）督促和协助企业负责人严格执行国家有关保护女职工的规定，切实做好女职工的“四期”（经期、孕期、产期、哺乳期）保护工作。

6）组织职工开展安全生产竞赛活动，发动职工为安全生产提供合理化建议和举报事故隐患；评选先进时，严把安全关，凡违章指挥、强令工人冒险作业而造成死亡事故的单位不能评为先进集体，责任者不能评为先进个人。

7）参加职工伤亡事故和职业病的调查工作，协助查清事故原因，总结经验教训，采取防范措施，有权代表职工和家属对事故主要责任者提出控告，追究其行政、法律的责任。

3. 各单位的安全责任

（1）建设单位　建设单位是建设工程项目的投资主体或管理主体，在整个工程建设中居主导地位。但长期以来，我国对建设单位的工程项目管理行为缺乏必要的法律约束，对其安全管理责任更没有明确规定，由于建设单位的某些工程项目管理不规范，直接或者间接导致施工生产安全事故，有着不少的惨痛教训。为此，《建设工程安全生产管理条例》中明确规定，建设单位必须遵守安全生产法律法规的规定，保证建设工程安全生产，依法承担建设工程安全生产责任。建设单位的安全责任如下：

1）依法办理有关批准手续。《中华人民共和国建筑法》规定，有下列情形之一的，建设单位应当按照国家有关规定办理申请批准手续：①需要临时占用规划批准范围以外场地的；②可能损坏道路、管线、电力、邮电通信等公共设施的；③需要临时停水、停电、中断道路交通的；④需要进行爆破作业的；⑤法律、法规规定需要办理报批手续的其他情形。

上述活动不仅涉及工程建设的顺利进行和施工现场作业人员的安全，也影响周边区域人们的安全或者正常的工作生活，并需要有关方面给予支持和配合。为此，建设单位应当依法向有关部门申请办理批准手续。

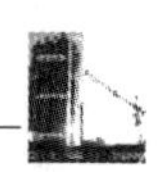

2）向施工单位提供真实、准确和完整的有关资料。《中华人民共和国建筑法》规定，建设单位应当向建筑施工企业提供与施工现场相关的地下管线资料，建筑施工企业应当采取措施加以保护。《建设工程安全生产管理条例》进一步规定，建设单位应当向施工单位提供施工现场及毗邻区域内供水、排水、供电、供气、供热、通信、广播电视等地下管线资料，气象和水文观测资料，相邻建筑物和构筑物、地下工程的有关资料，并保证资料的真实、准确、完整。

在建设工程施工前，施工单位须搞清楚施工现场及毗邻区域内地下管线，以及相邻建筑物、构筑物和地下工程的有关资料，否则很有可能会因施工而对其造成破坏，不仅可导致人员伤亡和经济损失，还将影响周边地区单位和居民的工作与生活。同时，建设工程的施工周期往往比较长，又多是露天作业，受气候条件的影响较大，建设单位还应当提供有关气象和水文的观测资料。建设单位须保证所提供资料的真实、准确，并能满足施工安全作业的需要。

3）不得提出违法要求和随意压缩合同工期。《建设工程安全生产管理条例》规定，建设单位不得对勘察、设计、施工、工程监理等单位提出不符合建设工程安全生产法律、法规和强制性标准规定的要求，不得压缩合同约定的工期。由于市场竞争相当激烈，一些勘察、设计、施工、工程监理单位为了承揽业务，往往对建设单位提出的各种要求尽量给予满足，这就造成某些建设单位为了追求利益最大化而提出一些非法要求，甚至明示或者暗示相关单位进行一些不符合法律、法规和强制性标准的活动。因此，建设单位也必须依法规范自身的行为。

合同约定的工期是建设单位与施工单位在工期定额的基础上，根据施工条件、技术水平等，经过双方平等协商而共同约定的工期。建设单位不能片面为了早日发挥建设项目的效益，迫使施工单位大量增加人力、物力投入，或者简化施工程序，随意压缩合同约定的工期。应该讲，任何违背科学和客观规律的行为，都是施工生产安全事故隐患，都有可能导致施工生产安全事故的发生。当然，在符合有关法律、法规和强制性标准的规定，并编制了赶工技术措施等前提下，建设单位与施工单位就提前工期的技术措施费和提前工期奖励等协商一致后，是可以对合同工期进行适当调整的。

4）确定建设工程安全作业环境及安全施工措施所需费用。《建设工程安全生产管理条例》规定，建设单位在编制工程概算时，应当确定建设工程安全作业环境及安全施工措施所需费用。多年的实践表明，要保障施工安全生产，必须有合理的安全投入。因此，建设单位在编制工程概算时，就应当合理确定保障建设工程施工安全所需的费用，并依法足额向施工单位提供。

5）不得要求购买、租赁和使用不符合安全施工要求的用具、设备等。《建设工程安全生产管理条例》规定，建设单位不得明示或者暗示施工单位购买、租赁、使用不符合安全施工要求的安全防护用具、机械设备、施工机具及配件、消防设施和器材。

由于建设工程的投资额、投资效益以及工程质量等，其后果最终都是由建设单位承担，建设单位势必对工程建设的各个环节都非常关心，包括材料设备的采购、租赁等。这就要求建设单位与施工单位在合同中约定双方的权利义务，包括采用哪种供货方式等。无论施工单位购买、租赁或者使用有关安全防护用具、机械设备等，建设单位都不得采用明示或者暗示的方式，违法向施工单位提出不符合安全施工的要求。

6）申领施工许可证应当提供有关安全施工措施的资料。按照《中华人民共和国建筑法》的规定，申请领取施工许可证应当具备的条件之一，就是“有保证工程质量和安全的具体措施”。《建设工程安全生产管理条例》进一步规定，建设单位在领取施工许可证时，应当提供建设工程有关安全施工措施的资料。依法批准开工报告的建设工程，建设单位应当自开工报告批准之日起15日内，将保证安全施工的措施报送建设工程所在地的县级以上地方人民政府建设行政主管部门或者其他有关部门备案。

在申请领取施工许可证时，建设单位应当提供的建设工程有关安全施工措施资料一般包括：中标通知书，工程施工合同，施工现场总平面布置图，临时设施规划方案和已搭建情况，施工现场安全防护设施搭设（设置）计划、施工进度计划、安全措施费用计划，专项安全施工组织设计（方案、措施），拟进入施工现场使用的施工起重机械设备（塔式起重机、物料提升机、外用电梯）的型号、数量，工程项目负责人、安全管理人员及特种作业人员持证上岗情况，建设单位安全监督人员名册、工程监理单位人员名册，以及其他应提交的材料。

7）装修工程和拆除工程的规定。《中华人民共和国建筑法》规定，涉及建筑主体和承重结构变动的装修工程，建设单位应当在施工前委托原设计单位或者具有相应资质条件的设计单位提出设计方案；没有设计方案的，不得施工。《中华人民共和国建筑法》还规定，房屋拆除应当由具备保证安全条件的建筑施工单位承担。

《建设工程安全生产管理条例》进一步规定，建设单位应当将拆除工程发包给具有相应资质等级的施工单位。建设单位应当在拆除工程施工15日前，将下列资料报送建设工程所在地的县级以上地方人民政府建设行政主管部门或者其他有关部门备案：①施工单位资质等级证明；②拟拆除建筑物、构筑物及可能危及毗邻建筑的说明；③拆除施工组织方案；④堆放、清除废弃物的措施。

实施爆破作业的，应当遵守国家有关民用爆炸物品管理的规定。

（2）施工单位　施工单位是建设工程施工活动的主体，必须加强对施工安全生产的管理，落实施工安全生产的主体责任。《中华人民共和国建筑法》规定，建筑施工企业必须依法加强对建筑安全生产的管理，执行安全生产责任制度，采取有效措施，防止伤亡和其他安全生产事故的发生。

1）施工单位主要负责人对安全生产工作全面负责。《中华人民共和国建筑法》规定，建筑施工企业的法定代表人对本企业的安全生产负责。《建设工程安全生产管理条例》也规定，施工单位主要负责人依法对本单位的安全生产工作全面负责。《国务院关于坚持科学发展安全发展促进安全生产形势持续稳定好转的意见》进一步指出，企业主要负责人、实际控制人要切实承担安全生产第一责任人的责任，带头执行现场带班制度，加强现场安全管理。

不少施工安全事故都表明，如果施工单位主要负责人忽视安全生产，缺乏保证安全生产的有效措施，就会给企业职工的生命安全和身体健康带来威胁，给国家和人民的财产带来损失，使企业的经济效益得不到保障。因此，施工单位主要负责人必须自觉贯彻“安全第一、预防为主、综合治理”的方针，摆正安全与生产的关系，切实克服生产、安全“两张皮”的现象。

施工单位主要负责人，通常是指对施工单位全面负责，有生产经营决策权的人。具体

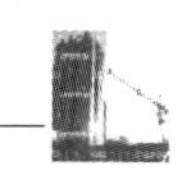

说，可以是施工企业的董事长，也可以是总经理或总裁等。

2）施工企业应建立项目安全生产领导小组。建筑施工企业应当在建设工程项目中组建安全生产领导小组。建设工程实行施工总承包的，安全生产领导小组由总承包企业、专业承包企业和劳务分包企业项目经理、技术负责人和专职安全生产管理人员组成。

安全生产领导小组的主要职责：①贯彻落实国家有关安全生产法律法规和标准；②组织制定项目安全生产管理制度并监督实施；③编制项目生产安全事故应急救援预案并组织演练；④保证项目安全生产费用的有效使用；⑤组织编制危险性较大工程安全专项施工方案；⑥开展项目安全教育培训；⑦组织实施项目安全检查和隐患排查；⑧建立项目安全生产管理档案；⑨及时、如实报告安全生产事故。

3）施工单位负责人施工现场带班。《国务院关于进一步加强企业安全生产工作的通知》（国发［2010］23号）规定，强化生产过程管理的领导责任。企业主要负责人和领导班子成员要轮流现场带班。

中华人民共和国住房和城乡建设部《建筑施工企业负责人及项目负责人施工现场带班暂行办法》进一步规定，企业负责人带班检查是指由建筑施工企业负责人带队实施，对工程项目质量安全生产状况及项目负责人带班生产情况的检查。建筑施工企业负责人是指企业的法定代表人、总经理、主管质量安全和生产工作的副总经理、总工程师和副总工程师。

建筑施工企业负责人要定期带班检查，每月检查时间不少于工作日的25%。建筑施工企业负责人带班检查时，应认真做好检查记录，并分别在企业和工程项目中存档备查。在工程项目中进行超过一定规模的危险性较大的分部、分项工程施工时，建筑施工企业负责人应到施工现场进行带班检查。工程项目出现险情或发现重大隐患时，建筑施工企业负责人应到施工现场带班检查，督促工程项目进行整改，及时消除险情和隐患。

对于有分公司（非独立法人）的企业集团，集团负责人因故不能到现场的，可书面委托工程所在地的分公司负责人对施工现场进行带班检查。

4）重大隐患治理挂牌督办。在施工活动中，可能导致事故发生的物的不安全状态、人的不安全行为和管理上的缺陷，都是事故隐患。《国务院关于进一步加强企业安全生产工作的通知》规定，对重大安全隐患治理实行逐级挂牌督办、公告制度。

住房和城乡建设部《关于印发〈房屋市政工程生产安全重大隐患排查治理挂牌督办暂行办法〉的通知》（建质［2011］158号）进一步规定，重大隐患是指在房屋建筑和市政工程施工过程中，存在的危害程度较大、可能导致群死群伤或造成重大经济损失的生产安全隐患。

建筑施工企业是房屋市政工程生产安全重大隐患排查治理的责任主体，应当建立、健全重大隐患排查治理工作制度，并落实到每一个工程项目。企业及工程项目的主要负责人对重大隐患排查治理工作全面负责。建筑施工企业应当定期组织安全生产管理人员、工程技术人员和其他相关人员排查每一个工程项目的重大隐患，特别应对深基坑、高支模、地铁隧道等技术难度大、风险大的重要工程重点定期排查。对排查出的重大隐患，应及时治理消除，并将相关情况登记存档。

建筑施工企业应及时将工程项目重大隐患排查治理的有关情况向建设单位报告。建设单位应积极协调勘察、设计、施工、监理、检测等单位，并在资金、人员等方面积极配合，做好重大隐患排查治理工作。

住房和城乡建设主管部门接到工程项目重大隐患举报，应立即组织核实，属实的由工程所在地住房和城乡建设主管部门及时向承建工程的建筑施工企业下达《房屋市政工程生产安全重大隐患排查治理挂牌督办通知书》，并公开有关信息，接受社会监督。

5）编制施工生产安全事故应急救援预案并组织评审。《建设工程安全生产管理条例》规定，施工单位应当根据建设工程施工的特点、范围，对施工现场易发生重大事故的部位、环节进行监控，制定施工现场生产安全事故应急救援预案。

建筑施工单位应当组织专家对本单位编制的应急预案进行评审。评审应当形成书面纪要并附有专家名单。应急预案的评审应当注重应急预案的实用性、基本要素的完整性、预防措施的针对性、组织体系的科学性、响应程序的操作性、应急保障措施的可行性、应急预案的衔接性等内容。施工单位的应急预案经评审后，由施工单位主要负责人签署公布。

6）组织生产安全事故应急预案的培训和演练。施工单位定期开展应急预案演练，切实提高事故救援实战能力。现场带班人员、班组长和生产经营单位应当采取多种形式开展应急预案的宣传教育，普及生产安全事故预防、避险、自救和互救知识，提高从业人员安全意识和应急处置技能。生产经营单位应当组织开展本单位的应急预案培训活动，使有关人员了解应急预案内容，熟悉应急职责、应急程序和岗位应急处置方案。应急预案的要点和程序应当张贴在应急地点和应急指挥场所，并设有明显的标志。

（3）勘察、设计单位　建设工程安全生产是一个大的系统工程。工程勘察、设计作为工程建设的重要环节，对于保障安全施工有着重要影响。

1）勘察单位。《建设工程安全生产管理条例》规定，勘察单位应当按照法律、法规和工程建设强制性标准进行勘察，提供的勘察文件应当真实、准确，满足建设工程安全生产的需要。勘察单位在勘察作业时，应当严格执行操作规程，采取措施保证各类管线、设施和周边建筑物、构筑物的安全。

工程勘察是工程建设的先行官。工程勘察成果是建设工程项目规划、选址、设计的重要依据，也是保证施工安全的重要因素和前提条件。因此，勘察单位必须按照法律、法规的规定以及工程建设强制性标准的要求进行勘察，并提供真实、准确的勘察文件，不能弄虚作假。

此外，勘察单位在进行勘察作业时，也易发生安全事故。为了保证勘察作业的安全，勘察人员必须严格执行操作规程，并应采取措施保证各类管线、设施和周边建筑物、构筑物的安全，为保障施工作业人员和相关人员的安全提供必要条件。

2）设计单位。工程设计是工程建设的灵魂。在建设工程项目确定后，工程设计便成为工程建设中最重要、最关键的环节，对安全施工有着重要影响。

①按照法律、法规和工程建设强制性标准进行设计。《建设工程安全生产管理条例》规定，设计单位应当按照法律、法规和工程建设强制性标准进行设计，防止因设计不合理导致生产安全事故的发生。工程建设强制性标准是工程建设技术和经验的总结与积累，对保证建设工程质量和施工安全起着至关重要的作用。从一些生产安全事故的原因分析，涉及设计单位责任的，主要原因是没有按照强制性标准进行设计，由于设计得不合理导致施工过程中发生安全事故。因此，设计单位在设计过程中必须考虑施工生产安全，严格执行强制性标准。

②提出防范生产安全事故的指导意见和措施建议。《建设工程安全生产管理条例》规定，设计单位应当考虑施工安全操作和防护的需要，对涉及施工安全的重点部位和环节在设

计文件中注明，并对防范生产安全事故提出指导意见。采用新结构、新材料、新工艺的建设工程和特殊结构的建设工程，设计单位应当在设计中提出保障施工作业人员安全和预防生产安全事故的措施建议。设计单位的工程设计文件对保证建设工程结构安全至关重要。同时，设计单位在编制设计文件时，还应当结合建设工程的具体特点和实际情况，考虑施工安全作业和安全防护的需要，为施工单位制定安全防护措施提供技术保障。在施工单位作业前，设计单位还应当就设计意图、设计文件向施工单位做出说明和技术交底，并对防范生产安全事故提出指导意见。

③对设计成果承担责任。《建设工程安全生产管理条例》规定，设计单位和注册建筑师等注册执业人员应当对其设计负责。"谁设计，谁负责"，这是国际通行做法。如果由于设计责任造成事故，设计单位就要承担法律责任，还应当对造成的损失进行赔偿。建筑师、结构工程师等注册执业人员应当在设计文件上签字盖章，对设计文件负责，并承担相应的法律责任。

（4）工程监理、检验检测单位

1）工程监理单位。工程监理是监理单位受建设单位的委托，依照法律、法规和建设工程监理规范的规定，对工程建设实施的监督管理。但在实践中，一些监理单位只注重对施工质量、进度和投资的监控，不重视对施工安全的监督管理，这就使得施工现场因违章指挥、违章作业而发生的伤亡事故的局面未能得到有效控制。因此，须依法加强施工安全监理工作，进一步提高建设工程监理水平。

①对安全技术措施或专项施工方案进行审查。《建设工程安全生产管理条例》规定，工程监理单位应当审查施工组织设计中的安全技术措施或者专项施工方案是否符合工程建设强制性标准。施工组织设计中应当包括安全技术措施和施工现场临时用电方案，对基坑支护与降水工程、土方开挖工程、模板工程、起重吊装工程、脚手架工程、拆除、爆破工程等达到一定规模的危险性较大的分部分项工程，还应当编制专项施工方案。工程监理单位要对这些安全技术措施和专项施工方案进行审查，重点审查是否符合工程建设强制性标准；对于达不到强制性标准的，应当要求施工单位进行补充和完善。

②依法对施工安全事故隐患进行处理。《建设工程安全生产管理条例》规定，工程监理单位在实施监理过程中，发现存在安全事故隐患的，应当要求施工单位整改；情况严重的，应当要求施工单位暂时停止施工，并及时报告建设单位。施工单位拒不整改或者不停止施工的，工程监理单位应当及时向有关主管部门报告。工程监理单位受建设单位的委托，有权要求施工单位对存在的安全事故隐患进行整改，有权要求施工单位暂时停止施工，并依法向建设单位和有关主管部门报告。

③承担建设工程安全生产的监理责任。《建设工程安全生产管理条例》规定，工程监理单位和监理工程师应当按照法律、法规和工程建设强制性标准实施监理，并对建设工程安全生产承担监理责任。

2）设备检验检测单位。《建设工程安全生产管理条例》规定，检验检测机构对检测合格的施工起重机械和整体提升脚手架、模板等自升式架设设施，应当出具安全合格证明文件，并对检测结果负责。

《特种设备安全监察条例》规定，特种设备的监督检验、定期检验、型式试验和无损检测应当由经核准的特种设备检验检测机构进行。

特种设备检验检测机构，应当依照规定进行检验检测工作，对其检验检测结果、鉴定结论承担法律责任。特种设备检验检测机构进行特种设备检验检测，发现严重事故隐患或者能耗严重超标的，应当及时告知特种设备使用单位，并立即向特种设备安全监督管理部门报告。

（5）总分包单位

1）总包单位。

①审查分包单位的安全生产保证体系与条件，对不具备安全生产条件的，不得发包工程。

②对分包的工程，承包合同要明确安全责任。

③对分包单位承担的工程要做详细的安全交底，提出明确的安全要求，并认真监督检查。

④对违反安全规定冒险蛮干的分包单位，要责令停产。

⑤凡总包单位产值中包括分包单位完成的产值的，总包单位要统计上报分包单位的伤亡事故，并按承包合同的规定，处理分包单位的伤亡事故。

2）分包单位。

①分包单位行政领导对本单位的安全生产工作负责，认真履行承包合同规定的安全生产责任。

②认真贯彻执行国家和当地政府有关安全生产的方针、政策、法规、规定。

③服从总包单位关于安全生产的指挥，执行总包单位有关安全生产的规章制度。

④及时向总包单位报告伤亡事故，并按承包合同的规定调查处理伤亡事故。

5.2　安全生产特点与基本要求

5.2.1　安全生产特点及现场不安全因素

1. 建设工程安全生产特点

建筑施工主要是指工程建设实施阶段的生产活动。它有着与工矿企业生产活动明显不同的特点：

1）工程建设最大的特点就是产品固定，这是它不同于其他行业的根本点。建筑产品是固定的，它们具有体积大、生产周期长的特点。一座厂房、一幢楼房、一座烟囱或一件设备，施工完毕后就固定不动了。生产活动都是围绕着建筑物、构筑物来进行的。这就形成了在有限的场地上集中了大量的人力、建筑材料、设备零部件和施工机具，这种情况一般持续几个月或一年，甚至三到五年，工程才能施工完成。

2）流动性大是建筑施工的又一个特点。一座建筑或构筑物完成后，施工队伍要转移到新的地点，建新的厂房或住宅等。这些新的工程，可能在同一个厂区，也可能在另一个区域，甚至在另一个城市内，那么施工队伍就要相应的在区域内、城市内或者地区内流动。

3）露天高处作业多。在空旷的地方盖房子，没有遮阳棚，也没有避风的墙，工人常年在室外操作，一幢建筑物从基础、主体结构到屋面工程，室外装修等，露天作业约占整个工程的70%。建筑物都是由低到高建起来的，以民用住宅每层高2.9m计算，两层就是5.8m，

现在一般都是多层建筑，甚至到十几层或几十层，所以绝大部分工人，都在十几米或几十米甚至百米以上的高空，从事露天作业。夏天热、冬天冷，风吹日晒，工作条件差。

4）手工操作，繁重的劳动，体力消耗大。大多数工种至今仍是手工操作。例如，一名瓦工每天要砌筑一千多块砖，以每块砖重 2.5kg，一天下来，每名瓦工就得凭体力用两只手操作近 3t 重的砖。还有很多工种如抹灰工、架子工、混凝土工、管道工等也都从事繁重的体力劳动。近几年来，墙体材料有了改革，出现了大模、滑模、大板等施工工艺，但就全国来看，多数墙体还仍然是用黏土砖一块块地砌筑。

5）变化大，规则性差。每栋建筑物从基础、主体到装修，每道工序不同，不安全因素也不同，即使同一道工序由于工艺和施工方法不同，生产过程也不相同。而随着工程进度的发展，施工现场的施工状况和不安全因素也随着变化，每个月、每天、甚至每个小时都在变化。建筑物都是由低到高建成的，从这个角度来说，建筑施工有一定的规律性，但具体到一个施工现场，规律性就很不相同，为了完成施工任务，要采取很多的临时性措施，其规则性就比较低了。

6）施工现场吊装设备种类繁多，安全隐患大。近年来，建筑物由低层向高层发展，施工现场由较为广阔的场地向狭窄的场地变化。为适应这变化的条件，垂直运输的办法也随之改变。起重机械使用大幅增加，龙门架（或井字架）也得到了普遍的应用，施工现场吊装工作量增加，交叉作业也大量增加。木工机械（如电平刨、电锯）也得到普遍应用。很多设备是施工单位自己制造的，没有特定的型号，也没有固定的标准，五花八门。开始时，只考虑提高工效，没有设置安全防护装置，现在搞定型的防护设施也较困难，施工条件变了，伤亡事故类别也变了。

建筑施工复杂又变幻不定，不安全因素增多，加上流动分散，工地不固定，因此施工人员比较容易形成临时观念，不采取可靠的安全防护措施，存在侥幸心理，必然导致伤亡事故频繁地发生。

从以上特点可以看出，建筑施工的安全隐患多存在于高处作业、交叉作业、垂直运输以及使用电气设备方面。伤亡事故也多发生在高处坠落、物体打击、机械、伤害起重伤害、触电等方面。每年发生的此五方面的事故占事故总数的 70%，其中高处坠落占 35%左右，触电占 15%~20%；物体打击占 15%左右；机械伤害占 10%左右。若采取措施消除这五大伤害，伤亡事故将会大幅度下降，这就是建筑施工安全技术要解决的主要方面。

2. 施工现场不安全因素

（1）人的不安全因素　人的不安全因素是指影响安全的人的因素，即能够使系统发生故障或发生性能不良的事件的人员个人的不安全因素和违背设计和安全要求的错误行为。人的不安全因素可分为个人的不安全因素和人的不安全行为两个大类。

1）个人的不安全因素。个人的不安全因素是指人员的心理、生理、能力中所具有不能适应工作、作业岗位要求的影响安全的因素。个人的不安全因素包括以下几个方面：

①心理上的不安全因素。人在心理上具有影响安全的性格、气质和情绪（如急躁、懒散、粗心等）。

②生理上的不安全因素。生理上存在的不安全因素大致有五个方面：

a. 视觉、听觉等感觉器官不能适应工作和作业岗位要求的因素。

b. 体能不能适应工作和作业岗位要求的因素。

c. 年龄不能适应工作和作业岗位要求的因素。

d. 有不适合工作和作业岗位要求的疾病。

e. 疲劳、酒醉或刚睡过觉，感觉朦胧。

③能力上的不安全因素。能力上的不安全因素包括知识技能、应变能力、资格等不能适应工作和作业岗位要求的影响因素。

2）人的不安全行为。人的不安全行为是指造成事故的人为错误，是能够使系统发生故障或发生性能不良的事件的人员个人的不安全因素和违背设计和操作规程的行为。通俗地用一句话讲，人的不安全行为就是指能造成事故的人的失误。在施工现场人的不安全行为主要表现为：

①操作失误，忽视安全，忽视警告。

②造成安全装置失效。

③使用不安全设备。

④手代替工具操作。

⑤物体存放不当。

⑥冒险进入危险场所。

⑦攀坐不安全位置。

⑧在起吊物下作业、停留。

⑨在机器运转时进行检查、维修、保养等工作。

⑩有分散注意力行为。

⑪没有正确使用个人防护用品、用具。

⑫不安全装束。

⑬对易燃易爆等危险物品处理错误。

因违反操作规程或劳动纪律导致的事故列居首位，其中60%以上都是因为安全教育培训不够、缺乏安全操作知识、对现场工作缺乏检查和指挥错误等。有人曾对7500件伤亡事故进行了分析，其中天灾仅占2%，即98%的伤亡事故在人的预防能力范围内。其中在可防止的全部事故中，由于人的不安全行为造成的事故占88%。以上资料表明，各种各样的伤亡事故，绝大多数是由人的不安全因素造成的，是在人的能力范围内，是可以预防的。

随着科学技术的发展、施工现场劳动条件的改善、机械设备的进一步完善，在造成事故的原因中，由人的不安全因素所占的比例会有所增加，因此我们更应该重视人的因素，加强对员工的安全教育培训，杜绝和预防出现人的不安全因素。

（2）物的不安全状态　物的不安全状态是指能导致事故发生的物质条件，包括机械设备等物质或环境所存在的不安全因素，通常人们将此称为物的不安全状态或物的不安全条件。

1）物的不安全状态的内容。

①物（包括机器、设备、工具、物质等）本身存在的缺陷。

②防护保险方面的缺陷。

③物的放置方法的缺陷。

④作业环境场所的缺陷。

⑤外部的和自然界的不安全状态。

⑥作业方法导致的物的不安全状态。

⑦保护器具信号、标志和个体防护用品的缺陷。

2）物的不安全状态的类型。

①防护等装置缺乏或有缺陷。

②设备、设施、工具、附件有缺陷。

③个人防护用品、用具缺少或有缺陷。

④生产（施工）场地环境不良。

（3）组织管理上的不安全因素　组织管理上的不安全因素，通常也可称为组织管理上的缺陷，它也是事故潜在的不安全因素，作为间接的原因，共有以下几个方面。

1）技术上的缺陷。

2）教育上的缺陷。

3）生理上的缺陷。

4）心理上的缺陷。

5）管理工作上的缺陷。

6）学校教育和社会、历史原因造成的缺陷。

3. 施工现场不安全因素控制和预防

1）人的不安全因素：从人的心理学和行为学方面解决，可以通过培训和提高人的安全意识和行为能力保证人的可靠性。

2）物的不安全状态：从安全技术上采取安全措施来解决，可以通过各种有效的安全技术系统保证安全设施的可靠性。

3）组织管理上的不安全因素：用系统论的理论和方法，研究如何建立职业健康安全系统论化、标准化的管理体系，实行全员、全过程、全方位、以预防为主的整体管理。

5.2.2　施工现场安全生产基本要求和安全教育

1. 施工现场安全生产基本要求

1）参加施工的工人（包括学徒工、实习生、代培人员和民工）要熟悉工种的安全技术操作规程。在操作中，应坚守工作岗位，严禁酒后操作。

2）电工、焊工、司炉工、爆破工、起重机司机、打桩机司机和各种车辆司机，必须经过专门训练，考试合格发放操作证，方可独立操作。

3）正确使用个人防护用品和安全防护措施，进入施工现场，必须戴好安全帽，禁止穿拖鞋或光脚在没有防护设施的情况下进行高空、悬崖和陡坡施工，必须系好安全带，上、下交叉作业有危险的出入口要有其他隔离设施，距离地面2m以上作业要有防护栏杆、挡板或安全网。安全帽、安全带、安全网要定期检查，不符合要求的严禁使用。

4）施工现场的脚手架、防护设施、安全标志和警告牌不得擅自拆动，需要拆动的，要经过工地负责人同意。

5）施工现场的洞、坑、沟、升降口、漏斗等危险处，应有防护设施或明显标志。

6）对于坑槽施工，应经常检查边壁土质的稳固情况，发现有裂缝、疏松或支撑走动，要随时采取加固措施，根据土质、沟深、水位、机械设备重量等情况，确定堆放材料和施工设备坑边距离，往坑槽运材料，应用信号联系。

7）调配酸溶液时，应先将酸缓慢地注入水中，搅拌均匀，严禁将水倒入酸中。储存酸液的容器应加盖和设有标志。

8）进行机械操作时要束紧袖口，女工发辫要挽入帽内。

9）机械和动力机的机座必须稳固，传动的危险部位要安设防护装置。

10）工作前必须检查机械、仪表、工具等，确认完好方准使用。

11）电气设备和线路必须绝缘良好，电线不得与金属物绑在一起，各种电动机具必须按规定接地、接零，并设置单一开关。另外，临时停电或停工休息时，必须拉闸加锁。

12）施工机械和电气设备不得带病运行和超负荷作业。发现不正常情况时应停机检查，不得在运行中修理。

13）电气、仪表和设备试运转，应严格按照单项安全技术措施运行，运转时不准清理和修理，严禁将头、手伸入机械行程范围内。

14）在架空输电线路下面工作应停电，不能停电时，应有隔离防护措施，起重机不得在架空输线路下面工作，通过架空输线路时应将起重臂落下，在架空输电线路一侧工作时，不论任何情况下，起重臂、钢丝绳或重物与架空输电线路的最小距离应不小于表 5-1 中的规定。

表 5-1 架空输电线路施工安全距离

输电线路电压/kV	<1	1~20	35~110	150~220
允许与输电线路的距离/m	2.5	3	5	7

15）行灯电压不得超过 36V，在潮湿场所或金属容器内工作时，行灯电压不得超过 12V。

16）受压容器应有安全阀、压力表，并避免暴晒、碰撞，氧气瓶严防沾染油脂；乙炔发生气、液化石油气，必须有防止回火的安全装置。

17）从事腐蚀、粉尘、放射线和有毒作业，要有防护措施，并进行定期检查。

18）从事高空作业必须要定期体检，经医生诊断凡有高血压、心脏病、贫血、癫痫以及其他不适于高空作业的，不得从事高空作业。

19）高空作业衣着要灵便，禁止穿硬底、带钉、易滑的鞋。

20）高空作业所用的材料要堆放平稳，工具应随手放入工具袋内，上下传递物体时禁止抛掷。

21）遇有恶劣气候（六级以上大风）影响施工安全时，禁止进行露天高空、起重和打桩作业。

22）梯子不得缺档，不得垫高使用，梯子横档间距以 30cm 为宜，使用时上端要扎牢固，下端应采取防滑措施，单面梯与地面夹角以 60°~70°为宜，禁止二人同时在梯上作业，如需接长使用，应绑扎牢固，人字梯底脚应拉牢，通道处使用应有人监护或设置围栏。

23）当没有安全防护措施时，禁止在屋架的上弦、支撑、桁条、挑梁和半固定的构件上行走或作业，高空作业与地面联系，应设通信装置，并专人负责。

24）人乘坐的外用电梯和吊笼应有可靠的安全装置，除指派的专业人员外，其他人禁止攀登起重臂、绳索和随同运料的吊笼、吊装物上下。

25）暴雨、台风前后，要检查工地临时设施、脚手架、机电设备、临时线路，发现倾斜、变形、下沉、漏雨、漏电等现象，应及时修理加固，有严重危险的立即拆除。

26）高层建筑、烟囱、水塔的脚手架、仓库及易燃、易爆、塔式起重机、打桩机等机械应设临时避雷装置，机电设备的开关要有防雨、防潮设施。

27）现场道路应加强维护，斜道和脚手板应有防滑措施。

28）夏季作业时应调整作息时间，从事高温工作的场所应加强通风和降温措施。

29）冬期施工使用煤炭取暖，应符合防火要求和指定专人负责管理，并有防止一氧化碳中毒的措施。

2. 安全教育

安全教育是一项为提高施工人员安全技术水平和防范事故能力而进行的教育培训工作。安全教育有计划地向企业员工、新职工进行思想政治教育，灌输劳动保护方针政策和安全知识，通过典型经验和事故教训教育，促使员工不断认识和掌握企业不安全、不卫生因素和伤亡事故规律，是实现安全文明生产，进行智力投资，全面提高企业素质的重要工作。

（1）安全教育的分类

1）安全法制教育。通过对员工进行安全生产、劳动保护方面的法律、法规的宣传教育，使每个人从法制的角度去认识搞好安全生产的重要性，明确遵章守法、守纪是每个员工应尽的职责，而违章、违规的本质是一种违法行为，轻则会受到批评教育，造成严重后果的还将受到法律的制裁。

2）安全思想教育。通过对员工进行深入细致的思想工作，提高对安全生产重要性的认识。各级管理人员，特别是领导干部要加强员工的安全思想教育，要从关心人、爱护人、保护人的生命与健康角度出发，重视安全生产，做到不违章指挥。工人要增强自我保护意识，施工过程中要做到互相关心、互相帮助、互相督促，共同遵守安全生产规章制度，做到不违章操作。

3）安全知识教育。安全知识教育是让员工了解施工生产中的安全注意事项、劳动保护要求，掌握一般安全基础知识，是最基本、最普通和最经常性的安全教育。

安全知识教育的主要内容有：本企业生产的基本情况，施工流程及施工方法，施工中的主要危险区域及其安全防护的基本常识，施工设施、设备、机械的有关安全常识，电气设备安全常识，车辆运输安全常识，高处作业安全知识，施工过程中有毒有害物质的辨别及防护知识，防火安全的一般要求及常用消防器材的使用方法，特殊类专业（如桥梁、隧道、深基坑、异形建筑等）施工的安全防护知识，工伤事故的简易施救方法和报告程序及保护事故现场等规定，个人劳动防护用品的正确穿戴、使用常识等。

4）安全技能教育。安全技能教育是侧重于安全操作技术方面，结合工种的特点、要求，以培养安全操作能力为目的的一种专业安全技术教育。安全技能教育主要包括施工环境安全技术、施工机具使用安全技术、临时用水用电安全技术、现场防火安全技术、急救措施等内容。

5）事故案例教育。事故案例教育是通过对一些典型事故进行原因分析、事故教训及预防事故发生所采取的措施，来教育职工引以为戒，不重蹈覆辙，是一种运用反面事例，进行正面宣传的独特的安全教育方法。在事故案例教育中要注意：

①事故应具有典型性，即施工现场常见的、有代表性的、往往因违章原因引起的，又具有教育意义的典型事故，阐明违章作业不出事故是偶然的，出事故是必然的。

②事故应具有教育性。事故案例应当以教育职工遵章守纪为主要目的，不应过分渲染事故的恐怖性、不可避免性，减少事故的负面影响。

以上安全教育的内容往往不是单独进行的，而是根据对象、要求、时间等不同情况，有机地结合开展。

（2）安全教育的时间要求　根据《建筑企业职工安全培训教育暂行规定》的要求：

1）企业法人代表、项目经理每年不少于30学时。

2）专职管理和技术人员每年不少于40学时。

3）其他管理和技术人员每年不少于20学时。

4）特殊工种每年不少于20学时。

5）其他职工每年不少于15学时。

6）待岗、转岗、换岗的员工重新上岗前，应接受不少于20学时的培训。

7）新工人的公司、项目、班组三级培训教育时间分别不少于15学时、15学时、20学时。

（3）安全教育的对象　依据《建设工程安全绳管理条例》规定，提高建筑施工企业主要负责人、项目负责人、专职安全生产管理人员（即“三类人员”）安全生产知识水平和管理能力，保证建筑施工安全生产，对建筑施工企业三类人员进行考核认定。三类人员应当经建设行政主管部门或者其他有关部门考核合格后方可任职，考核内容主要是安全生产知识和安全管理能力。同时，应加大对新入场员工和变更工种员工的安全教育。

1）建筑施工企业主要负责人。对本企业日常生产经营活动和安全生产工作全面负责、有生产经营决策权的人员，包括企业法定代表人、经理、企业分管安全生产工作的副经理等。其安全教育的重点是：

①国家有关安全生产的方针政策、法律法规、部门规章、标准及有关规范性文件，本地区有关安全生产的法规、规章、标准及规范性文件。

②建筑施工企业安全生产管理的基本知识和相关专业知识。

③重特大事故防范、应急救援措施，报告制度及调查处理方法。

④企业安全生产责任制和安全生产规章制度的内容、制定方法。

⑤国内外安全生产管理经验。

2）项目负责人。由企业法定代表人授权，负责建设工程项目管理的项目经理或负责人等。其安全教育的重点是：

①国家有关安全生产的方针政策、法律法规、部门规章、标准及有关规范性文件，本地区有关安全生产的法规、规章、标准及规范性文件。

②工程项目安全生产管理的基本知识和相关专业知识。

③重大事故防范、应急救援措施、报告制度及调查处理方法。

④企业和项目安全生产责任制和安全生产规章制度内容、制定方法。

⑤施工现场安全生产监督检查的内容和方法以及国内外安全生产管理经验、典型事故案例分析。

3）项目专职安全生产管理人员。在企业专职从事安全生产管理工作的人员，包括企业安全生产管理机构的负责人及工作人员和施工现场专职安全生产管理人员。其安全教育的重点是：

①国家有关安全生产的方针政策、法律法规、部门规章、标准及有关规范性文件，本地区有关安全生产的法规、规章、标准及规范性文件。

②重大事故防范、应急救援措施、报告制度、调查处理方法以及防护救护方法。

③企业和项目安全生产责任制和安全生产规章制度。

④施工现场安全监督检查的内容和方法。

⑤典型事故案例分析。

4）入场新工人。每个刚进企业的新工人必须接受首次安全生产方面的基本教育，即三级安全教育。三级一般是指公司（即企业）、项目（或工程处、施工队、工区）、班组三级。

三级安全教育一般是由企业的安全、教育、劳动、技术等部门配合进行的。受教育者必须经过考试，合格后才准予进入生产岗位；考试不合格者不得上岗工作，必须重新补课并进行补考，合格后方可工作。

为加深新工人对三级安全教育的感性认识和理性认识，一般规定，在新工人上岗工作6个月后，还要进行安全知识复训，即安全再教育。复训内容可以从原先的三级安全教育的内容中有重点地选择，复训后再进行考核。考核成绩要登记到本人劳动保护教育卡上，不合格者不得上岗工作。

施工企业应当给每一名职工建立职工劳动保护（安全）教育卡，教育卡应记录包括三级安全教育、变换工种安全教育等的教育及考核情况，并由教育者与受教育者双方签字后入册，作为企业及施工现场安全管理资料备查。

①公司安全教育。按原建设部的规定（《关于印发〈建筑企业职工安全培训教育暂行规定〉的通知》建教[1997]83号文，下同），公司级的安全培训教育时间不得少于15学时。主要内容是：

A. 国家和地方有关安全生产、劳动保护的方针、政策、法律、法规、规范、标准及规章。

B. 企业及其上级部门（主管局、集团、总公司、办事处等）印发的安全管理规章制度。

C. 安全生产与劳动保护工作的目的、意义等。

②项目（施工现场）安全教育。按规定，项目安全培训教育时间不得少于15学时。主要内容是：

A. 建设工程施工生产的特点，施工现场的一般安全管理规定、要求。

B. 施工现场主要事故类别，多发性事故的特点、规律及预防措施，事故教训等。

C. 本工程项目施工的基本情况（工程类型、施工阶段、作业特点等），施工中应当注意的安全事项。

③班组教育。按规定，班组安全培训教育时间不得少于20学时，班组教育又称为岗位教育。主要内容是：

A. 本工种作业的安全技术操作要求。

B. 本班组施工生产概况，包括工作性质、职责、范围等。

C. 在本人及本班组在施工过程中，使用、遇到的各种生产设备、设施、电气设备、机械、工具的性能、作用、操作要求、安全防护要求。

D. 个人使用和保管的各类劳动防护用品的正确穿戴、使用方法及劳防用品的基本原理与主要功能。

E. 发生伤亡事故或其他事故，如火灾、爆炸、设备及管理事故等，应采取的措施（救助抢险、保护现场、报告事故等）、要求。

5）变换工种的工人。施工现场变化大，动态管理要求高，随着工程进度的发展，部分工人的工作岗位会发生变化，转岗现象较普遍。这种工种之间的互相转换，有利于施工生产的需要。但是，如果安全管理工作没有跟上，安全教育不到位，就可能给转岗工人带来伤害。因此。必须对他们进行转岗安全教育。根据住建部的规定，企业待岗、转岗、换岗的职工，在重新上岗前，必须接受安全培训，时间不得少于20学时。对待岗、转岗、换岗职工的安全教育主要内容是：

①本工种作业的安全技术操作规程。

②本班组施工生产的概况介绍。

③施工区域内各种生产设施、设备、工具的性能、作用、安全防护要求等。

“三级”安全教育记录卡见表5-2。

表5-2 “三级”安全教育记录卡

<table>
<tr><td>姓 名</td><td></td><td>性 别</td><td></td><td>年 龄</td><td></td></tr>
<tr><td>家庭住址</td><td colspan="3"></td><td>工 种</td><td></td></tr>
<tr><td>身份证号码</td><td></td><td>进公司、工地时间</td><td colspan="2"></td><td></td></tr>
<tr><td>三级教育名称</td><td colspan="3">内 容</td><td>教育日期及时间</td><td>教育者及职务</td></tr>
<tr><td>公司</td><td colspan="3">1. 国务院和住建部制定的安全生产方针、政策和规程、规范
2. 安全生产、劳动保护的意义和任务
3. 安全生产六大纪律、十项安全技术措施、安全生产“十不准”和其他的规章制度
4. 公司安全生产形势和任务以及主要类别事故的预防，如高处坠落、触电、物体打击、机具伤害等
5. 公司以往发生的重大伤亡事故分析及应吸取的教训
6. 增强个人安全保护意识，认真开展不伤害自己、不伤害别人、不被他人伤害的安全生产活动</td><td></td><td>×××
项目经理</td></tr>
<tr><td>项目部</td><td colspan="3">1. 建筑工程施工特点及安全生产基本知识
2. 本单位安全生产规章、制度、纪律和安全注意事项
3. 各工种的安全技术操作规程、规定
4. 机械设备、电气安全等安全基本知识和防护措施
5. 防火、防毒和防爆安全知识及预防措施
6. 防护用具、用品的正确使用方法
7. 爱护施工现场各类安全防护设施、设备、器具、严禁擅自拆卸、损坏及有关奖罚规定</td><td></td><td>×××
项目部
安全员</td></tr>
<tr><td>班组</td><td colspan="3">1. 本班组的作业特点及安全操作规程和作业危险区域、部位及其安全防护要求、措施
2. 班组安全作业活动制度及纪律
3. 爱护和正确使用安全防护装置（设施）及个人劳保用品
4. 本岗位易发生事故的不安全因素及防护对策
5. 本岗位的作业环境及使用的机械设备、工具的安全要求</td><td></td><td>×××
班组安全员</td></tr>
<tr><td>备注</td><td colspan="3">1. 教育卡要同工人的花名册、考试卷一一对应，做到全员教育
2. 公司、项目、班组安全教育时间累计不少于30学时
3. 教育卡应按工种归类、编号</td><td></td><td></td></tr>
</table>

（4）安全教育的类别

1）经常性安全教育。经常性安全教育是施工现场开展安全教育的主要形式，目的是提醒、告诫职工遵章守纪，加强责任心，消除麻痹思想。

经常性安全教育的形式多样，可以利用班前会进行教育，也可以利用大小会议进行教育，还可以用其他形式，如安全知识竞赛、演讲、展览、黑板报、广播、录像等。总之，要做到因地制宜、因材施教，不摆花架子，不搞形式主义，注重实效，才能使教育收到效果。经常性安全教育的主要内容是：

①安全生产法规、规范、标准、规定。

②企业及上级部门的安全管理新规定，各级安全生产责任制及管理制度。

③安全生产先进经验介绍，最近的典型事故教训。

④施工新技术、新工艺、新设备、新材料的使用及有关安全技术方面的要求。

⑤最近安全生产方面的动态，如新的法律、法规、标准、规章的出台，安全生产通报、文件、批示，本单位近期安全工作回顾、讲评等。

2）季节性教育。季节性施工主要是指夏季与冬期施工。

①夏期施工安全教育。夏期高温、炎热、多雷雨，是触电、雷击、坍塌等事故的高发期。闷热的气候容易造成中暑，高温使得职工夜间休息不好，打乱了人体的“生物钟”，往往容易使人乏力、走神、瞌睡，较易引起伤害事故。因此，夏季施工安全教育的重点是：

a. 用电安全教育，侧重于防触电事故教育。

b. 预防雷击安全教育。

c. 大型施工机械、设施常见事故案例教育。

d. 基础施工阶段的安全防护教育，特别是基坑开挖的安全和支护安全。

e. 劳动保护的宣传教育，合理安排好作息时间，注意劳逸结合，上班避开中午高温时间，“做两头、歇中间”，保证职工有充沛的精力。

②冬期施工安全教育。冬季气候干燥、寒冷，为了施工需要和取暖，使用明火、接触易燃易爆物品的机会增多，容易发生火灾、爆炸和中毒事故；寒冷使人们衣着笨重、反应迟钝、动作不灵敏，也容易发生事故。因此，冬期施工安全教育应从以下几方面进行：

a. 针对冬期施工特点，注重防滑、防坠落的安全意识教育。

b. 防火安全宣传。

c. 安全用电教育，侧重于防电气火灾教育。

d. 冬期施工，人们习惯于关闭门窗、封闭施工区域，在深基坑、地下管道、沉井、涵洞及地下室内作业时，应加强对作业人员的防中毒的自我保护意识教育，教育职工识别一般中毒症状，学会解救中毒人员的安全基本常识。

③节假日加班教育。节假日期间，加班职工容易思想不集中，注意力分散，这是安全生产的不利因素。

a. 重点做好安全思想教育，稳定职工工作情绪，集中精力做好本职工作。

b. 班组长做好班前安全教育，强调互相督促、互相提醒，共同注意安全。

c. 对较易发生事故的薄弱环节，应进行专门的安全教育。

（5）安全教育的形式　开展安全教育应当结合建筑施工生产特点，采取多种形式，有针对性地进行。要考虑到安全教育的对象大部分是文化水平不高的工人，因此教育的形式应

当通俗、易懂。

1）会议形式。如安全知识讲座、座谈会、报告会、先进经验交流会、事故教训现场会、展览会、知识竞赛等。

2）报刊形式。如订阅安全生产方面的书报杂志、企业自编的安全刊物及安全宣传小册子。

3）张挂形式。如安全宣传横幅、标语、标志、图片、黑板报等。

4）音像制品。如录像带、录音带、激光视盘等。

5）固定场所展示形式。如劳动保护教育室、安全生产展览室等。

6）文艺演出形式。

7）现场观摩演示形式。如安全操作方法、消防演习、触电急救方法演示等。

施工现场安全教育视频见“配套资源”。

5.3 重大危险源识别与管理

5.3.1 重大危险源的识别

为了全面贯彻《中华人民共和国安全生产法》，落实“安全第一、预防为主、综合治理”的方针，坚持以人为本的科学发展观，加强项目部安全生产工作的控制能力和事故预防能力，实现项目部安全生产工作从被动防范向源头管理转变，建设项目部应结合实际情况，根据工作需要建立相应重大危险源监督管理工作机构，建立健全重大危险源安全管理规章制度，落实重大危险源安全管理与监控责任制度，明确所属各部门和有关人员对重大危险源日常安全管理与监控职责，制定重大危险源安全管理与监控实施方案。

1. 基本概念

（1）单元　指一个（套）生产装置、设施或场所，或同属一个工厂的且边缘距离小于500m的几个（套）生产装置、设施或场所。

（2）临界量　指对于某种或某类危险物质规定的数量，若单元中的物质数量等于或超过该数量，则该单元定为重大危险源。

（3）危险源　指可能造成人员伤害、疾病、财产损失、作业环境破坏或其他损失的根源或状态。

（4）重大危险源　指长期或临时生产、搬运、使用或储存危险物品，且危险物品的数量等于或超过临界量的单元（包括场所和设施）。

（5）危险源辨识　指识别所有存在的危险源并确定每个危险源特性的过程。

（6）危险源评价　根据危险源辨识的结果，采用科学的方法，评价危险源带来的风险大小，并确定是否在可容许范围的过程。

2. 施工现场重大危险源的识别

（1）施工现场重大危险源的分类　施工所用危险化学品及压力容器是第一类危险源，人的不安全行为，料、机、工艺的不安全状态和不良环境条件为第二类危险源，建筑工地绝大部分危险和有害因素属于第二类危险源。建筑工地重大危险源，按场所的不同，初步可分为施工现场重大危险源与临建设施重大危险源两类。对危险和有害因素的辨识应从人、料、

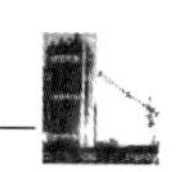

机、工艺、环境等角度入手，动态分析、识别、评价可能存在的危险有害因素的种类和危险程度，从而采取整改措施，加以治理。

（2）施工现场重大危险源的识别方法　项目经理部在项目实施前组建危险源辨识小组，辨识小组由安全、施工、技术、职业卫生等方面的管理和技术人员组成。辨识与评价成员应接受过《职业安全健康管理体系》及危险源辨识、风险评价知识的培训。从范围上讲，危险源的辨识应包括施工现场内受到影响的全部人员、活动和场所。

危险源辨识的方法有系统安全分析法和直接经验法。用系统安全工程的评价方法进行危险源的辨识称为系统安全分析法。施工现场危险源的辨识主要采用直接经验法，通过对照有关标准、规范、检查表，依靠辨识评价人员的经验和观察分析能力，或采用类比的方法，进行危险源的辨识。比如施工现场安全管理人员在安全检查时，根据《建筑施工安全检查标准》（JCJ 59—2011）进行对照评分，扣分的地方往往是施工现场存在危险源的地方，这就是一种直接经验法。

（3）施工现场重大危险源的识别范围

1）与人有关的重大危险源主要是人的不安全行为。“三违”，即违章指挥、违章作业、违反劳动纪律，集中体现在施工现场经验不丰富、素质较低的人员身上。对事故原因统计分析表明，70%以上的事故是由“三违”造成的。

2）存在于分部、分项工程、施工机械运行过程和物料中的重大危险源。

①脚手架、模板和支撑、塔式起重机、物料提升机、施工电梯安装与运行，人工挖孔桩、基坑施工等局部结构工程失稳，造成机械设备倾覆、结构坍塌、人员伤亡等事故。

②施工高层建筑或高度大于2m的作业面（包括高处作业、“四口”“五临边”在建筑工程的预留洞口、电梯井口、通道口、楼梯口、楼面临边、屋面临边、阳台临边、升降口临边、基坑临边作业），因安全防护不到位或安全兜网内积存建筑垃圾、人员未配系安全带等原因，造成人员踏空、滑倒等，导致高处坠落摔伤或坠落物体打击下方人员等事故。

③进行焊接、金属切割、冲击钻孔、凿岩等施工时，由于临时电漏电遇地下室积水，及各种施工电器设备的安全保护（如漏电保护、绝缘保护、接地保护、一机一闸）不符合要求，造成人员触电、局部火灾等事故。

④在工程材料、构件及设备的堆放与频繁吊运、搬运等过程中，因各种原因发生堆放散落、高空坠落、吊物撞击人员等事故。

3）存在于施工自然环境中的重大危险源。

①在进行人工挖孔桩、隧道掘进、地下市政工程接口、室内装修、挖掘机作业时，因损坏地下燃气管道等，且通风、排气不畅，造成人员窒息或中毒事故，如图5-1所示。

图5-1　重大危险源——人工挖孔桩

②在进行深基坑、隧道、地铁、竖井、大型管沟的施工时，因为支护、支撑等设施失稳、坍塌，不但造成施工场所破坏、人员伤亡，还会引起地面、周边建筑设施的倾斜、塌陷、坍塌、爆炸与火灾等事故。基坑开挖、人工挖孔桩等施工

降水，造成周围建筑物因地基不均匀沉降而倾斜、开裂、倒塌等事故，如图5-2所示。

③海上施工作业由于受自然气象条件如台风、汛、雷电、风暴潮等侵袭，发生翻船等人亡、群死群伤的事故。

图5-2　重大危险源——深基坑

4）临建设施重大危险源。

①厨房与临建宿舍安全间距不符合要求，施工用易燃易爆危险化学品临时存放或使用不符合要求、防护不到位，造成火灾或人员窒息、中毒事故；工地饮食因卫生不符合标准，造成集体中毒或疾病。

②临时简易帐篷搭设不符合安全间距要求，发生火灾事故。

③电线私拉乱接，或直接与金属结构或钢管接触，发生触电及火灾等事故。

④临建设施撤除时房顶发生整体坍塌，作业人员踏空等造成伤亡事故。

5.3.2　重大危险源的管理

按照重大危险源的种类和能量在意外状态下可能发生事故的最严重后果，可将重大危险源分为以下四级：

一级重大危险源：可能造成30人（含30人）以上死亡；

二级重大危险源：可能造成10~29人死亡；

三级重大危险源：可能造成3~9人死亡；

四级重大危险源：可能造成1~2人死亡。

项目部及所属各单位的决策机构或主要负责人应当保证重大危险源安全管理与监控所需资金的投入。项目部应对从业人员进行安全教育和技术培训，使其全面掌握本岗位的安全操作技能和在紧急情况下应当采取的应急措施。项目部应将重大危险源可能发生事故的应急措施，特别是避险方法书面告知相关单位和人员。项目部在重大危险源现场应设置明显的安全警示标志，并加强对重大危险源的监控和对有关设备、设施的安全管理。

1. 施工现场重大危险源的控制

对于重大危险源，必须明确须达到的目标，确定完成时间，由责任部门制定专项安全施工方案，通过资金保证，明确相关人员的职责，来落实安全技术措施。施工单位安全生产监督部门应对专项施工方案及其控制执行情况进行检查。

（1）编制专项安全施工方案原则

1）应符合法律、法规、标准、规范和相关方的其他要求。

2）要进行充分评审，广泛听取意见，方案应附安全验算结果，经施工单位技术负责人、总监理工程师签字后实施。

3）符合《危险性较大工程安全专项施工方案编制及专家论证审查办法》规定条款的，必须经专家论证。

4）随着认识的提高、施工进度的发展，重大危险源会发生变化，专项施工方案应随之不断更新或补充。

（2）重大危险源的控制措施

1）消除风险。若可能，则应完全消除危险源，如淘汰钢管搭制的井架等。

2）降低风险。采取技术和管理措施，努力降低安全风险，如基坑支护及降水工程作业时，按要求做好临边防护及隔离措施，定期对支护、边坡变形进行监测等。重大危险源的控制程序如图5-3所示。

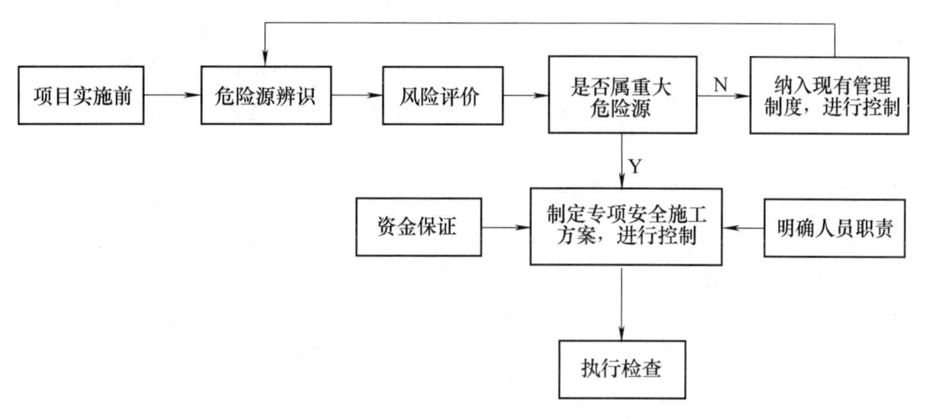

图5-3　重大危险源的控制程序

3）个体防护。使用个人防护用品，如在模板支撑、拆除时，操作人员穿戴好安全带、安全帽、工作鞋等。

2. 施工现场重大危险源整治措施

1）建立建筑工地重大危险源的公示和跟踪整改制度。加强现场巡视，对可能影响安全生产的重大危险源进行辨识，并进行登记，掌握重大危险源的数量和分布状况，经常性地公示重大危险源名录、整改措施及治理情况。重大危险源登记的主要内容应包括：工程名称、危险源类别、地段部位、联系人、联系方式、重大危险源可能造成的危害、施工安全主要措施和应急预案。

2）对人的不安全行为，要严禁“三违”，加强教育，搞好“传、帮、带”工作，加强现场巡视，严格检查、处罚。

3）淘汰落后的技术、工艺，适度提高工程施工安全设防标准，从而提升施工安全技术与管理水平，降低施工安全风险，如过街人行通道、大型地下管沟可采用顶管技术等。

4）制定和实行施工现场大型施工机械安装、运行、拆卸和外架工程安装的检验检测、维护保养、验收制度。

5）对不良自然环境条件中的危险源要制定有针对性的应急预案，并选定适当时机进行演练，做到人人心中有数，遇到情况不慌不乱，从容应对。

6）制定和实施项目施工安全承诺和现场安全管理绩效考评制度，确保安全投入，形成施工安全长效机制；建筑工地工程负责人必须全面承担施工现场的治安、安全责任，并与保卫处签订《治安、安全责任书》；现场工人必须定期接受治安、安全教育，提高安全意识。例如，高空作业必须系好安全带、进入施工现场必须戴好安全帽等。

7）施工材料的存放、保管、使用必须符合防盗、防火要求；易燃易爆物品，应专库储存，分类单独存放；施工现场中各种危险物品、设施设备都必须设置防护和明显的警告标志。

8）施工现场一切消防设施、装置未经批准不得擅自移动、破坏；木工作业完毕必须及时清理现场，彻底消除火灾隐患；施工现场、宿舍等禁止吸烟，吸烟者应在指定的设有防火措施的吸烟室吸烟；施工现场发生火警时应立即采用电话（119）报告火警，并火速报告施工负责人组织义务消防队及现场人员扑救。

9）建筑工地附近的居民应提高自身的安全防护意识。家长要教育小孩不要进入建筑施工工地，市民不要随便进入施工工地，有事要进入施工工地的，应事先与建设单位、施工单位联系，进入施工工地时要戴好安全帽，注意安全警示标记；此外，在建筑施工工地旁行走时要注意安全。

10）聘请专业的律师团队为建设单位或承建单位把关。某种程度上，企业风险也是法律风险。法律风险已不可避免地成为企业成本管理中的头痛问题，有时它甚至会给企业造成毁灭性打击。专业的律师进驻工地，在为建设单位或承建单位各种合同把关的同时，也可提防建筑工地上的安全隐患，制定详细的施工管理制度，将建筑工地上的风险降到最低。

5.4 应急救援与应急救援体系的建立

5.4.1 应急救援的基本任务及特点

应急救援一般是指针对突发、具有破坏力的紧急事件采取预防、预备、响应和恢复的活动与计划。根据紧急事件的不同类型，分为卫生应急、交通应急、消防应急、地震应急、厂矿应急、家庭应急等领域的应急救援。

1. 事故应急救援的基本任务

事故应急救援的总目标是通过有效的应急救援行动，尽可能地降低事故的后果，包括人员伤亡、财产损失和环境破坏等。事故应急救援的基本任务包括以下几个方面：

1）立即组织营救受害人员，组织撤离或者采取其他措施保护危害区域内的其他人员。抢救受害人员是应急救援的首要任务。在应急救援行动中，快速、有序、有效地实施现场急救与安全转送伤员，是降低伤亡率、减少事故损失的关键。由于重大事故发生突然、扩散迅速、涉及范围广、危害大，应及时指导和组织群众采取各种措施进行自身防护，必要时迅速撤离出危险区或可能受到危害的区域。在撤离过程中，应积极组织群众开展自救和互救工作。

2）迅速控制事态，并对事故造成的危害进行检测、监测，测定事故的危害区域、危害性质及危害程度。及时控制住造成事故的危险源是应急救援工作的重要任务。只有及时地控制住危险源，防止事故继续扩展，才能及时有效地进行救援。特别对发生在城市或人口稠密地区的化学事故，应尽快组织工程抢险队与事故单位技术人员及时控制事故继续扩展。

3）消除危害后果，做好现场恢复。针对事故对人体、动物、植物、土壤、空气等造成的现实危害和可能的危害，迅速采取封闭、隔离、洗消、监测等措施，防止对人的继续危害和对环境的污染。及时清理废墟和恢复基本设施，将事故现场恢复至相对稳定的状态。

4）查清事故原因，评估危害程度。事故发生后应及时调查事故的发生原因和事故性

质，评估出事故的危害范围和危害程度，查明人员伤亡情况，做好事故原因调查，并总结救援工作中的经验和教训。

2. 事故应急救援的特点

应急工作涉及技术事故、自然灾害（引发事故）、城市生命线、重大工程、公共活动场所、公共交通、公共卫生和人为突发事件等多个公共安全领域，这些公共安全领域构成一个复杂的系统，该系统具有不确定性、突发性，复杂性和后果、影响易猝变、激化、放大的特点。

（1）不确定性和突发性　不确定性和突发性是各类公共安全事故、灾害与事件的共同特征，大部分事故都是突然爆发的，爆发前基本没有明显征兆，而且一旦发生，发展蔓延迅速，甚至失控。因此，必须在极短的时间内在事故的第一现场做出有效反应，在事故产生重大灾难后果之前采取各种有效的防护、救助、疏散和控制事态等措施。

为保证迅速对事故做出有效的初始响应，并及时控制住事态，应急救援工作应坚持“属地化为主”的原则，强调地方的应急准备工作，包括建立昼夜值班制度，确保报警、指挥通信系统始终保持完好状态，明确各部门的职责，确保各种应急救援的装备、技术器材、有关物质随时处于完好可用状态，制定科学有效的突发事件应急预案等措施。

（2）复杂性　应急活动的复杂性主要表现在：事故、灾害或事件影响因素与演变规律的不确定性和不可预见的多变性；众多来自不同部门参与应急救援活动的单位，在信息沟通、行动协调与指挥、授权与职责、通信等方面的有效组织和管理的复杂性；以及应急响应过程中公众的反应、恐慌心理、公众过急等突发行为复杂性等。这些复杂因素给现场应急救援工作带来了严峻的挑战，人们应对应急救援工作中各种复杂的情况做出足够的估计，制定出随时应对各种复杂变化的相应方案。

应急活动的复杂性的另一个重要表现是现场处置措施的复杂性。重大事故的处置措施往往涉及较强的专业技术支持，包括易燃、有毒危险物质，复杂危险工艺以及矿山井下事故处置等，对每一个行动方案、监测以及应急人员等都需要在专业人员的支持下进行决策，因此，针对生产安全事故应急救援的专业化要求，必须高度重视和完善重大事故的专业应急救援力量、专业检测力量和专业应急技术与信息支持等的建设。

（3）后果、影响易猝变、激化和放大　公共安全事故、灾害与事件虽然是小概率事件，但后果一般比较严重，能造成广泛的公众影响，应急处理稍有不慎，就可能改变事故、灾害与事件的性质，使平稳、有序、和平的状态向动荡、混乱和冲突的方面发展，使事故、灾害与事件波及的范围扩展，卷入人群数量增加，人员伤亡与财产损失后果加大，使后果影响猝变、激化和放大，造成失控状态，不但迫使应急响应升级，甚至可导致社会性危机出现，使公众立即陷入巨大的动荡与恐慌之中。因此，重大事故（件）的处置必须坚决果断，而且越早越好，防止事态扩大。

因此，为尽可降低重大事故的后果及影响，减少重大事故导致的损失，应急救援行动必须做到迅速、准确和有效。迅速是指要求建立快速的应急响应机制，能迅速准确地传递事故信息，迅速地调集所需的大规模应急力量和设备、物资等资源，迅速地建立起统一指挥与协调系统，开展救援活动。准确是指要求有相应的应急决策机制，能基于事故的规模、性质、特点、现场环境等信息，正确地预测事故的发展趋势，准确地对应急救援行动和战术进行决策。有效主要是指应急救援行动的有效性，它很大程度取决于应急准备的充分性，包括应急队伍的建设与训练、应急设备（施）、物资的配备与维护、预案的制定与落实以及有效的外部增援机制等。

3. 事故应急管理的过程

尽管重大事故的发生具有突发性和偶然性，但重大事故的应急管理不只限于事故发生后的应急救援行动。应急管理是对重大事故的全过程管理，贯穿于事故发生前、中、后的各个环节，充分体现了“预防为主，常备不懈”的应急思想。应急管理是一个动态的过程，包括预防、准备、响应和恢复四个阶段。尽管在实际情况中这些阶段往往是交叉的，但每个阶段都有自己明确的目标，而且每一阶段又是建立在前一阶段的基础之上，因而预防、准备、响应和恢复相互关联，构成了重大事故应急管理的循环过程。

（1）预防　在应急管理中预防有两层含义：一是事故的预防工作，即通过安全管理和安全技术等手段，尽可能地防止事故的发生，实现本质安全；二是在假定事故必然发生的前提下，通过预先采取的预防措施，降低或减缓事故的影响或后果的严重程度，如加大建筑物的安全距离、工厂选址的安全规划、减少危险物品的存量、设置防护墙以及开展公众教育等。从长远看，低成本、高效率的预防措施是减少事故损失的关键。

（2）准备　应急准备是应急管理过程中一个极其关键的过程。它是针对可能发生的事故，为迅速有效地开展应急行动而预先所做的各种准备，包括应急体系的建立、有关部门和人员职责的落实、预案的编制、应急队伍的建设、应急设备（施）与物资的准备和维护、预案的演练、与外部应急力量的衔接等，其目标是保持重大事故应急救援所需的应急能力。

（3）响应　应急响应是在事故发生后立即采取的应急与救援行动，包括事故的报警与通报、人员的紧急疏散、急救与医疗、消防和工程抢险、信息收集与应急决策和外部求援等。应急响应目标是尽可能地抢救受害人员，保护可能受威胁的人群，尽可能控制并消除事故。

（4）恢复　恢复工作应在事故发生后立即进行。首先应使事故影响区域恢复到相对安全的基本状态，然后逐步恢复到正常状态。要求立即进行的恢复工作包括事故损失评估、原因调查、清理废墟等。在短期恢复工作中，应注意避免出现新的紧急情况。长期恢复包括厂区重建和受影响区域的重新规划和发展。在长期恢复工作中，应汲取事故和应急救援的经验教训，开展进一步的预防工作和减灾行动。

5.4.2　事故应急救援体系的建立

1. 事故应急救援体系的基本构成

由于潜在的重大事故风险多种多样，所以相应每一类事故灾难的应急救援措施可能千差万别，但其基本应急模式是一致的。构建应急救援体系，应贯彻顶层设计和系统论的思想，以事件为中心，以功能为基础，分析和明确应急救援工作的各项需求，在应急能力评估和应急资源统筹安排的基础上，科学地建立规范化、标准化的应急救援体系，保障各级应急救援体系的统一和协调。

一个完整的应急体系应由组织体制、运作机制、法制基础和应急保障系统四部分构成。

（1）组织体制　应急救援体系组织体制建设中的管理机构是指维持应急日常管理的负责部门；功能部门包括与应急活动有关的各类组织机构，如消防、医疗机构等；应急指挥是在应急预案启动后，负责应急救援活动场外与场内的指挥系统；而救援队伍则由专业人员和

志愿人员组成。

（2）运作机制　应急救援活动一般划分为应急准备、初级反应、扩大应急和应急恢复四个阶段，应急机制与这四阶段的应急活动密切相关。应急运作机制主要由统一指挥、分级响应、属地为主和公众动员这四个基本机制组成。

1）统一指挥是应急活动的最基本原则。应急指挥一般可分为集中指挥与现场指挥，或场外指挥与场内指挥等。无论采用哪一种指挥系统，都必须实行统一指挥的模式，无论应急救援活动涉及单位的行政级别高低和隶属关系如何，都必须在应急指挥部的统一组织协调下行动，有令则行，有禁则止，统一号令，步调一致。

2）分级响应是指在初级响应到扩大应急级别的过程中实行的分级响应的机制。扩大或提高应急级别的主要依据是事故灾难的危害程度，影响范围和控制事态能力。影响范围和控制事态能力是应急级别“升级”的最基本条件。扩大应急救援主要是提高指挥级别、扩大应急范围等。

3）属地为主强调“第一反应”的思想和以现场应急、现场指挥为主的原则。

4）公众动员机制是应急机制的基础，也是整个应急体系的基础。

（3）法制基础　法制建设是应急体系的基础和保障，也是开展各项应急活动的依据，与应急有关的法规可分为四个层次：由立法机关通过的法律，由政府颁布的规章，以政府令形式颁布的政府法令、规定等，与应急救援活动直接有关的标准或管理办法等。

（4）应急保障系统　列于应急保障系统第一位的是信息与通信系统，构筑集中管理的信息通信平台是应急体系最重要的基础建设。应急信息通信系统要保证所有预警、报警、警报、报告、指挥等活动的信息交流快速、顺畅、准确，以及信息资源共享；物资与装备不但要保证有足够的资源，而且还要实现快速、及时供应到位；人力资源保障包括专业队伍的加强、志愿人员以及其他有关人员的培训教育；应急财务保障应建立专项应急科目，如应急基金等，以保障应急管理运行和应急反应中各项活动的开支。

2. 事故应急救援体系响应机制

重大事故应急救援体系应根据事故的性质、严重程度、事态发展趋势和控制能力实行分级响应机制，对不同的响应级别，相应地明确事故的通报范围、应急中心的启动程度、应急力量的出动和设备、物资的调集规模、疏散的范围、应急总指挥的职位等。典型的响应级别通常可分为三级；

（1）一级紧急情况　必须利用所有有关部门及一切资源的紧急情况，或者需要各个部门同外部机构联合处理的各种紧急情况，通常要宣布进入紧急状态。在该级别中，做出主要决定的职责通常是紧急事务管理部门。现场指挥部可在现场做出保护生命和财产以及控制事态所必需的各种决定。解决整个紧急事件的决定，应该由紧急事务管理部门负责。

（2）二级紧急情况　需要两个或更多个部门响应的紧急情况。该事故的救援需要有关部门的协作，并且提供人员、设备或其他资源。该级响应需要成立现场指挥部来统一指挥现场的应急救援行动。

（3）三级紧急情况　能被一个部门正常可利用的资源处理的紧急情况。正常可利用的资源指在该部门权力范围内通常可以利用的应急资源，包括人力和物力等。必要时，该部门可以建立一个现场指挥部，所需的后勤支持、人员或其他资源增援由本部门负责解决。

3. 事故应急救援体系响应程序

事故应急救援系统的应急响应程序按过程可分为接警、响应级别确定、应急启动、救援行动、应急恢复和应急结束等几个过程，如图 5-4 所示。

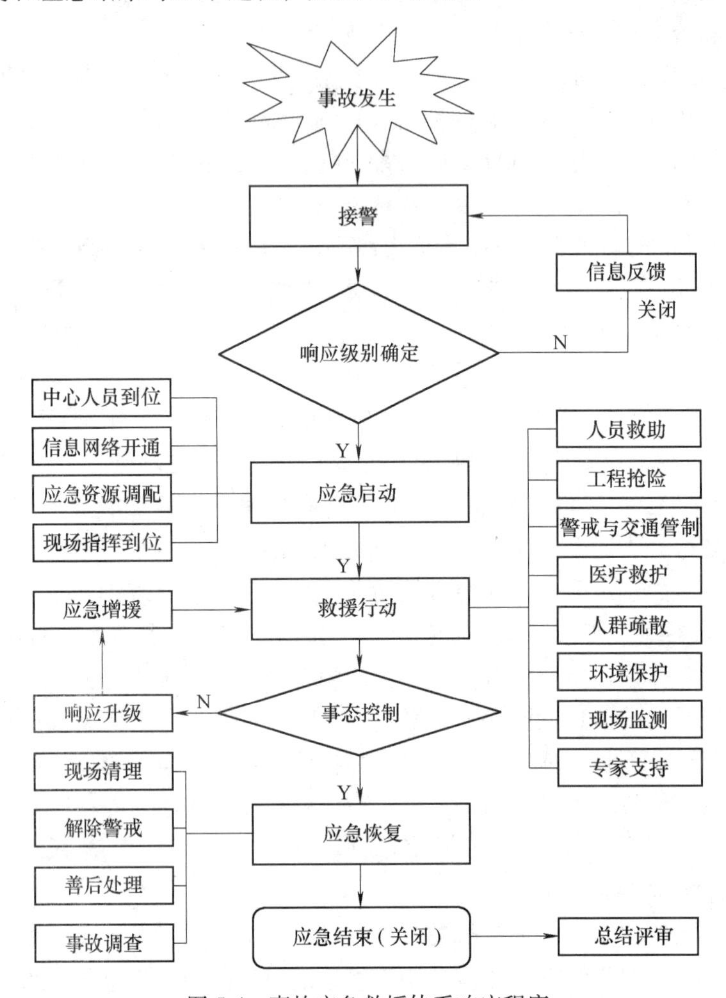

图 5-4　事故应急救援体系响应程序

（1）接警与响应级别确定　接到事故报警后，按照工作程序，对警情做出判断，初步确定相应的响应级别。如果事故不足以启动应急救援体系的最低响应级别，响应关闭。

（2）应急启动　应急响应级别确定后，按所确定的响应级别启动应急程序，如通知应急中心有关人员到位、开通信息与通信网络、通知调配救援所需的应急资源（包括应急队伍和物资、装备等）、成立现场指挥部等。

（3）救援行动　有关应急队伍进入事故现场后，迅速开展事故监测、警戒、疏散、人员救助、工程抢险等有关应急救援工作，专家组为救援决策提供建议和技术支持。当事态超出响应级别无法得到有效控制时，向应急中心请求实施更高级别的应急响应。

（4）应急恢复　救援行动结束后，进入临时应急恢复阶段。该阶段主要包括现场清理、人员清点和撤离、警戒解除、善后处理和事故调查等。

（5）应急结束　执行应急关闭程序，由事故总指挥宣布应急结束。

4. 现场指挥系统的组织结构

重大事故的现场情况往往十分复杂，且汇集了各方面的应急力量与大量的资源，应急救援行动的组织、指挥和管理成为重大事故应急工作面临的一个严峻挑战。应急过程中存在的主要问题有：①太多的人员向事故指挥官汇报；②应急响应的组织结构各异，机构间缺乏协调机制，且术语不同；③缺乏可靠的事故相关信息和决策机制，应急救援的整体目标不清或不明确；④通信不兼容或不畅；⑤授权不清或机构对自身的任务、目标不清。

对事故势态的管理方式决定了整个应急行动的效率。为保证现场应急救援工作的有效实施，必须对事故现场的所有应急救援工作实施统一的指挥和管理，即建立事故指挥系统（ICS），形成清晰的指挥链，以便及时地获取事故信息，分析和评估势态，确定救援的优先目标，决定如何实施快速、有效的救援行动和保护生命的安全措施，指挥和协调各方应急力量的行动，高效地利用可获取的资源，确保应急决策的正确性和应急行动的整体性和有效性。

现场应急指挥系统的结构应当在紧急事件发生前就已建立，预先对指挥结构达成一致意见，这将有助于应急各方明确各自的职责，并在应急救援过程中更好地履行职责。现场指挥系统模块化的结构由指挥、行动、策划、后勤以及行政五个核心应急响应职能组成。

（1）事故指挥官　事故指挥官负责现场应急响应所有方面的工作，包括确定事故目标及实现目标的策略，批准实施书面或口头的事故行动计划，高效地调配现场资源，落实保障人员安全与健康的措施，管理现场所有的应急行动。事故指挥官可将应急过程中的安全问题、信息收集与发布以及与应急各方的通信联络分别指定相应的负责人，如信息负责人、联络负责人和安全负责人，各负责人直接向事故指挥官汇报。其中，信息负责人负责及时收集、掌握准确完整的事故信息，包括事故原因、大小，当前的形势，使用的资源和其他综合事务，并向新闻媒体、应急人员及其他相关机构和组织发布事故的有关信息；联络负责人负责与有关支持和协作机构联络，包括到达现场的上级领导、地方政府领导等；安全负责人负责对可能遭受的危险或不安全情况提供及时、完善、详细、准确的危险预测和评估，制定并向事故指挥官建议确保人员安全和健康的措施，从安全方面审查事故行动计划，制订现场安全计划等。

（2）行动部　行动部负责所有主要的应急行动，包括消防与抢险、人员搜救、医疗救治、疏散与安置等。所有的战术行动都依据事故行动计划来完成。

（3）策划部　策划部负责收集、评价、分析及发布事故相关的战术信息，准备和起草事故行动计划，并将有关的信息进行归档。

（4）后勤部　后勤部负责为事故的应急响应提供设备、设施、物资、人员、运输、服务等。

（5）行政部　行政部负责跟踪事故的所有费用并进行评估，承担其他职能未涉及的管理职责。

事故现场指挥系统的模块化结构的最大优点是：允许根据现场的行动规模，灵活启用指挥系统相应的部分，因为很多的事故可能并不需要启动策划、后勤或资金/行政模块。需要注意的是，对没有启用的模块，其相应的职能由现场指挥官承担，除非明确指定给某一负责人。当事故规模进一步扩大，响应行动需要跨部门、跨地区或上级救援机构加入时，则可能需要开展联合指挥，即由各有关主要部门代表成立联合指挥部，该模块化的现场系统则可以

很方便地扩展为联合指挥系统。

建设工程质量安全事故应急救援预案管理办法见“配套资源”。

小　　结

本章主要介绍了安全管理基本概念、安全生产特点与基本要求、重大危险源、应急救援的概念，重点阐述了各责任主体的安全责任、重大危险源的识别与管理、应急救援体系的建立。在学习中应着重把握施工现场安全生产基本要求、重点危险源识别范围以及应急救援的培训与演练内容。

习　　题

1. 施工单位的安全责任有哪些？
2. 总包及分包单位的安全责任有哪些？
3. 什么是重大危险源？
4. 什么是“三类”人员？什么是“三级”教育？什么是“三违”？
5. 重大危险源的控制措施有哪些？
6. 事故应急救援的特点有哪些？
7. 综合案例

背景：2017 年 3 月 12 日，某市海月花园三期阳台栏杆工程进行验收，发现部分需要修补的问题。3 月 15 日，施工单位安排作业人员对栏杆验收中发现的个别问题进行缺陷修补。约 9 时 50 分，杂工李某翻过 18 层的花坛内侧栏杆，站到 18 层花坛外侧约 30 厘米宽、没有任何防护的飘板上向下溜放电焊机电缆，不慎从飘板上坠落至一层地面，坠落高度约 54 米，经抢救无效死亡。

问题：（1）此次事故的直接和间接原因是什么？

（2）此次事故的教训是什么？

第6章　建设工程职业健康安全与环境管理

教学目标

了解建设工程职业健康安全的目的和任务，理解建设工程职业健康安全与环境管理的概念与特点，了解建筑业职业病种类的特点及辨识方法，掌握建设工程职业健康安全、环境管理体系的认证，了解建设工程绿色施工的相关规范。

教学内容

建设工程职业健康安全的目的和任务，建设工程职业健康安全与环境管理的概念与特点，建筑业职业病种类的特点及辨识方法，建设工程职业健康安全、环境管理体系的运行模式及认证，建设工程绿色施工。

6.1　概　述

职业健康安全是国际上通用的词语，通常是指影响作业场所内的员工、临时工作人员、合同工作人员、合同方人员、访问者和其他人员健康安全的条件和因素。

6.1.1　建设工程职业健康安全的目的和任务

职业健康安全管理目的是在生产生活中，通过职业健康安全生产的管理活动，对影响生产的具体因素进行状态控制，使生产因素中的不安全行为和状态尽可能地减少或消除，且不引发事故，以保证生产活动中人员的健康和安全。对于建设工程项目，职业健康安全管理的目的是防止和尽可能地减少生产安全事故，保护产品生产者的健康与安全，保障人民群众的生命和财产免受损失，控制影响或可能影响工作场所内的员工和其他工作人员（包括临时工和承包方员工）、访问者或任何其他人员的健康安全的条件和因素，避免因管理不当对在组织控制下工作的人员的健康和安全造成危害。

职业健康安全与环境管理的任务是组织（企业）为达到建设工程的职业健康安全与环境管理的目的而进行的组织、计划、控制、领导和协调的活动，包括制定、实施、实现、评审和保持职业健康安全与环境方针所需的组织结构、计划活动、职责、惯例、程序、过程和资源。

6.1.2　建设工程职业健康安全与环境管理的概念与特点

1. 建设工程职业健康安全与环境管理的概念

根据《职业健康安全管理体系要求》（GB/T 28001—2011）和《环境管理体系要求及使用指南》（GB/T 24001—2016），职业健康安全管理和环境管理是组织管理体系的一部分，其中，管理的主体是组织，管理的对象是一个组织的活动、产品或服务中能与职业健康安全发生相互作用的不健康、不安全条件和因素及能与环境发生相互作用的要素。

2. 建设工程职业健康安全与环境管理的特点

依据建设工程产品的特性，建设工程职业健康安全与环境管理有以下特点：

（1）复杂性　建设项目的职业健康安全和环境管理涉及大量的露天作业，受到气候条件、工程地质和水文地质条件、地理条件和地域资源条件等不可控因素的影响较大。

（2）多变性　一方面，项目建设现场材料、设备和工具的流动性大；另一方面，由于技术进步，项目不断引入新材料、新设备和新工艺，加大了相应的管理难度。

（3）协调性　项目建设涉及的工种甚多，包括高空作业、地下作业、用电作业、爆破作业、施工机械、起重作业等较危险的工程，并且各工种经常需要交叉或平行作业。

（4）持续性　项目建设一般具有建设周期长的特点，从设计、实施直至投产阶段，诸多工序环环相扣。前一道工序的隐患，可能在后续的工序中暴露，酿成安全事故。

（5）经济性　产品的时代性、社会性与多样性决定环境管理的经济性。

（6）多样性　产品的时代性和社会性决定环境管理的多样性。

6.1.3　建筑业职业病简介

1. 常见职业病的分类

按照2017年11月5日施行的最新修改的《中华人民共和国职业病防治法》的规定，职业病是指企业、事业单位和个体经济组织的劳动者在职业活动中，因接触粉尘、放射性物质和其他有毒、有害物质等因素而引起的疾病。它包括十大类，分别是：

1）职业性尘肺病及呼吸疾病。有矽肺、煤工尘肺等。

2）职业性皮肤病。有接触性皮炎、光敏性皮炎等。

3）职业性眼病。有化学性眼部烧伤、电光性眼炎等。

4）职业性耳鼻喉口腔疾病。有噪声聋、铬鼻病。

5）职业性化学中毒。有铅及其化合物中毒、汞及其化合物中毒等。

6）物理因素所致职业病。有中暑、减压病等。

7）职业性放射性疾病。

8）职业性传染病。有炭疽、森林脑炎等。

9）职业性肿瘤。有石棉所致肺癌、间皮癌，联苯胺所致膀胱癌等。

10）其他职业病。有化学灼伤、金属烟热等。

职业病的分类和目录由国务院卫生行政部门会同国务院安全生产监督管理部门、劳动保障行政部门制定、调整并公布。对职业病的诊断，应由省级以上人民政府卫生行政部门批准的医疗卫生机构承担。

2. 建筑行业职业病危害因素

建筑行业职业病危害因素来源复杂、种类繁多，较为常见的职业病危害因素包括：粉尘（矽尘、水泥尘、电焊尘、石棉尘等）、噪声（机械性噪声、空气动力性噪声）、高温、振动、紫外线、电离辐射、高气压与低气压、化学毒物等。其中化学毒物包括：爆破作业产生的氮氧化物和一氧化碳；油漆、涂料作业产生的苯、甲苯、二甲苯以及铅、汞等重金属毒物；防腐作业产生的沥青烟；建筑物防水工程作业产生的沥青烟、煤焦油、甲苯等有机溶剂，以及石棉、聚氯乙烯、环氧树脂、聚苯乙烯等化学品；路面敷设沥青作业产生的沥青烟

等；地下储罐等地下工作场所产生的硫化氢、甲烷、二氧化碳和缺氧状态下产生的一氧化碳；电焊作业产生的锰、镁、镍、铁等金属化合物、氮氧化物、一氧化碳等。受施工现场和条件的限制，往往难以采取有效的工程控制技术措施。职业病危害防护难度较大。

3. 建筑行业职业病危害因素辨识

建筑行业职业病危害因素的辨识应从施工前辨识和施工过程辨识两个方面进行：

（1）施工前辨识　施工企业应在施工前进行施工现场卫生状况调查，明确施工现场是否存在排污管道、历史化学废弃物填埋、垃圾填埋和放射性物质污染等情况。项目经理部在施工前根据施工工艺、现场的自然条件对不同施工阶段存在的职业病危害因素进行识别，列出职业病危害因素清单。识别范围必须覆盖施工过程中的所有活动，包括常规和非常规（如冬雨期施工和临时性作业、紧急状况、事故状况）活动、所有进入施工现场人员，以及所有物料、设备和设施（包括自有的、租赁的、借用的）可能产生的职业病危害因素。具体应从以下几个方面辨识：

1）工作环境：包括周围环境、工程地质、地形、自然灾害、气象条件、资源交通、抢险救灾等。

2）平面布局：功能分区（生产、管理、辅助生产、生活区）；高温、有害物质、噪声、辐射；建筑物布置、构筑物布置；风向、卫生防护距离等。

3）运输线路：施工便道、各施工作业区、作业面、作业点的贯通道路以及与外界联系的交通路线等。

4）土方工程、混凝土浇筑工程、钢筋加工工程、屋面防水工程、装饰装修工程等施工工序和建筑材料特性（毒性、腐蚀性、燃爆性）。

5）施工机具、设备、关键部位的备用设备。

（2）施工过程辨识

1）项目经理部应委托有资质的职业卫生技术服务机构根据职业病危害因素的种类、浓度或强度、接触人数、接触时间和发生职业病的危险程度，对不同施工阶段、不同岗位的职业病危害因素进行识别、检测和评价，确定防控的重点。

2）当施工设备、材料、工艺或操作规程发生改变，并可能引起职业病危害因素的种类、性质、浓度或强度发生变化时，项目经理部应重新组织职业病危害因素的识别、检测和评价。

4. 建筑行业职业病危害因素的防控措施

建筑行业职业病危害因素的防控措施分为三级防控措施：一级防控措施包括建设项目的职业危害“三同时”审查、工程技术防控措施、对施工作业人员的宣传教育培训、岗前体检和个体防护、管理部门的监督检查等；二级防控措施包括岗中、离岗职业健康体检，发现职业禁忌症要及时调离岗位，做到早期发现早期治疗；三级防控措施包括发现职业病患者后及时进行治疗，减少伤残和死亡。显然，安监部门主要是做好一级防控措施，具体防控措施有：

1）在国家现行法律、法规的框架下，建立和完善建筑行业职业病危害防治的地方规章制度体系，出台配套的实施细则，明确有关部门的职业病防治责任。

2）加强和完善建筑行业职业健康监督机构建设。目前，县区、乡镇两级安监力量普遍比较薄弱，人员配备不足且缺少经费，无法适应建筑职业健康监管工作的要求。要逐步配齐、配强专业技术人才，配备必要的职业危害检测检验设备和职业安全监管装备。

3）落实建筑企业的职业病防治主体责任。督促企业建立健全职业病防治的有关规章制度，定期为施工人员开展职业健康体检，建立职业健康监护档案，并为施工人员配备符合国家职业卫生标准要求的个人劳动防护用品等。

4）参照《职业病危害项目申报办法》（国家安监总局令第48号），尽快建立健全建筑行业的职业病危害申报制度，注意要按照施工项目部而不是笼统地以施工企业为单位申报，摸清各种职业危害因素分布情况，建立基础数据库，并通过督促施工企业进行职业病危害申报，提高其职业卫生安全防护意识。

5）施工项目部要根据施工现场的职业病危害特点，选择不产生或少产生职业病危害的建筑材料、施工设备和施工工艺；配备有效的职业病危害防护设施，并进行经常性的维护、检修，确保其处于正常工作状态。对可能产生急性职业健康损害的施工现场应设置检测报警装置、警示标志、紧急撤离通道和泄险区域等。

6）施工项目部建立应急救援机构和组织，并根据不同施工阶段可能发生的各种职业病危害事故制定相应的应急救援预案，定期组织演练，及时修订。

7）制定和实施对施工项目职业健康管理绩效考评制度。督促企业建立和完善职业病防治长效机制。

当前，职业安全健康已经成为全社会共同关注的问题，而建筑行业的职业病危害形势十分严峻，实际接触职业病危害的人数要远大于职业病报告的人数。建筑施工人员多为农民工，他们流动性大，接触职业病危害的情况十分复杂，其健康影响难以准确估计。为有效控制建筑行业的职业病危害，各级安监部门必须科学、全面、准确的开展职业病危害因素的辨识工作，为下一步职业健康监管工作的开展打下坚实的基础。

6.2 建设工程职业健康安全、环境管理体系认证

6.2.1 职业健康安全与环境管理体系标准

1. 职业健康安全管理体系标准

职业健康安全管理体系是企业总体管理体系的一部分，作为我国推荐性职业健康安全管理体系标准，目前被企业普遍采用，用以建立职业健康安全管理体系。该标准覆盖了国际上的OHSAS18000体系标准，即：

《职业健康安全管理体系要求》(GB/T 28001—2011)；

《职业健康安全管理体系实施指南》(GB/T 28002—2011)。

2. 环境管理体系标准

随着全球经济的发展，人类赖以生存的环境不断恶化。20世纪80年代，联合国组建了世界环境与发展委员会，提出了“可持续发展”的观点。国际标准化制定的ISO 14000体系标准，被我国等同采用，即《环境管理体系要求及使用指南》（GB/T 24001—2016）。

在《环境管理体系要求及使用指南》（GB/T 24001—2016）中，环境是指组织运行活动的外部存在，包括空气、水、土地、自然资源、植物、动物、人，以及它（他）们之间的相互关系。这个定义是以组织运行活动为主体，外部存在主要是指人类认识到的、直接或间

接影响人类生存的各种自然因素及其相互关系。

3. 职业健康安全与环境管理体系标准的比较

（1）职业健康安全和环境管理体系的相同点

1）管理目标基本一致。上述两个管理体系均为组织管理体系的组成部分，管理目标基本一致。一是分别从职业健康安全和环境方面，改进管理绩效；二是增强顾客和相关方的满意程度；三是减小风险降低成本；四是提高组织的信誉和形象。

2）管理原理基本相同。职业健康安全和环境管理体系标准均强调了预防为主、系统管理和 PDCA 循环原理，都强调了为制定、实施、实现、评审和保持响应的方针所需要的组织活动、策划活动、职责、程序、过程和资源。

3）不规定具体绩效标准。这两个管理体系标准都不规定具体的绩效标准，它们只是组织实现目标的基础、条件和组织保证。

（2）职业健康安全和环境管理体系的不同点

1）需要满足的对象不同。建立职业健康安全管理体系的目的是消除或尽可能地降低可能暴露于与组织活动相关的职业健康安全危险源中的员工和其他相关方所面临的风险，即使员工和相关方对职业健康安全条件满意。建立环境管理体系的目的是针对众多相关方和社会对环境保护的不断需要，即使公众和社会对环境保护满意。

2）管理的侧重点有所不同。职业健康安全管理体系通过对危险源的辨识、评价风险、控制风险、改进职业健康安全绩效，满足员工和相关方的要求。环境管理体系通过对环境产生不利影响的因素的分析，进行环境管理，满足相关法律法规的要求。

6.2.2　职业健康安全管理体系的运行模式

为适应现代职业健康安全管理的需要，《职业健康安全管理体系要求》（GB/T 28001—2011）在确定职业健康安全管理体系模式时，强调按系统理论管理职业健康安全及其相关事务，以达到预防和减少生产事故和劳动疾病的目的。具体实施中采用了戴明模型，即一种动态循环且螺旋上升的系统化管理模式。职业健康安全管理体系的运行模式，如图 6-1 所示。

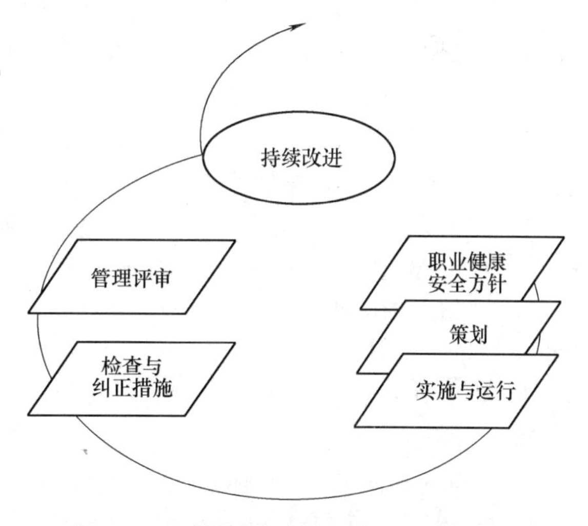

图 6-1　职业健康安全管理体系的运行模式

6.2.3　环境管理体系的运行模式

《环境管理体系要求及使用指南》（GB/T 24001—2016）是环境管理体系系列标准的主要标准，也是在环境管理体系标准中唯一可供认证的管理标准。环境管理体系的运行模式，如图 6-2 所示，该模式为环境管理体系提供了一套系统化的方法，指导其组织合理有效地推行环境管理工作。该模式是由“策划、实施与运行、检查、管理评审和持续改进”构成的动态循环过程，与戴明的 PDCA 循环模式是一致的。

6.2.4 职业健康安全管理体系认证

职业健康安全管理体系认证是认证机构依据规定的标准及程序，对受审核方的职业健康安全管理体系实施审核，确认其符合标准要求而授予证书的活动。认证的对象是用人单位的职业健康安全管理体系。认证的方法是职业健康安全管理体系审核。认证的过程需遵循规定的程序。认证的结果是用人单位取得认证机构的职业健康安全管理体系认证证书和认证标志。

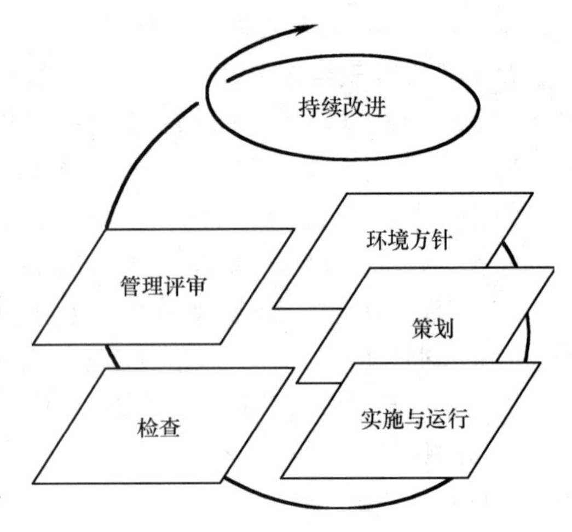

图 6-2 环境管理体系的运行模式

职业健康安全管理体系认证的实施程序包括：认证申请及受理、审核策划及审核准备、审核的实施、纠正措施的跟踪与验证以及审批发证及认证后的监督和复评。

1. 职业健康安全管理体系认证的申请及受理

（1）职业健康安全管理体系认证的申请　符合体系认证基本条件的用人单位如果需要通过认证，则应以书面形式向认证机构提出申请，并向认证机构递交以下材料：

1）申请认证的范围。

2）申请方同意遵守认证要求，提供审核所必要的信息。

3）申请方的简况。

4）申请方安全情况简介，包括近两年中的事故发生情况。

5）申请方职业健康安全管理体系的运行情况。

6）申请方对拟认证体系适用的标准或其他引用文件的说明。

7）申请方职业健康安全管理体系文件。

（2）职业健康安全管理体系认证的受理　认证机构在接到申请认证单位的有效文件后，对其申请进行受理。申请受理的一般条件是：

1）申请方具有法人资格，持有有关登记注册证明，具备二级或委托方法人资格也可。

2）申请方应按职业健康安全管理体系标准建立文件化的职业健康安全管理体系。

3）申请方的职业健康安全管理体系已按文件要求有效运行，并至少已做过一次完整的内审及管理评审。

4）申请方的职业健康安全管理体系有效运行，一般应将全部要素运行一遍并至少有 3 个月的运行记录。

（3）职业健康安全管理体系认证的合同评审　在申请方具备以上条件后，认证机构应就申请方提出的条件和要求进行评审，确保：

1）认证机构的各项要求规定明确，形成文件并得到理解。

2）认证机构与申请方之间在理解上的差异得到充分的理解。

3）针对申请方申请的认证范围、运作场所及某些要求（如申请方使用的语言、申请方认证范围内所涉及的专业等），对本机构的认可业务是否包含申请方的专业领域进行自我评审，若认证机构有能力实施对申请方认证，双方则可签订认证合同。

2. 审核策划及审核准备

职业健康安全管理体系审核策划和审核准备是现场审核前必不可少的重要环节。它包括确定审核范围、指定审核组长并组建审核组、制订审核计划以及编制审核工作文件等工作。

（1）确定审核范围　审核范围是指受审核的职业健康安全管理体系所覆盖的活动、产品和服务的范围。确定审核范围实质上就是明确受审核方做出持续改进及遵守相关法律法规和其他要求的承诺，保证其职业健康安全管理体系实施和正常运行的责任范围。准确地界定和描述审核范围，对认证机构、审核员、受审核方、委托方以及相关方都是非常重要的，从申请的提出和受理、合同评审、确定审核组的成员规模、制订审核计划、实施认证到认证证书的表达均涉及审核范围。

（2）组建审核组　组建审核组是审核策划与准备中的重要工作，也是确保职业健康安全管理体系审核工作质量的关键。认证机构在对申请方的职业健康安全管理体系进行现场审核前，应根据申请方的具体情况，指派审核组长和成员，确定审核组的规模。

（3）制订审核计划　审核计划是指现场审核人员的日程安排以及审核路线的确定（一般应至少提前1周由审核组长通知被审核方，以便其有充分的时间准备和提出异议）。审核计划应经受审核方确认。若受审核方有特殊情况时，审核组可适当加以调整。

职业健康安全管理体系审核一般分为两个阶段，由于这两个阶段审核工作的侧重点不同，需要分别制订审核计划。

（4）编制审核工作文件　职业健康安全管理体系审核是依据审核准则对用人单位的职业健康安全管理体系进行判定和验证的过程。它强调审核的文件化和系统化，即审核过程要以文件的形式加以记录，因此，审核过程中需要用到大量的审核工作文件，实施审核前应认真进行编制，以此作为现场审核的指南。现场审核中需用到的审核工作文件主要包括：审核计划、审核检查表、首末次会议签到表、审核记录、不符合报告、审核报告。

3. 审核的实施

职业健康安全管理体系认证审核通常分为两个阶段，即第一阶段审核和第二阶段现场审核。第一阶段审核又由文件审核和第一阶段现场审核两部分组成。

（1）文件审核　文件审核的目的是了解受审核方的职业健康安全管理体系文件（主要是管理手册和程序文件）是否符合职业健康安全管理体系审核标准的要求，从而确定是否进行现场审核。同时通过文件审查，了解受审核方的职业健康安全管理体系运行情况，以便为现场审核做准备。

（2）第一阶段现场审核　第一阶段现场审核的目的主要有三个方面：一是在文件审核的基础上，通过了解现场情况，充分收集信息，确认体系实施和运行的基本情况和存在的问题，并确定第二阶段现场审核的重点；二是确定进行第二阶段现场审核的可行性和条件，即通过第一阶段审核，审核组提出体系存在的问题，受审核方应按期进行整改，只有在整改完成以后，方可进行第二阶段现场审核；三是现场对用人单位的管理权限、活动领域和限产区域等各个方面加以明确，以便确认前期双方商定的审核范围是否合理。

（3）第二阶段现场审核　职业健康安全管理体系认证审核的主要内容是进行第二阶段现场审核，其主要目的是：证实受审核方实施了其职业健康安全管理方针、目标，并遵守了体系的各项相应程序；证实受审核方的职业健康安全管理体系符合相应审核标准的要求，并能够实现其方针和目标。通过第二阶段现场审核，审核组要对受审核方的职业健康安全管理体系能否通过现场审核做出结论。

4. 纠正措施的跟踪与验证

现场审核的一个重要结果是发现受审核方的职业健康安全管理体系存在的不符合事项。对这些不符合项，受审核方应根据审核方的要求制订纠正措施计划，并在规定时间内实施和完成纠正措施。审核方应对其纠正措施的落实和有效性进行跟踪验证。

5. 证后监督与复评

审核通过后，要给受审单位颁发认证证书和认证标志。随后，定期对取得证书的单位进行监督。证后监督包括监督审核和管理，对监督审核和管理过程中发现的问题应及时处置，并在特殊情况下组织临时性监督审核。获证单位认证证书有效期为3年，有效期届满时，可通过复评，再次获得认证。

（1）监督审核　监督审核是指认证机构对获得认证的单位在证书有效期限内所进行的定期或不定期的审核。其目的是通过对获证单位的职业健康安全管理体系的验证，确保受审核方的职业健康安全管理体系持续地符合职业健康安全管理体系审核标准、体系文件以及法律、法规和其他要求，确保持续有效地实现既定的职业健康安全管理方针和目标，并有效运行，从而确认能否继续持有和使用认证机构颁发的认证证书和认证标志。

（2）复评　获证单位在认证证书有效期届满时，应重新提出认证申请，认证机构受理后，重新对用人单位进行的审核称为复评。

复评的目的是为了证实用人单位的职业健康安全管理体系持续满足职业健康安全管理体系审核标准的要求，且职业健康安全管理体系得到很好的实施和保持。

6. 认证的益处

1）全员参与、意识提高、不断对过程和效果进行评审和改进，不仅提高员工安全卫生方面的技能，也为构建和改善组织的管理行为模式提供依据，使风险在组织中得到控制。

2）通过运行职业健康安全管理体系，建立实施目标、指标及管理方案，并运用三种监控方式，杜绝因违背法律法规要求而发生的事故。

3）职业健康安全管理体系实现PDCA循环是一个不断升华的过程，用目标、指标和管理方案，运行控制等方式控制风险，将组织的风险达到可允许的程度，从而降低组织管理者的管理责任风险。

4）建立职业健康安全管理体系并有效地运行，通过OHSMS 18001认证，为国际贸易打通渠道，为走向国际市场铺平道路，有效地消除非关税贸易壁垒。

6.2.5　环境管理体系认证

环境管理体系认证程序大致分为以下四个阶段：

1. 受理申请方的申请

申请认证的组织首先要综合考虑各认证机构的权威性、信誉和费用等方面的因素，然后选择合适的认证机构，并与其取得联系，提出环境管理体系认证申请。认证机构接到申请方的正式申请书之后，将对申请方的申请文件进行初步的审查，如果符合申请要求，与其签订管理体系审核/注册合同，确定受理其申请。

2. 环境管理体系审核

在整个认证过程中，对申请方环境管理体系的审核是最关键的环节。认证机构正式受理

申请方的申请之后，迅速组成一个审核组，并任命一个审核组长，审核组中至少有一名具有该审核范围专业项目种类的专业审核人员或技术专家，协助审核组进行审核工作。审核工作大致分为三步：

（1）文件审核 对申请方提交的准备文件进行详细的审查，这是实施现场审核的基础工作。申请方需要编写好环境管理体系文件，在审核过程中，审核组若发现申请方的环境管理体系（EMS）手册不符合要求，则应采取有效纠正措施直至符合要求。认证机构对这些文件进行认真审核之后，如果认为合格，就准备进入现场审核阶段。

（2）现场审核 在完成对申请方的文件审核的基础上，审核组长要制定一个审核计划，告知申请方并征求申请方的意见，申请方接到审核计划之后，如果对审核计划的某些条款或安排有不同意见，应立即通知审核组长或认证机构，并在现场审核前解决好这些问题。解决好这些问题之后，审核组正式实施现场审核，主要目的是通过对申请方进行现场实地考察，验证 EMS 手册、程序文件和作业指导书等一系列文件的实际执行情况，从而评价该环境管理体系运行的有效性，判别申请方建立的环境管理体系与 ISO 14001 标准是否相符合。

在实施现场审核的过程中，审核组每天都要进行内部讨论，由审核组长主持，全体审核员参加，对本次审核的结构进行全面的评定，对于现场审核中发现的不符合项需进行确定，写成不符合项报告并确定其严重程度。

（3）跟踪审核 申请方按照审核计划与认证机构商定纠正发现的不符合项的时间，纠正措施完成后递交认证机构。认证机构收到材料后，组织原来的审核组的成员对纠正措施的效果进行跟踪审核。如果审核结果表明申请方报来的材料详细确实，则可以进入注册阶段的工作。

3. 报批并颁发证书

根据注册材料上报清单的要求，审核组长对上报材料进行整理并填写注册推荐表，该表最后上交认证机构进行复审，如果合格，认证机构将编制并发放证书，将该申请方列入获证目录，申请方可以通过各种媒介进行宣传，并可以在产品上加贴注册标识。

4. 监督检查及复审、换证

在证书有效期限内，认证机构对获证企业进行监督检查，以保证该环境管理体系符合 ISO 14001 标准的要求，并能够切实、有效地运行。证书有效期满后，或者企业的认证范围、模式、机构名称等发生重大变化后，该认证机构受理企业的换证申请，以保证企业不断地改进和完善其环境管理体系。

6.3 建设工程绿色施工简介

6.3.1 绿色施工定义

绿色施工是指工程建设中，在保证质量、安全等基本要求的前提下，通过科学管理和技术进步，最大限度地节约资源与减少对环境负面影响的施工活动，实现“四节一环保”（节能、节地、节水、节材和环境保护）的建筑工程施工活动。

《关于印发〈绿色施工导则〉的通知》（建质［2007］223 号）见“配套资源”。

6.3.2 基本规定

《建筑工程绿色施工评价标准》（GB/T 50640—2010）对绿色施工的基本规定：

1）绿色施工评价应以建筑工程项目施工过程为对象，以“四节一环保”为要素进行。

2）推行绿色施工的项目，应建立绿色施工管理体系和管理制度，实施目标管理，施工前应在施工组织设计和施工方案中明确绿色施工的内容和方法。

3）实施绿色施工，建设单位应履行下列职责：

①对绿色施工过程进行指导。

②编制工程概算时，依据绿色施工要求列支绿色施工专项费用。

③参与协调工程参建各方的绿色施工管理。

4）实施绿色施工，监理单位应履行下列职责：

①对绿色施工过程进行督促和检查。

②参与施工组织设计施工方案的评审。

③见证绿色施工过程。

5）实施绿色施工，施工单位应履行下列职责：

①总承包单位对绿色施工过程负总责，专业承包单位对其承包工程范围内的绿色施工负责。

②项目经理为绿色施工第一责任人，负责建立工程项目的绿色管理体系，组织编制施工方案，并组织实施。

③组织进行绿色施工过程的检查和评价。

6）绿色施工应做到：

①根据绿色施工的要求进行图样会审和深化设计。

②施工组织设计及施工方案应有专门的绿色施工章节，绿色施工目标明确，内容应涵盖“四节一环保”要求。

③工程技术交底应包含绿色施工的内容。

④建立健全绿色施工管理体系。

⑤对具体施工工艺技术进行研究，采用新技术、新工艺、新机具、新材料。

⑥建立绿色施工培训制度，并有实施记录。

⑦根据检查情况，制定持续改进措施。

7）发生下列事故之一的，不得评为绿色施工合格项目：

①施工扰民造成严重社会影响。

②工程死亡责任事故。

③损失超过5万元的质量事故，并造成严重影响。

④施工中因“四节一环保”问题被政府管理部门处罚。

⑤传染病、食物中毒等群体事故。

8）绿色施工除应符合《建筑工程绿色施工评价标准》（GB/T 50640—2010）标准外，还应符合现行国家有关标准的规定。

①与建筑工程施工质量相关的验收规范：《建筑工程施工质量验收统一标准》（GB 50300—2013）、《建筑地基基础工程施工质量验收规范》（GB 50202—2018）、《砌体结构工程施工质量验收规范》（GB 50203—2011）、《混凝土结构工程施工质量验收规范》（GB 50204—2015）、《钢结构工程施工质量验收规范》（GB 50205—2001）、《建筑装饰装修工程质量验收标准》（GB 50210—2018）、《屋面工程质量验收规范》（GB 50207—

2012)、《建筑给水排水及采暖工程施工质量验收规范》(GB 50242—2002)、《通风与空调工程施工质量验收规范》(GB 50243—2016)、《建筑电气工程施工质量验收规范》(GB 50303—2015)、《智能建筑工程质量验收规范》(GB 50339—2013)、《电梯工程施工质量验收规范》(GB 50310—2002)。

②与环境保护相关的国家标准:《建筑施工场界环境噪声排放标准》(GB 12523—2011)、《城镇污水处理厂污染物排放标准》(GB 18918—2002)、《建筑材料放射性核素限量》(GB 6566—2010)、《民用建筑工程室内环境污染控制规范》(GB 50325—2010)、《室内装饰装修材料 人造板及其制品中甲醛释放限量》(GB 18580—2017)、《室内装饰装修材料 溶剂型木器涂料中有害物质限量》(GB 18581—2009)、《室内装饰装修材料 内墙涂料中有害物质限量》(GB 18582—2008)、《室内装饰装修材料 胶粘剂中有害物质限量》(GB 18583—2008)、《室内装饰装修材料 木家具中有害物质限量》(GB 18584—2001)、《室内装饰装修材料 壁纸中有害物质限量》(GB 18585—2001)、《室内装饰装修材料 聚氯乙烯卷材地板中有害物质限量》(GB 18586—2001)、《室内装饰装修材料 地毯、地毯衬垫及地毯胶粘剂有害物质释放限量》(GB 18587—2001)、《混凝土外加剂中释放氨的限量》(GB 18588—2001)、《建筑材料放射性核素限量》(GB 6566—2010)。

③与绿色施工有关的文件、标准和规范:《建筑工程绿色施工规范》(GB/T 50905—2014)、《绿色施工导则》(建质［2007］223 号)、《绿色建筑评价标准》(GB/T 50378—2014)、《中国节水技术政策大纲》《中国节能技术政策大纲》。

④其他标准及相关政策、法律和法规。

小　　结

职业健康安全与环境管理作为建设工程项目管理的主要内容之一，是时代的要求。因此，正确理解职业健康安全与环境管理的内涵，明确其基本任务、掌握建设工程职业健康安全与环境管理的特点是管理者的工作内容之一。

职业健康安全管理体系已被广泛关注，包括组织的员工和多元化的相关方（如：地区居民、社会团体、供方、顾客、投资方、签约者、保险公司等）。在组织内部，体系的实施应以组织全员（包括派出的职员、各协作部门的职员）活动为原则，并在一个统一的方针下开展活动，这一方针为职业健康安全工作提供框架和指导作用，同时要向全体相关方公开。标准要求组织建立并保持职业健康安全管理体系，识别危险源并进行风险评价，制定相应的控制对策和程序，以达到法律法规的要求并持续改进。

习　　题

1. 单项选择题

(1) 职业健康安全与环境管理的目的是（　　）。

A. 保护产品生产者和使用者的健康与安全以及保护生态环境

B. 保护能源和资源

C. 控制作业现场各种废弃物的污染与危害

D. 控制影响工作人员以及其他人员的健康安全

(2) 建设工程职业健康安全与环境管理的特点（　　）。

A. 一次性与协调性　　B. 公共性与多样性

C. 复杂性与多样性　　D. 相关性与持续性

(3) 国际标准化组织（ISO）从1993年6月正式成立环境管理技术委员会，其遵照的宗旨是（　　）。

A. 建立一整套环境管理的模式，规范企业和社会团体等所有组织环境表现，使之与经济相适应，提高生态质量，节约能源，促进经济发展

B. 改善生态环境，减少人类各项活动的影响，节约能源

C. 通过制定和实施一套环境管理的国际标准，规范企业和社会团体等所有组织表现

D. 建立环境管理国际标准，使之与经济发展相适应，改善生态环境，节约能源

(4) 环境管理体系的意义不包括（　　）。

A. 保护人类生存和发展的需要

B. 国民经济可持续发展和建立市场经济体制的需要

C. 国内外贸易发展和环境管理现代化的需要

D. 满足人们生活水平提高的需要

(5) 环境管理体系的概念及定义为（　　）。

A. 客观地获得审核证据并予以评价，以判断组织的环境管理体系是否符合规定的审核标准

B. 整个管理体系的一个部分，包括为制定、实施、实现、评审和保持环境方针所需的组织机构、计划活动等

C. 组织依据其环境方针、目标和指标，对其他的环境因素进行控制所得的结果

D. 组织依据其环境方针规定自己所要实现的总体环境目的，若可行应予以量化

(6) 建立职业健康安全与环境的管理体系的步骤（　　）。

A. 领导决策，人员培训，初始状态评审，制订方案，文件编写以及管理体系的策划与设计

B. 领导决策，成立工作组，人员培训，初始状态评审，制订方案，管理体系的策划与设计及文件的编写，文件的审批和发布

C. 成立工作组，人员培训，领导决策，初始状态评审，方案制订及策划设计

D. 人员培训，领导决策，成立工作组，体系文件的编写以及审批发布

(7) 职业健康安全与环境管理体系文件编写应遵循的原则为（　　）。

A. 标准要求的要写到文件里，写到的要做到，做到的要有有效记录

B. 遵循PDCA管理模式并以文件支持管理制度和管理方法

C. 体系文件的编写应遵循系统化、结构化、程序化的管理体系

D. 标准要求的要做到，做到最好有法可依，有章可循

(8) 职业健康安全与环境管理体系文件的特点不正确的是（　　）。

A. 法律性、系统性、证实性　　B. 可操作性、不断完善性

C. 体现方式的多样化、符合性　　D. 完整性、通俗性

2. 多项选择题

(1) 建设工程项目环境管理的目的是（　　）。

A. 保护生态环境，使社会的经济发展与人类的生存环境相协调

B. 控制作业现场的各种粉尘、废水、废气、固体废弃物以及噪声、振动对环境的污染和危害
C. 避免和预防各种不利因素对环境管理造成的影响
D. 考虑能源节约和避免资源的浪费
E. 职业健康安全与环境管理的目的

（2）建设工程职业健康安全与环境管理的特点（　　）。
A. 复杂性、多样性、协调性　　B. 不符合性、时代性
C. 经济性、持续性、多样性　　D. 可靠性、时代性、经济性
E. 连续性、分工性

（3）职业伤害事故分为（　　）。
A. 物体打击、车辆伤害、机械伤害、触电、淹溺
B. 起重伤害、灼烫、火灾、坍塌、火药爆炸
C. 高处坠落、冒顶片帮、透水、放炮、瓦斯爆炸
D. 锅炉爆炸、容器爆炸、其他爆炸，中毒和窒息、其他伤害等
E. 物体打击属刑事伤害

（4）建设工程职业健康安全事故处理原则为（　　）。
A. 事故原因不清楚不放过
B. 事故责任者和员工没有受到教育不放过
C. 事故责任者没有处理不放过
D. 没有制定防范措施不放过
E. 事故主要责任人不开除不放过

（5）建立职业健康安全与环境管理体系分为（　　）。
A. 领导决策，成立工作组
B. 人员培训，初始状态评审
C. 制定方针、目标、指标和管理方案以及策划与设计
D. 体系文件的编写以及文件的审查、审批和发布
E. 参与建立和实施管理体系的有关人员及内审员应接受职业健康安全与环境管理体系标准及相关知识的培训

（6）下列关于职业健康安全和环境管理体系标准的表述正确的有（　　）。
A. 两者的管理目标基本一致　　B. 两者的管理原理有所不同
C. 两者需要满足的对象不同　　D. 两者管理的侧重点有所不同
E. 两者均规定具体绩效标准

（7）下列有关建设工程职业健康安全与环境管理要求的表述正确的有（　　）。
A. 在工程总概算中，应明确工程安全环保设施费用、安全施工和环境保护措施费等
B. 企业的总经理是安全生产的第一负责人
C. 项目经理是施工项目生产的主要负责人
D. 环保行政主管部门应在收到申请环保设施竣工验收之日起60日内完成验收
E. 建设工程实行总承包的，由总承包单位对施工现场的安全生产负总责并自行完成工程主体结构的施工

第7章　建设工程安全生产模块控制要点

教学目标

熟悉安全专项施工方案，掌握脚手架、模板及支架、起重及垂直运输机械设备、临时用电、土方及基坑施工等安全控制要点，了解安全生产技术交底。

教学内容

安全专项施工方案的概念、编制范围及编制内容要求，不同类型脚手架工程安全控制要点，模板及支架安全控制要点，起重及垂直运输机械设备安全控制要点，临时用电安全控制要点，土方及基坑施工安全控制要点，安全生产技术交底的内容及示例。

7.1　安全专项施工方案

对于达到一定规模的危险性较大的分部、分项工程，以及涉及新技术、新工艺、新材料的工程，因其复杂性和危险性，在施工过程中易发生人身伤亡事故，施工单位应当根据各分部、分项工程的特点，有针对性地编制安全专项施工方案。

《危险性较大的分部分项工程安全管理办法》见“配套资源”。

7.1.1　安全专项施工方案的概念

安全专项施工方案是指在建筑施工过程中，施工单位在编制施工组织（总）设计的基础上，对危险性较大的分部、分项工程，依据有关工程建设标准、规范和规程的要求制定具有针对性的安全技术措施文件。

建设、施工、监理等工程建设安全生产责任主体，应按照各自的职责建立健全安全专项施工方案的编制、审查、论证和审批制度，保证方案的针对性、可行性和可靠性按照方案组织施工。

7.1.2　安全专项施工方案的编制范围

1. 基坑支护、降水工程

开挖深度超过3m（含3m）或虽未超过3m但地质条件和周边环境复杂的基坑（槽）支护工程、降水工程。

2. 土方开挖工程

开挖深度超过3m（含3m）的基坑（槽）的土方开挖工程，如图7-1所示。

3. 模板工程及支撑体系

1）各类工具式模板工程：包括大模板、滑模、爬模、飞模等工程。

2）混凝土模板支撑工程：搭设高度5m及以上，搭设跨度10m及以上，施工总荷载

$10kN/m^2$ 及以上，集中线荷载 $15kN/m^2$ 及以上，高度大于支撑水平投影宽度且相对独立、无联系构件的混凝土模板支撑工程。搭设高度超过 5m 的模板支撑工程如图 7-2 所示。

3）重支撑体系：用于钢结构安装等满堂支撑体系。

图 7-1　土方开挖工程（开挖深度超过 3m）

图 7-2　模板支撑工程（搭设高度超过 5m）

4. 起重吊装及安装拆卸工程

1）采用非常规起重设备、方法，且单件起吊重量在 10kN 及以上的起重吊装工程。

2）采用起重机械进行安装的工程。

3）起重机械设备自身的安装、拆卸。

5. 脚手架工程

1）搭设高度 24m 及以上的落地式钢管脚手架工程，如图 7-3 所示。

2）附着式整体脚手架工程和分片提升脚手架工程。

3）悬挑式脚手架工程。

4）吊篮脚手架工程。

5）自制卸料平台、移动操作平台工程。

6）新型及异型脚手架工程。

图 7-3　落地式钢管脚手架工程（高度超过 24m）

6. 拆除、爆破工程

1）建筑物、构筑物拆除工程。

2）采用爆破拆除的工程。

7. 其他

1）建筑幕墙安装工程。

2）钢结构、网架和索膜结构安装工程。

3）人工挖、扩孔桩工程。

4）地下暗挖、顶管及水下作业工程。

5）预应力工程。

6）采用新技术、新工艺、新材料、新设备及尚无相关技术标准的危险性较大的分部、分项工程。

7.1.3 专家论证的安全专项施工方案的范围

1. 深基坑工程

开挖深度超过5m（含5m）或地下室三层以上（含三层），或深度虽未超过5m，但地质条件和周围环境及地下管线极其复杂的工程。

2. 地下暗挖工程

地下暗挖及遇有溶洞、暗河、瓦斯、岩爆、涌泥、断层等地质复杂的隧道工程。

3. 高大模板工程

水平混凝土构件模板支撑系统高度超过8m，或跨度超过18m，施工总荷载大于10kN/m^2，或集中线荷载大于15kN/m的模板支撑系统。

4. 30m及以上高空作业的工程

5. 大江、大河中深水作业的工程

7.1.4 安全专项施工方案的编制

1. 安全专项施工方案编审要求的一般规定

1）施工单位应当在危险性较大的分部、分项工程施工前编制安全专项施工方案；对于超过一定规模的危险性较大的分部、分项工程，施工单位应当组织专家对安全专项施工方案进行论证。

2）建筑工程实行施工总承包的，安全专项施工方案应当由施工总承包单位组织编制。其中，起重机械安装拆卸工程、深基坑工程、附着式升降脚手架等专业工程实行分包的，其安全专项施工方案可由专业承包单位组织编制。

3）施工单位应当根据国家现行相关标准规范，由项目技术负责人组织相关专业技术人员结合工程实际编制安全专项施工方案。

4）安全专项施工方案应当由施工单位技术部门组织本单位施工技术、安全、质量部门的专业技术人员进行审核。经审核合格的，由施工单位技术负责人签字。实行施工总承包的，安全专项施工方案应当由总承包单位技术负责人及相关专业承包单位技术负责人签字。经审核合格后报监理单位，由项目总监理工程师审查、签字。

5）超过一定规模的危险性较大的分部、分项工程安全专项施工方案，应当由施工单位组织专家组对已编制的安全专项施工方案进行论证审查。

专家组成员应由五名及以上符合相关专业要求的专家组成。

专家组应当对论证的内容提出明确的意见，形成论证报告，并在论证报告上签字。论证审查报告作为安全专项施工方案的附件。

6）施工单位应根据论证报告修改完善安全专项施工方案，报专家组组长认可后，经施工单位技术负责人、项目总监理工程师、建设单位项目负责人签字后，方可组织实施。施工单位应当严格按照安全专项施工方案组织施工，不得擅自修改、调整安全专项施工方案。

7）若因设计、结构、外部环境等因素发生变化确需修改的，修改后的安全专项施工方案应当重新履行审核批准手续。对于超过一定规模的危险性较大工程的安全专项施工方案，

施工单位应当重新组织专家进行论证。

8）对于按规定需要验收的危险性较大的分部、分项工程，施工单位、监理单位应当组织有关人员进行验收。验收合格的，经施工单位项目技术负责人及项目总监理工程师签字后，方可进入下一道工序。

9）各安全专项施工方案由项目部收集成册，作为资料附件。

2. 安全专项施工方案编制基本内容

1）工程概况：危险性较大的分部、分项工程概况、施工平面布置、施工要求和技术保证条件。

2）编制依据：相关法律、法规、规范性文件、标准、规范及图样（国标图集）、施工组织设计等。

3）施工计划：包括施工进度计划、材料与设备计划。

4）施工工艺技术：技术参数、工艺流程、施工方法、检查验收等。

5）施工安全保证措施：组织保障、技术措施、应急预案、监测监控等。

6）劳动力计划：专职安全生产管理人员、特种作业人员等。

7）计算书及相关图样。

7.2 脚手架工程安全控制要点

脚手架是指施工现场为工人操作并解决垂直运输和水平运输而搭设的各种支架。它在建筑工地上用在外墙、内部装修或层高较高无法直接施工的地方，主要为了施工人员上下干活或外围安全网围护及高空安装构件等。脚手架的制作材料通常有：竹、木、钢管或合成材料等。有些工程也将脚手架当模板使用，此外在广告业、市政、交通路桥、矿山等部门也广泛使用脚手架。

7.2.1 脚手架工程的安全技术与要求

1. 脚手架杆件

脚手架钢管应采用现行国家标准《直缝电焊钢管》（GB/T 13793—2016）或《低压流体输送用焊接钢管》（GB/T 3091—2015）中规定的 Q235 普通钢管，钢管的钢材质量应符合现行国家标准《碳素结构钢》（GB/T 700—2006）中 Q235 级钢的规定。钢管宜采用 ϕ48. 3×3. 5 钢管。每根钢管的最大质量不应大于 25. 8kg。

同一脚手架中，不得混用两种材质，也不得将两种规格钢管用于同一脚手架中。

2. 脚手架绑扎材料

1）镀锌钢丝或回火钢丝严禁有锈蚀和损伤，且严禁重复使用。

2）竹篾严禁发霉、虫蛀、断腰、有大节疤和折痕，使用其他绑扎材料时，应符合其他规定。

3）扣件应与钢管管径相配合，并符合国家现行标准的规定。

3. 脚手架上脚手板

1）木脚手板厚度不得小于 50mm，板宽宜为 200~300mm，两端应用镀锌钢丝扎紧。材质为不低于国家Ⅱ等标准的杉木和松木，且不得使用腐朽、劈裂的木板。

2）竹串片脚手板应使用宽度不小于50mm的竹片，拼接螺栓间距不得大于600mm，螺栓孔径与螺栓应紧密配合。

3）各种形式金属脚手板，单块重量不宜超过30kg，性能应符合设计使用要求，表面应有防滑构造。

4. 脚手架搭设高度

钢管脚手架中扣件式单排架搭接高度不宜超过24m，扣件式双排架搭接高度不宜超过50m。门式架搭接高度不宜超过60m，木脚手架中单排架搭接高度不宜超过20m，双排架搭接高度不宜超过30m。竹脚手架中不得搭设单排架，双排架搭接高度不宜超过35m。

5. 脚手架的构造要求

1）单双排脚手架的立杆纵距及水平杆步距不应大于2.1m，立杆横距不应大于1.6m。应按规定的间隔采用连墙件（或连墙杆）与主体结构连接，且在脚手架使用期间不得拆除。应沿脚手架外侧设剪刀撑，并与脚手架同步搭设和拆除。当双排扣件式钢管脚手架的搭设高度超过24m时，应设置横向斜撑。

2）门式钢管脚手架的顶层门架上部、连墙体设置层、防护棚设置处均必须设置水平架。

3）竹脚手架应设置顶撑杆，并与立杆绑扎在一起，顶紧横向水平杆。

4）脚手架高度超过40m且有风涡流作用时，应设置抗风涡流上翻作用的连墙措施。

5）脚手板必须按脚手架宽度铺满、铺稳，脚手架与墙面的间隙不应大于200mm，作业层脚手架手板的下方必须设置防护层。作业层外侧，应按规定设置防护栏和挡脚板。

6）脚手架应按规定采用密目式安全网封闭。

7.2.2 脚手架工程安全生产的一般要求

1）搭设脚手架前，必须根据工程的特点按照规范、规定的要求，确定施工方案和搭设的安全技术措施。

2）脚手架搭设或拆除人员必须由符合《特种作业人员安全技术培训考核管理规定》要求，经考核合格，领取《特种作业人员操作证》的专业架子工担任。

3）操作人员应持证上岗。操作时必须佩戴安全帽、安全带，穿防滑鞋。

4）脚手架搭设的交底与验收要求。

①脚手架搭设前，工地施工员或安全员应根据施工方案要求以及外脚手架检查评分表检查项目及其扣分标准，并结合《建筑安装工人安全技术操作规程》相关的要求，写成书面交底资料，向持证上岗的架子工进行交底。

②脚手架通常是在主体工程基本完工时才搭设完毕，即分段搭设、分段使用。脚手架分段搭设完毕，必须经施工负责人组织有关人员，按照施工方案及规范的要求进行检查验收。

③若经验收合格，应办理验收手续，填写《脚手架底层搭设验收表》《脚手架中段验收表》《脚手架顶层验收表》，有关人员签字后，方准使用。

④若经验收不合格，应立即进行整改。对检查结果及整改情况，应按实测数据进行记录，并由检测人员签字。

5）脚手架与高压线路的水平距离和垂直距离必须按照施工现场对外电线路的安全距离及防护的要求执行。

6）遇有大雾及雨、雪天气和6级以上大风时，不得进行脚手架上的高处作业。雨、雪天后作业，必须采取安全防滑措施。

7）进行脚手架搭设作业时，应按形成基本构架单元的要求逐排、逐跨和逐步地进行搭设，矩形周边脚手架宜从其中的一个角部开始向两个方向延伸搭设，确保已搭部分稳定。

8）门式脚手架以及其他纵向竖立面刚度较差的脚手架，在连墙点设置层宜加设纵向水平长横杆与连接件连接。

9）进行搭设作业时，应按以下要求做好自我保护和保护好作业现场人员的安全。

①在架上作业的人员应穿防滑鞋和佩挂好安全带。为保证作业的安全，脚下应敷设必要数量的脚手板，并应敷设平稳，且不得有探头板。当暂时无法敷设落脚板时，用于落脚或抓握、把（夹）持的杆件均应为稳定的构架部分，着力点与构架节点的水平距离应不大于0.8m，垂直距离应不大于1.5m。位于立杆接头之上的自由立杆（尚未与水平杆连接者）不得用作把持杆。

②架上作业人员应做好分工和配合，传递杆件应掌握好重心，平稳传递。不要用力过猛，以免引起人身或杆件失衡。每完成一道工序，要相互询问并确认后才能进行下一道工序。

③作业人员应佩戴工具袋，工具用后装于袋中，不要放在架子上，以免掉落伤人。

④架设材料要随上随用，以免放置不当时掉落。

⑤每次收工前，所有上架材料应全部搭设，不要存留在架子上，而且一定要形成稳定的构架，不能形成稳定构架的部分应采取临时撑拉措施予以加固。

⑥在进行搭设作业时，地面上的配合人员应避开可能落物的区域。

10）架上作业时的安全注意事项。

①作业前应注意检查作业环境是否可靠，安全防护设施是否齐全有效，确认无误后方可作业。

②作业时应注意随时清理落在架面上的材料，保持架面上规整、清洁，不要乱放材料、工具，以免影响作业的安全和发生掉物伤人事件。

③在进行撬、拉、推等操作时，要注意采取正确的姿势，站稳脚跟，或一手把持在稳固的结构或支持物上，避免用力过猛身体失去平衡或把东西甩出。在脚手架上拆除模板时，应采取必要的支托措施，以防拆下的模板材料掉落架外。

④当架面高度不够需要垫高时，一定要采用稳定可靠的垫高办法，且垫高高度不要超过50cm；超过50cm时，应按搭设规定升高铺板层。在升高作业面时，应相应加高防护设施。

⑤在架面上运送材料经过正在作业中的人员时，要及时发出“请注意”“请让一让”的信号。材料要轻搁稳放，不许采用倾倒、猛磕或其他匆忙卸料方式。

⑥严禁在架面上打闹戏耍、退着行走和跨坐在外防护横杆上休息。不要在架面上抢行、跑跳，相互避让时应注意身体不要失衡。

⑦在脚手架上进行电气焊作业时，要铺铁皮接着火星或移去易燃物，以防火星点着易燃物，并应有防火措施。一旦着火时，及时予以扑灭。

11）其他安全注意事项。

①运送杆配件应尽量利用垂直运输设施或悬挂滑轮提升，并绑扎牢固。尽量避免或减少用人工层层传递。

②除搭设过程中必要的1~2步架用于上下外，作业人员不得攀缘脚手架上下，应走房屋楼梯或另设安全人梯。

③在搭设脚手架时，不得使用不合格的架设材料。

④作业人员要服从统一指挥，不得自行其是。

12）钢管脚手架的高度超过周围建筑物或在雷暴较多的地区施工时，应安设防雷装置。其接地电阻应不大于4Ω。

13）架上作业应按规范或设计规定的荷载使用，严禁超载，并应遵守如下要求：

①作业面上的荷载，包括脚手板、人员、工具和材料，当施工组织设计无规定时，应按规范的规定值控制，即结构脚手架不超过$3kN/m^2$，装修脚手架不超过$2kN/m^2$，维护脚手架不超过$1kN/m^2$。

②脚手架的铺板层数和同时作业层的数量不得超过规定。

③垂直运输设施（如物料提升架等）与脚手架之间的转运平台的铺板层数和荷载控制应按施工组织设计的规定执行，不得任意增加铺板层的数量和在转运平台上超载堆放材料。

④架面荷载应力求均匀分布，避免荷载集中于一侧。

⑤过梁等墙体构件要随运随装，不得存放在脚手架上。

⑥较重的施工设备（如电焊机等）不得放置在脚手架上。严禁将模板支撑、缆风绳、泵送混凝土及砂浆的输送管等固定在脚手架上及任意悬挂起重设备。

14）在进行架上作业时，不要随意拆除基本结构杆件和连墙件，因作业的需要必须拆除某些杆件和连墙点时，必须取得施工主管和技术人员的同意，并采取可靠的加固措施后方可拆除。

15）在进行架上作业时，不要随意拆除安全防护设施，未设置安全防护设施或设置不符合要求时，必须补设或改善后，才能上架进行作业。

7.2.3　落地扣件式脚手架的搭设安全要求

1）落地式脚手架的基础应坚实、平整，并应定期检查。立杆不埋设时，每根立杆底部应确保稳定，架体必须设连墙件。设置垫板或底座，并应设置纵、横向扫地杆。

2）架体稳定与连墙件。

①架体高度在7m以下时，可设抛撑来保证架体的稳定。

②架体高度在7m以上，无法设抛撑来保证架体。

③连墙件的间距应符合下列要求：

a. 扣件式钢管脚手架双排架高在50m以下或单排架高在24m以下，按不大于$40m^2$设置一处；双排架高在50m以上，按不大于$27m^2$设置一处。

b. 门式钢管脚手架架高在45m以下，基本风压小于或等于$0.55kN/m^2$，按不大于$48m^2$设置一处；架高在45m以下，基本风压大于$0.55kN/m^2$，或架高在45m以上，按不大于$24m^2$设置一处。

c. 一字形、开口形脚手架的两端，必须设置连墙件。连墙件必须采用可承受拉力和压力的构造，并与建筑结构连接。

④连墙件的设置方法、设置位置应在施工方案中确定，并绘制连接详图。连墙件应与脚手架同步搭设。

⑤严禁在脚手架使用期间拆除连墙件。

3）杆件间距与剪刀撑。

①立杆、大横杆、小横杆等杆件间距应符合《建筑施工扣件式钢管脚手架安全技术规范》（JGJ 130—2011）的有关规定，并应在施工方案中予以确定。当遇到洞口等处需要加大间距时，应按规范进行加固。

②立杆是脚手架的主要受力杆件，其间距应按施工规范均匀设置，不得随意加大。

③剪刀撑及横向斜撑的设置应符合下列要求：

a. 扣件式钢管脚手架应沿全高设置剪刀撑。架高在24m以下时，可沿脚手架长度间隔不大于15m设置；架高在24m以上时，应沿脚手架全长连续设置剪刀撑，并应设置横向斜撑，横向斜撑由架底至架顶呈之字形连续布置，沿脚手架长度间隔6跨设置一道。

b. 碗扣式钢管脚手架，架高在24m以下时，在外侧框格总数的1/5设置斜杆；架高在24m以上时，按框格总数的1/3设置斜杆。

c. 门式钢管脚手架的内外两个侧面除应满设交叉支撑杆外，当架高超过20m时，还应在脚手架外侧沿长度和高度连续设置剪刀撑，剪刀撑钢管规格应与门架钢管规格一致。当剪刀撑钢管直径与门架钢管直径不一致时，应用异形扣件连接。

满堂扣件式钢管脚手架除沿脚手架外侧四周和中间设置竖向剪刀撑外，当脚手架高于4m时，还应沿脚手架每两步高度设置一道水平剪刀撑。

d. 每道剪刀撑跨越立杆的根数宜按表7-1的规定确定。每道剪刀撑宽度不应小于4跨，且不应小于6m，斜杆与地面的倾角宜为45°~60°。剪刀撑跨越立杆的根数与倾角的关系见表7-1。

表7-1　剪刀撑跨越立杆的根数与倾角的关系

剪刀撑斜杆与地面的倾角 α	45°	50°	60°
剪刀撑跨越立杆的最多根数 n/根	7	6	5

4）扣件式钢管脚手架的主节点处必须设置横向水平杆，在脚手架使用期间严禁拆除。单排脚手架横向水平杆插入墙内长度不应小于180mm。

5）扣件式钢管脚手架除顶层外立杆杆件接长时，相邻杆件的对接接头不应设在同步内。相邻纵向水平杆的对接接头不宜设置在同步或同跨内。除顶层外，扣件式钢管脚手架立杆接长应采用对接。木脚手架立杆接头搭接长度应跨两根纵向水平杆，且不得小于1.5m。竹脚手架立杆接头的搭接长度应超过一个步距，并不得小于1.5m。

6）小横杆设置。

①小横杆的设置位置，应在与立杆与大横杆的交接点处。

②施工层应根据敷设脚手板的需要增设小横杆。增设的位置视脚手板的长度与设置要求和小横杆的间距综合考虑。转入其他层施工时，增设的小横杆可同脚手板一起拆除。

③双排脚手架的小横杆必须两端固定，使里、外两片脚手架连成整体。

④单排脚手架，不适用于半砖墙或180mm墙。

⑤小横杆在墙上的支撑长度不应小于240mm。

7）脚手板与护栏。

①脚手板必须按照脚手架的宽度铺满，板与板之间要靠紧，不得留有空隙，离墙面不得

大于 200mm。

②脚手板可采用竹、木或钢脚手板，材质应符合《建筑施工扣件式钢管脚手架安全技术规范》（JGJ 130—2011）要求，每块质量不宜大于 30kg。

③钢制脚手板应采用 2~3mm 的 Q235 钢，长度为 1.5~3.6m，宽度为 230~250mm，肋高 50mm 为宜，两端应有连接装置，板面应钻有防滑孔。有裂纹、扭曲的不得使用。

④木脚手板应用厚度不小于 50mm 的杉木板或松木板，不得使用脆性木材。木脚手板宽度以 200~300mm 为宜，凡是腐朽、扭曲、斜纹、破裂和有大横节的不得使用。板的两端 80mm 处应用镀锌钢丝箍 2~3 圈或用铁皮钉牢。

⑤竹脚手板应采用由毛竹或楠竹制作的竹串片板、竹笆板。竹板必须穿钉牢固，无残缺竹片。

⑥脚手板搭接长度不得小于 200mm；对头接时应架设双排小横杆，间距不大于 200mm。

⑦脚手板伸出小横杆以外大于 200mm 的称为探头板，因其易造成坠落事故，故脚手架上不得有探头板出现。

⑧在架子拐弯处脚手板应交叉搭接。垫平脚手板应用木块，并且要钉牢，不得用砖垫。

⑨随着脚手架的升高，脚手架外侧应按规定设置密目式安全网，并且必须扎牢、密实，形成全封闭的护立网，防止砖块等物坠落伤人。

⑩作业层脚手架外侧以及斜道和平台均要设置 1.2m 高的防护栏杆和 180mm 高的挡脚板，防止作业人员坠落和脚手板上的物料滚落。

8）杆件搭接。

①钢管脚手架的立杆需要接长时，应采用对接扣件连接，严禁采用绑扎搭接。

②钢管脚手架的大横杆需要接长时，可采用对接扣件连接，也可采用搭接，但搭接长度不应小于 1m，并应等间距设置 3 个旋转扣件固定。

③剪刀撑需要接长时，应采用搭接方法，搭接长度不小于 500mm，搭接扣件不少于 2 个。

④脚手架的各杆件接头处传力性能差，接头应错开，不得设置在一个平面内。

9）架体内封闭。

①施工层的下层应满铺脚手板，对施工层的坠落可起到一定的防护作用。

②当施工层的下层无法敷设脚手板时，应在施工层下挂设安全平网，用于挡住坠落的人或物。平网应与水平面平行或外高里低，一般以 15°为宜，网与网之间要拼接严密。

③除施工层的下层要挂设安全平网外，施工层以下每四层或每隔 10m 应设一道固定安全平网。

10）交底与验收。

①脚手架搭设前，工地施工员或安全员应根据施工方案的要求以及外脚手架检查评分表检查项目及其扣分标准，结合《建筑安全工人安全操作规程》相关的要求，写成书面交底材料，向持证上岗的架子工进行交底。

②脚手架通常是在主体工程基本完工时才搭设完毕，即分段搭设、分段使用。脚手架分段搭设完毕后，必须由施工负责人组织有关人员，按照施工方案及相关规范要求进行检查验收。

③经验收合格，办理验收手续，填写《脚手架底层验收表》《脚手架中段验收表》《脚

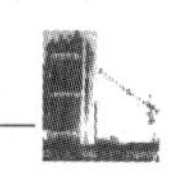

手架顶层验收表》，有关人员签字后，方准使用。

④经检查不合格的应立即进行整改。对检查结果及整改情况，应按实测数据进行记录，并由检测人员签字。

11）通道。

①架体应设置上下通道，供操作工人和有关人员上下，禁止攀爬脚手架。通道也可作少量的轻便材料、构件的运输通道。

②专供施工人员上下的通道，坡度为1∶3为宜，宽度不得小于1m；作为运输用的通道，坡度以1∶6为宜，宽度不小于1.5m。

③休息平台设在通道两端转弯处。

④架体上的通道和平台必须设置防护栏杆、挡脚板及防滑条。

12）卸料平台。

①卸料平台是高处作业安全设施，应按有关规范、标准进行单独设计、计算，并绘制搭设施工详图。卸料平台的架杆材料必须满足有关规范、标准的要求。

②卸料平台必须按照设计施工图搭设，并应制做成定型化、工具化的结构。平台上脚手板要铺满，临边要设置防护栏杆和挡脚板，并用密目式安全网封严。

③卸料平台的支撑系统经过承载力、刚度和稳定性验算，并应自成结构体系，禁止与脚手架连接。

④卸料平台上应用标牌显著地标出平台允许荷载值，平台上允许的施工人员和物料的总重量，严禁超过设计的允许荷载。

7.2.4　悬挑扣件式钢管脚手架的搭设安全要求

悬挑扣件式钢管脚手架设计计算和搭设，除满足落地扣件式脚手架的一般要求外，尚应满足下列要求：

1）斜挑立杆应按施工方案的要求与建筑结构连接牢固，禁止与模板系统的立柱连接。

2）悬挑式脚手架应按施工图搭设。

①悬挑梁是悬挑式脚手架的关键构件，对悬挑式脚手架的稳定与安全使用起至关重要的作用，悬挑梁应按立杆的间距布置，设计图对此应有明确规定。

②当采用悬挑架结构时，支撑悬挑架架设的结构构件，应能足以承受悬挑架传给它的水平力和垂直力的作用。若根据施工需要只能设置在建筑结构的薄弱部位时，应加固结构，并设拉杆或压杆，将荷载传递给建筑结构的坚固部位。悬挑架与建筑结构的固定方法必须经计算确定。

3）立杆的底部必须支撑在牢固的地方，并采取措施防止立杆底部发生位移。

4）为确保架体的稳定，应按落地式外脚手架的搭设要求，将架体与建筑结构拉结牢固。

5）脚手架施工荷载：结构架为$3kN/m^2$，装饰架为$2kN/m^2$，工具式脚手架为$1kN/m^2$。悬挑式脚手架施工荷载一般可按装饰架计算，施工时严禁超载使用。

6）悬挑式脚手架操作层上，施工荷载要堆放均匀，不应集中，并不得存放大宗材料或过重的设备。

7）悬挑式脚手架立杆间距、倾斜角度应符合施工方案的要求，不得随意更改，脚手架搭设完毕须经有关人员验收合格后，方可投入使用。

8）悬挑式脚手架应分段搭设、分段验收，验收合格并履行有关手续后分段可投入使用。

9）悬挑式脚手架的操作层外侧，应按临边防护的规定设置防护栏杆和挡脚板。防护栏杆由栏杆柱和上下两道横杆组成，上杆距脚手板高度为 1.0~1.2m，下杆距脚手板高度为 0.5~0.6m。在栏杆下边设置严密固定的高度不低于 180mm 的挡脚板。

10）作业层下应按规定设置一道防护层，防止施工人员或物料坠落。

11）多层悬挑式脚手架应按落地式脚手架的要求，在原作业层上按照脚手板的宽度满铺脚手架，敷设方法应符合规程要求，不得有空档和探头板。

12）单层悬挑式脚手架须在作业层脚手板下面挂一道安全平网作为防护层。

13）作业层下搭设安全平网应每隔 3m 设一根支杆，支杆与地面保持 45°。网应外高内低，网与网之间必须拼接严密，网内杂物要随时清除。

14）搭设悬挑式脚手架所用的各种杆件、扣件、脚手板等材料的材质、规格必须符合有关规范和施工方案的规定。

15）悬挑梁、悬挑架的用材应符合钢结构设计规范的有关规定，并应有试验报告。

7.2.5 门式脚手架工程的安全要求

门式脚手架的设计计算与搭设应满足《建筑施工门式钢管脚手架安全技术规范》（JGJ 128—2010）及有关规范标准的要求。《建筑施工安全检查标准》（JGJ 59—2011）对门式钢管脚手架的安全检查提出了检查要求，具体要求如下：

1. 施工方案的编制要求

1）搭设门式脚手架之前，应根据工程特点和施工条件等编制脚手架施工方案，绘制搭设详图。

2）门式脚手架搭设高度一般不超过 45m，若降低施工荷载并缩小连墙杆的间距，则门式脚手架的搭设高度可增至 60m。

3）门式脚手架施工方案必须符合《建筑施工门式钢管脚手架安全技术规范》（JCJ 128—2010）的有关规定。

4）门式脚手架的搭设高度超过 60m 时，应绘制脚手架分段搭设结构图，并对脚手架的承载力、刚度和稳定性进行设计计算，编写设计计算书。设计计算书应报上级技术负责人审核批准。

2. 架体基础

1）搭设高度在 25m 以下的门式脚手架，回填土必须分层夯实，铺上厚度不小于 50mm 的垫木，再在垫木上加设钢管底座，立杆立于底座上。

2）架体搭设高度为 25~45m 时，应在施工方案中说明脚手架基础的施工方法，若地基为回填土，则应分层夯实，并在地基土上加铺 200mm 厚的道渣，再铺木垫板或 12~16 号槽钢。

3）架体搭设高度超过 45m 时，应根据地耐力对脚手架基础进行设计计算。

4）门式脚手架底部应设置纵横向扫地杆，可减少脚手架的不均匀沉降。

3. 架体稳定

1）门式脚手架应按规定间距与墙体拉结，防止架体变形。搭设高度在45m以下时，连墙杆竖向间距≤6m，水平方向间距≤8m；搭设高度在45m以上时，连墙杆竖向间距≤4m，水平方向间距≤6m。

2）连墙杆的一端固定在门式框架横杆上，另一端伸过墙体，固定在建筑结构上，不得有滑动或松动现象。

3）门式脚手架应设置剪刀撑，以加强整片脚手架的稳定性。当架体高度超过20m时，应在脚手架外侧每隔4步设置一道剪刀撑，沿高度方向与架体同步搭设。

4）剪刀撑与地面夹角为45°~60°。需要接长时，应采用搭接方法，搭接长度不小于500mm，搭接扣件不少于2个。

5）门式脚手架，沿高度方向每隔一步加设一对水平拉杆；凡高度为10~15m的，要设一组缆风绳（4~6根），每增高10m加设一组。缆风绳与地面的夹角应为45°~60°，要单独牢固地挂在地锚上，并用花篮螺栓调节松紧。缆风绳严禁挂在树木、电杆上。

6）门式脚手架搭设自由高度不超过4m。

7）严格控制门式脚手架的垂直度和水平度。首层门架立杆在两个方向的垂直偏差均在2mm以内，顶部水平偏差控制在5mm以内，上下门架立杆对齐，对中偏差不应大于3mm。

4. 杆件、锁件

1）应按说明书的规定组装脚手架，不得遗漏杆件和锁件。

2）上、下门架的组装必须设置连接棒及锁臂。

3）组装门式脚手架时，按说明书的要求拧紧各螺栓，不得松动。各部件的锁臂、搭钩必须处于锁住状态。

4）门架的内、外两侧均应设置交叉支撑，并应与门架立杆上的锁销锁牢。

5）门架安装应自一端向另一端延伸，搭完一步架后，应及时检查、调整门架的水平度和垂直度。

5. 脚手板

1）作业层应连续满铺脚手板，并与门架横梁扣紧或绑牢。

2）脚手板的材质必须符合规范和施工方案的要求。

3）脚手板必须按要求绑牢，不得出现探头板。

6. 架体防护

1）作业层脚手架外侧以及斜道和平台均要设置1.2m高的防护栏杆和180mm高的挡脚板，防止作业人员坠落和脚手板上物料滚落。

2）脚手架外侧随着脚手架的升高，应按规定设置密目式安全网，必须扎牢、密实，形成全封闭的防护立网。

7. 材质

1）门架及其配件的规格、性能和质量应符合现行行业标准《门式钢管脚手架》（JG 13—1999）的规定，并应有出厂合格证明书及产品标志。

2）门式脚手架是以定型的门式框架为基本构件的脚手架，若其杆件严重变形将难以组装，其承载力、刚度和稳定性都将被削弱，隐患严重，因此，严重变形的杆件不得使用。

3）杆件焊接后不得出现局部开焊现象。

4）门架可根据质量检查按不同情况分为甲、乙、丙三类。

①甲类：有轻微变形、损伤、锈蚀，经简单处理后，重新油漆保养可继续使用。

②乙类：有一定轻度变形、损伤、锈蚀，但经矫直、平整、更换部件、修复、涂除锈油漆等处理后，可继续使用。

③丙类：主要受力杆件变形较严重、锈蚀面积达50%以上、有片状剥落、不能修复和经性能试验不能满足要求的，应报废处理。

8. 荷载

1）门式脚手架施工荷载：结构架为3kN/m^2，装饰架为2kN/m^2。施工时严禁超载使用。

2）脚手架操作层上，施工荷载要堆放均匀，不应集中，并不得存放大宗材料或过重的设备。

9. 通道

1）门式脚手架必须设置供施工人员上下的专用通道，禁止在脚手架外侧随意攀登，以免发生伤亡事故；同时防止支撑杆件变形，影响脚手架的正常使用。

2）通道斜梯应采用挂扣式钢梯，宜采用“之”字形式，一个梯段宜跨越两步或三步。

3）钢梯应设栏杆扶手。

10. 交底与验收

1）脚手架搭设前，项目部应按照脚手架搭设方案及有关规范、标准对作业班组进行安全技术交底。

2）门式脚手架应分层、分段搭设，分层、分段验收，验收合格并履行有关验收手续后，才可投入使用。

3）交底和验收必须有相关记录。

7.2.6 脚手架的拆除要求

1）脚手架拆除作业前，应制定详细的拆除施工方案和安全技术措施。并对参加作业的全体人员进行技术安全交底，在统一指挥下，按照确定的方案进行拆除作业。

2）脚手架拆除时，应划分作业区，周围设围护或设立警戒标志，地面设专人指挥，禁止非作业人员入内。

3）一定要按照先上后下、先外后里、先架面材料后构架材料、先辅件后结构件和先结构件后附墙件的顺序，一件一件地松开联结、取出并随即吊下（或集中到毗邻的未拆的架面上，扎捆后吊下）。

4）拆卸脚手板、杆件、门架及其他较长、较重、有两端联结的部件时，必须要两人或多人一组进行。禁止单人进行拆卸作业，防止把持杆件不稳、失衡而发生事故。拆除水平杆件时，松开联结后，水平托举取下。拆除立杆时，把稳上端后，再松开下端联结取下。

5）架子工作业时，必须戴安全帽，系安全带，穿胶鞋或软底鞋，所用材料要堆放平稳，工具应随手放入工具袋，上下传递物件时不能抛扔。

6）多人或多组进行拆卸作业时，应加强指挥，并相互询问和协调作业步骤，严禁不按程序进行任意拆卸。

7）因拆除上部或一侧的附墙拉结而使架子不稳时，应加设临时撑拉措施，以防因架子晃动影响作业安全。

8）严禁将拆卸下的杆部件和材料向地面抛掷。已吊至地面的架设材料应随时运出拆卸区域，保持现场文明。

9）连墙杆应随拆除进度逐层拆除，拆除前，应设立临时支柱。

10）拆除时严禁碰撞附近电源线，以防事故发生。

11）拆下的材料应用绳索拴柱，利用滑轮放下，严禁抛、扔。

12）在拆架过程中，不能中途换人，如需要中途换人时，应将拆除情况交接清楚后方可离开。

13）脚手架具的外侧边缘与外电架空线路的边线之间的最小安全操作距离见表7-2。

表7-2　脚手架具的外侧边缘与外电架空线路的边线之间的最小安全操作距离

外电架空线路电压/kV	<1	1~10	35~110	150~220	330~500
最小安全操作距离/m	4	6	8	10	15

14）拆除的脚手架或配件，应分类堆放保存并进行保养。

7.3　模板及支架安全控制要点

7.3.1　模板的组成及支撑的基本要求

1. 模板的组成

模板是混凝土成形的模具，由于混凝土构件类型不同，模板的组成也有所不同，一般由模板、支撑系统和辅助配件三部分构成。

（1）模板　模板又叫板面，根据其位置分为底模板（承重模板）和侧模板（非承重模板）两类。

（2）支撑系统　支撑是保证模板稳定及位置的受力杆件，分为竖向支撑（立柱）和斜撑。根据材料不同又分为木支撑、钢管支撑；根据搭设方式不同分为工具式支撑和非工具式支撑。

（3）辅助配件　辅助配件是加固模板的工具，主要有柱箍、对拉螺栓、拉条和拉带等。

2. 模板及支撑的基本要求

1）要求保证工程结构各部分形状、尺寸和相互位置的正确性；具有足够的承载能力、刚度和稳定性。

2）构造简单，装拆方便，便于施工。

3）接缝严密，不得漏浆。

4）因地制宜，合理选材，用料经济，多次周转。

7.3.2　模板安装安全规定

1）楼层高度超过4m或二层及二层以上的建筑物，安装和拆除模板时，周围应设安全网或搭设脚手架和加设防护栏杆。在临街及交通要道地区，还应设警示牌，并设专人维持安全，防止伤及行人。

2）现浇多层房屋和构筑物，应采取分层、分段支模方法，并应符合下列要求：

①下层楼板混凝土强度达到1.2MPa以后，才能上料具。料具要分散堆放，不得过分集中。

②下层楼板结构的强度达到能承受上层模板、支撑系统和新浇筑混凝土的重量时，方可进行上层模板支撑、浇筑混凝土的工序，否则下层楼板结构的支撑系统不能拆除，同时上层支架的立柱应对准下层支架的立柱，并敷设木垫板。

3）如采用悬吊模板、桁架支模方法，支撑结构必须要有足够的强度和刚度（需经计算并附计算书）。

4）混凝土输送方法有泵送混凝土、人力挑送混凝土、在浇灌运输道上用手推车、翻斗车运送混凝土等方法，应根据输送混凝土的方法有针对性的制定模板工程的安全设施。

5）支撑模板立柱宜采用钢材，材料的材质应符合有关规定。支撑模板立柱采用木材时，其木材种类可根据各地实际情况选用，立杆的有效尾径不得小于80mm，立杆要顺直，接头数量不得超过30%，且不应集中。

6）当竖向模板和支架的立柱部分安装在基土上时，应加设垫板，且基土必须坚实并有排水设施。对湿陷性黄土，还应有防水措施；对冻胀性土，必须有防冻措施。

7）当极少数立柱长度不足时，应采用相同材料加固、接长，不得采用垫砖增高的方法。

8）当支柱高度小于4m时，应设上、下两道水平撑和垂直剪刀撑。支柱每增高2m再增加一道水平撑，水平撑之间还需要增加一道剪刀撑。

9）当楼层高度超过10m时，模板的支柱应选用长料，同一支柱的连接接头不宜超过2个。

10）模板及其支撑系统在安装过程中，必须设置临时固定设施，严防倾覆。

11）主梁及大跨度梁的立杆应由底到顶整体设置剪刀撑，与地面成45°~60°。设置间距不大于5m，若跨度大于5m，应连续设置剪刀撑。

12）各排立柱应用水平杆纵横拉结，每高2m拉结一次，使各排立杆柱形成一个整体，剪刀撑、水平杆的设置应符合设计要求。

13）立柱间距应经设计计算，支撑立柱时，其间距应符合设计规定。

14）模板上的施工荷载应经设计计算，设计计算时应考虑以下各种荷载效应组合：新浇混凝土自重、钢筋自重、施工人员及施工设备荷载，新浇筑的混凝土对模板的侧压力，倾倒混凝土时产生的荷载，综合以上荷载值再设计模板上施工荷载值。

15）建筑材料要均匀堆放在模板上，若集中堆放，荷载集中，则会导致模板变形，影响构件质量。

16）大模板立放时易倾倒，应采取支撑、围系、绑箍等防倾倒措施，视具体情况而定。长期存放的大模板，应用拉杆连接绑牢。存放在楼层时，须在大模板横梁上挂钢丝绳或用花篮螺栓钩在楼板吊钩或墙体钢筋上。没有支撑或自稳角不足的大模板，要存放在专门的堆放架上或卧倒平放，不应靠在其他模板或构件上。

17）各种模板若露天存放，其下应垫高30cm以上，防止受潮。不论存放在室内或室外，应按不同的规格堆码整齐，用麻绳或镀锌钢丝系稳。模板堆放不得过高，以免倾倒。堆放地点应选择平稳之处，钢模板部件拆除后，临时堆放处离楼层边缘不应小于1m，堆放高度不得超过1m。楼梯边口、通道口、脚手架边缘等处，不得堆放模板。

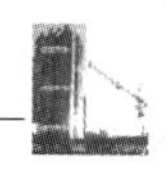

18）在2m以上高处支模或拆模时要搭设脚手架，满铺架板，使操作人员有可靠的立足点，并应按高处作业、悬空和临边作业的要求采取防护措施。不得站在拉杆、支撑杆上操作，也不得在梁底模上行走操作。

19）模板工程应按楼层进行，用《模板分项工程质量检验评定表》和施工组织设计有关内容检查验收，班、组长和项目经理部施工负责人均应签字，确保手续齐全。验收内容包括《模板分项工程质量检验评定表》的保证项目、一般项目和允许偏差项目以及施工组织设计的有关内容。

20）浇灌楼层梁、柱混凝土，一般应设浇灌运输道。整体现浇楼面支底模后，浇捣楼面混凝土，不得在底模上用手推车或人力运输混凝土，应在底模上设置运输混凝土的走道垫板，防止底模松动。

21）走道垫板应敷设平稳，垫板两端应用镀锌钢丝扎紧，确保牢固、不松动。

22）作业面孔洞及临边必须设置牢固的盖板、防护栏杆、安全网或其他防坠落的防护设施，具体要求应符合《建筑施工高处作业安全技术规范》（JGJ 80—2016）的有关规定。

23）各工种进行上、下立体交叉作业时，不得在同一垂直方向上操作。下层作业的位置，必须处于上层高度确定的可能坠落范围半径外。不符合以上条件时，应设置安全防护隔离层。

24）支设悬挑形式的模板时，应有稳定的立足点。支设临空构筑物模板时，应搭设支架。模板上有预留洞时，应在安装后将洞口盖严。

25）操作人员上下通行时，不得攀登模板或脚手架，不许在墙顶、独立梁及其他狭窄而无防护栏的模板面上行走。

26）模板支撑不能固定在脚手架或门窗上，避免发生倒塌或模板位移。

27）冬期施工，应对操作地点和人行通道的冰雪事先清除；雨期施工，对高耸结构的模板作业应安装避雷设施。

28）安装模板时，应先内后外，单面模板就位后，用工具将其支撑牢固。双面板就位后，用拉杆和螺栓固定，未就位和未固定前不得摘钩。

29）里外角模和临时悬挂的面板与大模板必须连接牢固，防止脱开和断裂坠落。

30）在架空输电线路下面安装和拆除组合钢模板时，起重机起重臂、吊物、钢丝绳、外脚手架和操作人员等与架空线路的最小安全距离应符合有关规范的要求。当不能满足最小安全距离要求时，要停电作业；不能停电时，应有隔离防护措施。

31）遇六级以上大风时，应暂停室外的高空作业。

7.3.3　模板拆除安全规定

1）现浇或预制梁、板、柱混凝土模板拆除前，应有7d和28d龄期强度报告，达到强度要求后，再拆除模板。

2）现浇结构的模板及其支架拆除时的混凝土强度，应符合设计要求；当设计无具体要求时，应符合相关规范规定，现浇结构拆模时所需混凝土强度见表7-3。

表 7-3 现浇结构拆模时所需混凝土强度

结构类型	结构跨度/m	按设计的混凝土强度标准值的百分率/%
板	≤2	≥50
	>2，≤8	≥75
	>8	≥100
梁、拱、壳	≤8	≥75
	>8	≥100
悬臂构件	—	≥100

3）进行后张预应力混凝土结构或构件模板拆除时，侧模应在预应力张拉前拆除，其混凝土强度达到侧模拆除条件即可，进行预应力张拉必须待混凝土强度达到设计规定值方可进行，底模必须在预应力张拉完毕时方能拆除。

4）现浇梁柱侧模的拆除，拆模是要确保梁、柱边角的完整，施工班组长应向项目经理部施工负责人口头报告，经同意后再拆除。

5）现浇梁、板，尤其是挑梁、板底模的拆除，施工班、组长应书面报告项目经理部施工负责人，梁、板的混凝土强度达到规定的要求时，报专业监理工程师批准后才能拆除。

6）模板及其支撑系统拆除时，在拆除区域应设置警戒线，且应派专人监护，以防止落物伤人。

7）模板及其支撑系统拆除时，应一次全部拆完，不得留有悬空模板，避免坠落伤人。

8）拆除模板应按方案规定的程序进行，先支的后拆，先拆非承重部分。拆除大跨度梁支撑柱时，应从跨中开始向两端对称进行。

9）大模板拆除前，要用起重机垂直吊牢，然后再进行拆除。

10）拆除薄壳模板时，应从结构中心向四周围均匀放松，向周边对称进行。

11）当立柱水平拉杆超过两层时，应先拆两层以上的水平拉杆，最下一道水平杆与立柱模同时拆除，以确保柱模稳定。

12）模板拆除应按区域逐块进行，定型钢模拆除不得大面积撬落。

13）模板、支撑要随拆随运，严禁随意抛掷，拆除后分类码放。

14）模板拆除前要进行安全技术交底，确保施工过程的安全。

15）工作前，应检查所使用的工具是否牢固，扳手等工具必须用绳锁系挂在身上，工作时思想要集中，防止钉子扎脚和从空中坠落。

16）拆除模板一般采用长撬杠，严禁操作人员站在正拆除的模板下。在拆除楼板模板时，要注意防止整块模板掉下，尤其是用定型模板做平台模板时更要注意，防止模板突然掉落伤人。

17）在混凝土墙体、平板上有预留洞时，模板拆除后，应随即在墙洞上做好安全护栏，或将板的洞口盖严。

18）严禁站在悬臂结构上面敲拆底模。严禁在同一垂直平面上操作。

19）木模板堆放、安装场地附近严禁烟火，须在附近进行电、气焊时，应有可靠的防火措施。

7.3.4　大模板安全注意事项

1）平模存放时应满足地区条件要求的自稳角，两块大模板应采取板面对板面的存放方法，长期存放模板，应将模板换成整体。大模板存放在施工楼层上，必须有可靠的防倾倒措施。不得沿外墙围边放置，并垂直于外墙存放。

没有支撑或自稳角不足的大模板，要存放在专用的堆放架上，或者平堆放，不得靠在其他模板或物件上，严防下脚滑移倾倒。

2）模板起吊前，应检查吊装用绳索、卡具及每块模板上的吊环是否完整有效，并应先拆除一切临时支撑，经检查无误后方可起吊。模板起吊前，应将起重机的位置调整适当，做到稳起稳落，就位准确，禁止用人力搬动模板，严防模板大幅度摆动或碰倒其他模板。

3）筒模可用拖车整体运输，也可拆成平模用拖车水平叠放运输。平模叠放时，垫木必须上下对齐，绑扎牢固。用拖车运输，车上严禁坐人。

4）在大模板拆装区域周围，应设置围栏，并挂设明显的标志牌，禁止非作业人员入内。组装平模时，应及时用卡具或花篮螺栓将相邻模板连接好，防止倾倒。

5）全现浇结构安装外模板时，必须将悬挑担固定，位置调整准确后，方可摘钩，外模安装后，要立即穿好销杆，紧固螺栓。安装外楼板的操作人员必须挂好安全带。

6）在模板组装或拆除时，指挥、拆除和挂钩人员必须站在安全可靠的地方方可操作，严禁人员随大模板起吊。

7）大模板必须有操作平台、上下梯道、走桥和防护栏杆等附属设施，若有损坏，应及时修理。

8）拆模起吊前，应复查穿墙销杆是否拆净，在确无遗漏且模板与墙体完全脱离后方可起吊，拆除外墙模板时，应先挂好吊钩，系紧绳索，再拆除销杆和担。吊钩应垂直模板，不得斜吊，以防碰撞相邻模板和墙体，摘钩时手不离钩，待吊钩吊起超过头部方可松手，超过障碍物以上的允许高度，才能行车或转臂。模板就位或拆除时，必须设置缆风绳，以利模板吊装过程中的稳定性。在大风情况下，根据安全规定，不得作高空运输，以免在拆除过程中发生模板之间或与其他障碍物之间的碰撞。

9）模板安装就位后，要采取防止触电的保护措施，要设专人将大模板串联起来，并同避雷网接通，防止人员触电。

10）大模板拆除后，应及时清除模板上的残余混凝土，并涂刷脱模剂。在清扫和涂刷脱模剂时，模板要临时固定好，板面相对停放的模板间，应留出50~60cm宽的人行道，模板上方要用拉杆固定。

7.3.5　滑升模板工程安全规定

1）在提升前应对滑模平台全部设备装置进行检查，调试妥善后方可使用，重点放在检查平台的装配、节点、电气及液压系统。

2）在外吊脚手架使用前，平台内应一律安装好轻质牢固的小眼安全网，并将安全网从外吊脚手架底部包到紧靠筒壁的吊脚手架里栏杆上，经验收合格后方可使用。

3）为了防止高空物体坠落伤人，一般在筒身内底部2.5m高处搭设双层保护棚，双层间距不得小于600mm，并在上部铺一层6~8mm钢板或5cm厚木板防护。

4）避雷设备应有接地装置，平台上振动器、电机等应接地或接零。

5）通信设备除电铃和信号灯外，还应装备3~4台步话机。

6）滑升模板在施工前，技术部门必须做好切实可行的施工方案及流程示意，操作人员必须严格遵照执行。

7）在提升滑模时必须统一指挥，并有专人负责测量千斤顶，平台应保持水平，当升高过程中出现不正常情况时，应立即停止滑升，找出原因，并制定相应措施后方准继续滑升。

8）在进行滑模施工设计时，必须注意施工过程中结构的稳定和安全。

9）应设置可靠楼梯或在建筑物内及时安装楼梯供滑模施工工程操作人员上下。

10）用降模法进行现浇楼板施工时，各吊点应加设保险钢丝绳。

11）滑模施工中，应严格按施工组织设计要求分散堆载，平台不得超载且不应出现不均匀堆载的现象。

12）施工人员必须服从统一指挥，不得擅自操作液压设备和机械设备。

13）滑模施工场地必须有足够的照明，操作平台上的照明采用36V的安全电压。

14）凡患有高血压、心脏病及医生认为不适宜高空作业者，不得参加高空滑模施工。

15）每个工人都应遵守施工安全操作规程的规定。

16）严禁操作人员在酒后进入施工现场作业。

17）每个工人进入施工现场都必须头戴安全帽。

18）班组若因劳力不足需要招聘新工人时，应事先向工地报告。

19）新工人进场后应先经过“三级”安全交底，并经考试合格后方可让其正式上岗。

7.4 起重及垂直运输机械设备安全控制要点

7.4.1 塔式起重机

1. 安全装置

（1）起重力矩限制器　起重力矩限制器是防止塔机超载的安全装置，避免由于塔机严重超载而引起塔机的倾覆或折臂等恶性事故。

（2）起重量限制器　起重量限制器用以防止塔机的吊物重量超过最大额定荷载，避免发生机械损坏事故。

（3）起升高度限制器　起升高度限制器是用来限制吊钩接触到起重臂头部或载重小车，或者下降到最低点（地面或地面以下若干米）以前，使起升机构自动断电并停止工作的安全装置。

（4）幅度限制器　动臂式塔机的幅度限制器是在臂架在变幅时，变幅到仰角极限位置时切断变幅机构的电源，使其停止工作的安全装置，它同时还设有机械止挡，以防臂架因起幅中的惯性导致后翻。

小车运行变幅式塔机的幅度限制器用来防止运行小车超过最大幅度或最小幅度的两个极限位置。一般情况下，小车变幅限制器安装在臂架小车运行轨道的前后两端，用行程开关进行控制。

（5）塔机行走限制器　行走式塔机的轨道两端尽头设置止挡缓冲装置，它利用安装在

台车架上或底架上的行程开关碰撞到轨道两端的挡块，以切断电源，使塔机停止行走，防止脱轨造成塔机倾覆事故。

（6）钢丝绳防脱槽装置　钢丝绳防脱槽装置，主要防止当传动机构发生故障时，钢丝绳不能在卷筒上顺排，以致越过卷筒端部凸缘，发生咬绳等事故。

（7）回转限制器　有些上回转塔机安装了回转角度不能超过 270°和 360°的限制器，防止电源线扭断，造成事故。

（8）风速仪　自动记录风速，当风速超过六级以上时自动报警，使操作司机及时采取必要的防范措施，如停止作业、放下吊物等。

（9）电器控制中的零位保护和紧急安全开关　零位保护是指塔机操纵开关与主令控制器连锁，只有在全部操纵杆处于零位时，开关才能接通，从而防止无意操作。

紧急安全开关则是一种能及时切断全部电源的安全装置。

（10）夹轨钳　装设在台车金属结构上，用以夹紧钢轨，防止塔机在大风情况下被风吹动、行走而造成塔机出轨、倾翻等事故。

（11）吊钩保险　吊钩保险是安装在吊钩挂绳处的一种防止起重千斤绳由于角度过大或挂钩不妥时，造成起吊千斤绳脱钩而造成吊物坠落事故的装置。

吊钩保险一般采用机械卡环式，用弹簧来控制挡板，阻止千斤绳的滑钩。

2. 安装与拆卸的安全注意事项

（1）对装拆人员的要求

1）参加塔式起重机装拆的人员，必须经过专业培训考核，持有效的操作证上岗。

2）装拆人员严格按照塔式起重机的装拆方案和操作规程中的有关规定、程序进行装拆。

3）装拆作业人员应严格遵守施工现场安全生产的有关制度，正确使用劳动保护用品。

（2）对塔式起重机装拆的管理要求

1）装拆塔式起重机的施工企业，必须具备相应的资质，并按照装拆塔式起重机资质的等级装拆相对应的塔式起重机。

2）施工企业必须建立塔式起重机的装拆专业班组，并且配有起重工（装拆工）、电工、起重指挥、塔式起重机操纵司机和维修钳工等。

3）进行塔式起重机装拆，施工企业必须编制专项的装拆安全施工组织设计和装拆工艺要求，并经企业技术主管领导审批。

4）在进行塔式起重机装拆前，必须向全体作业人员进行装拆方案和安全操作技术的书面和口头交底，并履行签字手续。

3. 使用安全要求

1）起重机的安装、顶升、拆卸必须按照原厂家的规定进行，并制定安全作业措施，由专业队在队长负责统一指挥下进行，并要有技术和安全人员在场监督。

2）起重司机持有的操作证同所操作的塔式起重机的起重力矩应相对应。

3）起重机安装后，在无荷载的情况下，塔身与地面的垂直度偏差不得超过 3/1000。

4）起重机专用的临时配电箱，宜设置在轨道中部附近，电源开关应符合规定的要求。电缆卷筒必须运转灵活、安全可靠，不得拖缆。

5）起重机必须安装行走、变幅、吊钩高度等限位器和力矩限制器等安全装置，并保证灵敏可靠。对有升降式驾驶室的起重机，断绳保护装置必须可靠。

6）起重机的塔身上，不得悬挂标语牌。

7）检查轨道应平直、无沉陷、轨道螺栓无松动，排除轨道上障碍物，松开夹轨器并向上固定好。

8）作业前应重点检查以下内容：

①机械结构的外观情况，各传动机构应正常。

②各齿轮箱、液压油箱的油位应符合标准。

③主要部位连接螺栓应无松动。

④钢丝绳磨损情况及穿绕滑轮的方法应符合规定。

⑤供电电缆应无破损。

9）检查电源电压应达到380V，其变动范围不得超过20V，送电前启动控制开关应在零位。接通电源，检查金属结构部分无漏电后方可上机。

10）空载运转，检查行走、回转、起重、变幅等各机构的制动器、安全限位、防护装置等确认正常后，方可作业。

11）操纵各控制时应依次逐级操作，严禁越级操作。在变换运转方向时，应将控制器转到零位，待电动机停止转动后，再转向另一个方向。操作时力求平稳，严禁急开、急停。

12）吊钩提升接近臂杆顶部，小车行走至端点或起重机行走接近轨道端部时，应减速缓行至停止位置，吊钩距离臂杆顶部不得小于1m，起重机距离轨道端部不得小于2m。

13）提升重物后，严禁自由下降。重物就位时，可用微动机构或制动器使其缓慢下降。

14）提升的重物平移时，应高出其跨越的障碍物0.5m以上。

15）起吊作业中司机和指挥必须遵守“十不吊”的规定：指挥信号不明或无指挥不吊；超负荷和斜吊不吊；细长物件单点或捆扎不牢固不吊；吊物边缘锋利、无防护措施不吊；埋在地下的物体不吊；安全装置失灵不吊；光线阴暗看不清吊物不吊；六级以上强风区无防护不吊；物体装得太满或捆扎不牢固不吊；结构或零部件有影响安全工作的缺陷或损伤时不吊。

16）塔式起重机运行时，必须严格按照操作规程要求的规定执行。最基本的要求是：起吊前先鸣号，吊物不应从人头上越过。起吊时吊索应保持垂直、起降平稳，操作尽量避免急刹车或冲击。严禁超载，当起吊满载或接近满载时，严禁同时做两个动作及左右回转范围不应超过90°。

17）任何人员上塔帽、吊臂、平衡臂等高空部位检查或修理时，必须佩戴安全带。

18）塔机停用时，吊物必须落地不准悬在空中。并对塔机的停放位置和小车、吊钩、电源等一一加以检查，确认无误后，方能离岗。

19）塔式起重机的装拆必须由有资质的单位方能进行操作。装拆前，应编制专项的装拆方案并经过企业技术主管负责人审批同意后方能进行，同时要做好对装拆人员的交底和安全教育。

7.4.2 物料提升机

1. 安装与拆除安全技术

1）安装与拆除作业前，应根据现场工作条件及设备情况编制作业方案。对作业人员进

行分工交底。安装和拆除作业时，施工人员应持证上岗，并应设专人指挥，作业区上方及地面10m范围内设警戒区，并有专人监护。

2）新制作的提升机，架体安装的垂直偏差最大不应超过架体高度的1.5‰。多次使用过的提升机，在重新安装时，其垂直偏差不应超过3‰，并不得超过200mm。

3）井架截面内，两对角线长度公差不得超过最大边长的名义尺寸的3‰。

4）吊篮导靴与导轨的安装间隙，应控制在5~10mm。

5）用建筑物内井道作架体时，各楼层进料口处的停靠安全门必须与司机操作处装设的层站标志进行链锁。阴暗处应装照明设备。

6）安装架体时，应先将地梁与基础连接牢固。每安装两个标准节，应采取临时支撑或临时缆风绳固定，并进行初校正，在确定稳定时方可继续作业。

7）卷扬机应安装在平整坚实的位置上，宜远离危险作业区，视线应良好。固定卷扬机的锚桩应牢固可靠。

8）提升机安装后，应由主管部门进行检查验收，确认合格发放使用证后，方可交付使用。

9）应定期（每月一次）组织对提升机设备进行检查，发现问题及时处理，并认真做好记录。作业班司机班前应进行检查，确认提升机正常时，方可投入作业。

2. 安全使用

1）物料在吊篮内应均匀分布，不得超出吊篮。当长料在吊篮中立放时，应采取防滚滑措施；散料应装箱或装笼。严禁超载使用。

2）严禁人员攀登、穿越提升机和乘吊篮上下。

3）高架提升机作业时，应使用通信装置联系。低架提升机在多工种、多楼层同时使用时，应设专门指挥人员，信号不清不得开机。作业中不论任何人发出紧急停车信号，应立即执行。

4）当吊篮悬空吊挂时，卷扬司机不得离开驾驶座位。

5）吊篮在运行时，严禁人员将身体任何部位伸入架体内。在架体附近工作的人员，身体不得贴近架体。使用组合架体时，进入吊篮工作的人员，应随时注意相邻吊篮的运行情况；人和物料、工具不得越入相邻的架体内。

6）架体的斜杆和横杆，不得随意拆除；如因运输需要，也只准将少数斜杆拆除，各楼层的出入口拆除的斜杆，应安装在被拆除的开口节的上一节或下一节上，并与该节原有的斜杆成交叉状，但连续开口不允许大于两节，且必须在适当的地方装上与建筑物作刚性锚固的临时拉杆或支撑，以保持架体的刚度和稳定。

7）闭合主电源前或作业中突然断电时，应将所有开关扳回零位。在重新恢复作业前，应在确认提升机动作正常后方可使用。

8）发现安全装置、通信装置失灵时，应立即停机修复。作业中不得随意使用极限限位装置。

9）作业后，应将吊篮降至地面，各控制开关扳至零位，切断主电源，锁好闸箱。

10）提升机使用过程中应进行经常性的维修保养，维修保养时，应将所有控制开关扳至零位，切断主电源，并在闸箱处挂上“禁止合闸”的标志，必要时应设专人监护。

7.4.3 施工升降机

施工升降机是高层建筑施工中运送施工人员上下及建筑材料和工具设备时必备的和重要的垂直运输设施。施工升降机又称为施工电梯，是一种使工作笼（吊笼）沿导轨作垂直（或倾斜）运动的机械。

施工升降机按其传动形式可分为：齿轮、齿条式，钢丝绳式和混合式三种。

1. 安全装置

（1）限速器　对于齿条驱动的建筑施工升降机，为了防止吊笼坠落，均装有锥鼓式限速器，其可分为单向式和双向式两种，单向限速器只能沿吊笼下降方向起限速作用，双向限速器则可以沿吊笼的升、降两个方向起限速作用，如图 7-4 所示。

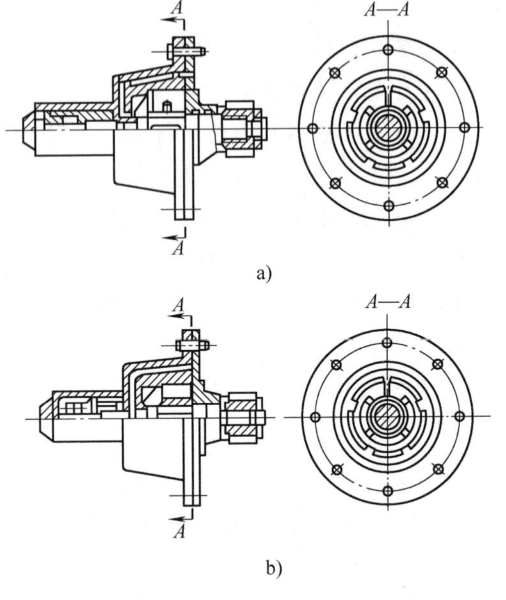

图 7-4　锥鼓式限速器

a）单向限速器　b）双向限速器

（2）缓冲弹簧　在建筑施工升降机底笼的底盘上装有缓冲弹簧，以便当吊笼发生坠落事故时，减轻吊笼的冲击，同时保证吊笼和配重下降着地时呈柔性接触，缓冲吊笼和配重着地时的冲击。缓冲弹簧有圆锥卷弹簧和圆柱螺旋弹簧两种。一般情况下，每个吊笼对应的底架上装有两个圆锥卷弹簧，如图 7-5 所示。也有采用四个圆柱螺旋弹簧的。

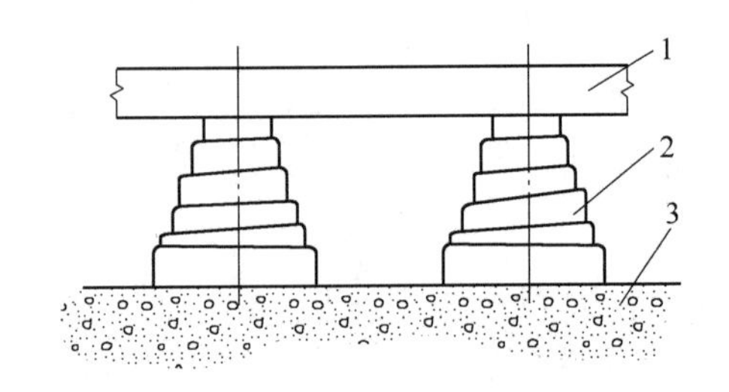

图 7-5　圆锥卷弹簧

1—吊笼底梁　2—圆锥卷弹簧　3—基础

（3）上、下限位器　为防止吊笼上行或下降时超过需停位置，因司机误操作和电气故障等原因继续上行或下降引发事故而设置的装置，上、下限位器安装在吊轨架和吊笼上，属于自动复位装置。

（4）上、下极限限位器　上、下极限限位器是在上、下限位器不起作用时，当吊笼运行超过限位开关和越程（指限位开关与极限限位开关之间所规定的安全距离）时，能及时切断电源使吊笼停车。极限限位器是非自动复位装置，动作后只能手动复位才能使吊笼重新启动。极限限位器安装在导轨器或吊笼上。

（5）安全钩　安全钩是为防止吊笼到达预先设定位置时，上限位器和上极限限位器因各种原因不能及时动作、吊笼继续向上运行导致吊笼冲击导轨架顶部而发生倾翻坠落事故而设置的。安全钩是安装在吊笼上部的重要的最后一道安全装置，当吊笼上行到导轨架顶部的时候，安全钩能够钩住导轨架，保证吊笼不发生倾翻坠落事故。

（6）急停开关　当吊笼在运行过程中发生各种原因的紧急情况时，司机能在任何时候按下急停开关，使吊笼停止运行。急停开关必须是非自行复位的安全装置，安装在吊笼顶部。

（7）吊笼门、底笼门联锁装置　施工升降机的吊笼门、底笼门均装有电气联锁开关，它们能有效地防止因吊笼门或底笼门未关闭就启动运行而造成的人员坠落和物料滚落。只有当吊笼门和底笼门完全关闭时，施工升降机才能启动、运行。

（8）楼层通道门　施工升降机与各楼层均搭设了运料和人员进出的通道，在通道口与升降机结合部必须设置楼层通道门。此门在吊笼上下运行时处于常闭状态，只有在吊笼停靠时才能由吊笼内的人打开。应做到楼层内的人员无法打开此门，以确保通道口处在封闭的条件下不出现危险的边缘。

楼层通道门的高度不应低于1.8m，门的下沿距离通道面不应超过50mm。

（9）通信装置　由于司机的操作室位于吊笼内，司机无法知道各楼层的需求情况和分辨不清哪个层面发出信号，因此必须安装一个闭路的双向电气通信装置，司机应能听到或看到每一层的需求信号。

（10）地面出入口防护棚　升降机在安装完毕时，应及时搭设地面出入口防护棚。防护棚搭设的材质要选用普通脚手架钢管，防护棚长度不应小于5m，有条件的可与地面通道防护棚连接起来。宽度应不小于升降机底笼最外部的尺寸。其顶部材料可采用50mm厚木板或两层竹笆，上、下竹笆间距应不小于600mm。

2. 安装与拆卸的安全注意事项

1）施工升降机每次安装与拆卸作业之前，企业应根据施工现场的工作环境及辅助设备的情况编制安装、拆卸方案，经企业技术负责人审批同意后方能实施。

2）每次安装或拆除作业之前，应对作业人员按不同的工种和作业内容进行详细的技术、安全交底。参与装拆作业的人员必须持有专门的资格证书。

3）升降机的装拆作业必须由经当地建设行政主管部门认可、持有相应的装拆资质证书的专业单位实施。

4）升降机每次安装后，施工企业应当组织有关职能部门和专业人员对升降机进行必要的试验和验收。确认合格后应当向当地建设行政主管部门认定的检测机构申报，经专业检测机构检测合格后，才能正式投入使用。

3. 使用安全要求

1）施工企业必须建立健全施工升降机的各类管理制度，落实专职机构和专职管理人员，明确各级安全使用和管理责任。

2）施工升降机的司机应是经有关行政主管部门培训合格的专职人员，严禁无证操作升降机。

3）司机应做好日常检查工作，即在电梯每班首次运行时，应分别做空载和满载试运行，将梯笼升高至设计高度处停车，检查制动器的灵敏性和可靠性，确认正常后方可投入使用。

4）建立和执行定期检查和维修保养制度，每周或每旬对升降机进行全面检查，对查出的隐患按“三定”原则整改。整改后须经有关人员复查确认符合安全要求后，方能使用。

5）梯笼载人、载物时，应尽量使荷载均匀分布，严禁超载使用。

6）升降机运行至最上层和最下层时，严禁以碰撞上、下限位开关的方式停车。

7）司机因故离开吊笼及下班时，应将吊笼降至地面，切断总电源并锁上电箱门，防止其他无证人员擅自开动吊笼。

8）风力达6级以上时，应停止使用升降机，并将吊笼降至地面。

9）各停靠层的运料通道两侧必须有良好的防护。楼层门应处于常闭状态，其高度应符合有关规范的要求，任何人不得擅自打开楼层门或将头伸出门外，当楼层门未关闭时，司机不得开动电梯。

10）确保通信装置完好，司机应当在确认信号后方能开动升降机。在作业中，无论任何人在任何楼层发出紧急停车信号，司机都应当立即执行。

11）升降机应按规定单独安装接地保护和避雷装置。

12）严禁在升降机运行状态下进行维修保养工作。若需维修，必须切断电源并在醒目处挂上“有人检修，禁止合闸”的标志牌，并有专人监护。

7.4.4 起重吊装作业安全要求

吊装作业是指建筑施工中的结构安装和设备安装作业。

1. 起重机械的常见操作要求

（1）履带式起重机的安全使用要求

1）当履带起重机在接近满负荷作业时，要避免将起重机的臂杆回转至与履带成垂直方向的位置，以防失稳，造成起重机倾覆。

2）在满负荷作业时，不得行车。如需短距离移动，起重机所吊的负荷不得超过允许起重量的70%，同时所吊重物要在行车的正前方，重物离地不大于500mm，并拴好溜绳，控制重物的摆动，缓慢行驶，方能达到安全作业的目的。

3）履带式起重机作业时的臂杆仰角，一般不超过78°，臂杆的仰角过大，易造成起重机后倾或发生将构件拉斜的现象。

4）起重作业后应将臂杆降至40°~60°，并转至顺风方向，以防遇大风天气时臂杆被吹后仰，发生翻车和折杆的事故。

5）正确安装和使用安全装置。履带式起重机的安全装置有：起重量指示器（重量限位器）、过卷扬限制器（超高限位器）、力矩限制器、防臂杆后仰装置和防背杆支架。

（2）轮胎式起重机的安全使用要求

1）在不打支腿情况下作业或吊重行走，需减少起重量。

2）道路需平整坚实，轮胎的气压要符合要求。

3）荷载要按原机车性能的规定进行，禁止带负荷长距离行走。

4）重物吊离地面不得超过500mm，并拴好溜绳缓慢行驶。

轮胎式起重机的安全装置与履带式起重机相同。

（3）汽车式起重机使用的安全要求

1）作业时利用水平气泡将支承回转面调平，若在松软不平的地面或斜坡上工作时，一定要在支腿垫盘下面垫木块或铁板，也可以在支腿垫盘下备有定型规格的铁板，将支腿位置调整好。

2）一般情况下，不允许在汽车式起重机的车前作业区进行吊装作业。

3）操作中严禁侧拉，防止臂杆侧向受力。

4）在进行吊装柱子作业时，不宜采用滑行法起吊。

5）起重机在吊物时，若用于吊重物下降，重物的重量应小于额定负荷的1/5。

汽车式起重机的主要安全装置有：力矩限制器、过卷扬装置、水平气泡等。

2. 钢丝绳与地锚的要求

1）钢丝绳的结构形式、规格、强度要符合机型要求。钢丝绳在卷筒上要连接牢固，并按顺序整齐排列，当钢丝绳全部放出时，卷筒上的钢丝绳至少要留三圈以上。若起重钢丝绳磨损、断丝超标，应按《建筑起重机械安全评估技术规程》（JGJ/T 189—2009）固定检查报废。

2）扒杆滑轮及地面导向滑轮的直径，应与钢丝绳的直径相适应，其直径比值不应小于15，各组滑轮必须用钢丝绳牢靠固定，滑轮出现翼缘破损等缺陷时应及时更换。

3）缆风绳应使用钢丝绳，其安全系数 $K=3.5$，规格应符合施工方案的要求，缆风绳应与地锚连接牢固。

4）地锚的埋设方法应经计算确定，地锚的位置及埋深应符合施工方案要求和扒杆作业时的实际角度。当移动扒杆时，也必须使用经过设计计算的正式地锚，不准随意拴在电杆、树木或构件上。

3. 吊点设置要求

1）根据重物的外形、重心及工艺要求选择吊点，并在方案中进行规定。

2）吊点是在重物起吊、翻转、移位等作业中都必须使用的，吊点应与重物的重心在同一垂直线上，且吊点应在重心之上（吊点与重物重心的连线和重物的横截面应相互垂直）。使重物垂直起吊，禁止斜吊。

3）当采用几个吊点起吊时，应使各吊点的合力作用点在重物重心的位置之上。必须正确计算每根吊索的长度，使重物在吊装过程中始终保持稳定位置。当构件无吊鼻需用钢丝绳捆绑时，必须对棱角处采取保护措施，防止切断钢丝。钢丝绳做吊索时，其安全系数 K 为6~8。

4. 司机、指挥人员及起重工要求

1）起重机司机属于特种作业人员，应经正式培训考核并取得合格证书。合格证书或培训内容，必须与司机所驾驶起重机的类型相符。

2）汽车式起重机、轮胎式起重机必须由起重机司机驾驶，严禁同车的汽车司机与起重机司机相互替代（司机持有两种证的除外）。

3）起重机的信号指挥人员应经正式培训、考核，并取得合格证书。其信号应符合国家标准《起重吊运指挥信号》（GB 5082—1985）的规定。

4）起重机在地面、吊装作业在高处的条件下，必须专门设置信号传递人员，以确保司机清晰准确地看到和听到指挥信号。

5）起重吊装作业人员还包括起重工、电焊工等，他们均属于特种作业人员，必须经有关部门培训考核并发给合格证书方可进行作业。

5. 地基承载力要求

1）起重机作业区路面的地耐力应符合该机说明书要求，并应对相应的地耐力报告结果进行审查。

2）作业道路应平整坚实，一般情况下，纵向坡度不大于3‰，横向坡度不大于1‰。起重机行驶或停放时，应与沟渠、基坑保持5m以上的距离，且不得停放在斜坡上。

3）当地面平整度与地耐力不能满足要求时，应采用路基箱、道木等铺垫措施，以确保机车的作业条件。

6. 起重作业要求

1）起重机司机应清楚施工作业中所起吊重物的重量，并有交底记录。

2）司机必须熟知该起重机的起吊高度及幅度情况下的实际起吊重量，并清楚各装置的正确使用方法，熟悉操作规程，做到不超载作业。

3）作业面应平整坚实。支脚应全部伸出垫牢。起重机应平稳不倾斜。

4）起吊过程中必须遵守“十不吊”的规定。

5）多机台共同工作，必须随时确保各起重机起升的同步性，单机负载不得超过该机额定起重量的 80%。

6）起重机首次起吊或重物重量变换后首次起吊时，应先将重物吊离地面 200~300mm 后停住，检查起重机的工作状态，在确认起重机稳定、制动可靠，重物吊挂平衡牢固后，方可继续起升。

7. 高处作业要求

1）在高处进行起重吊装作业时，应按规定设置安全措施防止高处坠落，包括各洞口盖严盖牢，临边作业应搭设防护栏杆封挂密目网等。《建筑施工高处作业安全技术规范》（JGJ 80—2016）规定：“屋架吊装以前，应预先在下弦挂设安全网，吊装完毕后，即将安全网敷设固定”。

2）吊装作业人员在高空移动和作业时，必须系牢安全带。独立悬空作业的人员除有安全带的防护外，还应以安全网作为防护措施的补充。例如，在屋架安装过程中，屋架的上弦不允许作业人员行走，当作业人员在屋架的下弦行走时，必须将安全带在屋架上的脚手杆上（这些脚手杆是在屋架吊装之前临时绑扎的）系牢；在行车梁安装过程中，作业人员从行车梁上行走时，其一侧护栏可采用钢索，安全带由作业人员在钢索上扣牢并随人员滑行，确保作业人员移动安全。

3）作业人员上下应有专用爬梯或斜道，不允许攀爬脚手架或建筑物上下。对爬梯的制作和设置应符合《建筑施工高处作业安全技术规范》（JGJ 80—2016）“攀登作业”的有关规定。

8. 作业平台要求

1）按照《建筑施工高处作业安全技术规范》（JGJ 80—2016）规定：“悬空作业处应有牢靠的立足处，并必须视具体情况，配置防护栏网、栏杆或其他安全设施”。高处作业人员必须站在符合要求的脚手架或平台上作业。

2）脚手架或作业平台应有搭设方案，临边应设置防护栏杆和封挂密目网。

3）脚手架的选材和敷设应严密、牢固并符合脚手架的搭设规定。

9. 构件堆放要求

1）构件堆放应平稳，底部按设计位置设置垫木。楼板堆放高度一般不应超过 1.6m。

2）构件多层叠放时，柱子不超过 2 层；梁不超过 3 层；大型屋面板、多孔板为 6~8 层；钢屋架不超过 3 层。各层的支承垫木应在同一垂直线上，各堆放构件之间应留不小于 0.7m 宽的通道。

3）重心较高的构件（如屋架、大梁等），除在底部设垫木外，还应在两侧加设支撑，或将几榀大梁以方木和钢丝连成一体，提高其稳定性，侧向支撑沿梁长度方向不得少于三

道。墙板堆放架应经设计计算确定，并确保抗倾覆要求。

10. 警戒

1）在起重吊装作业前，应根据施工组织设计要求划定危险作业区域，设置醒目的警示标志，防止无关人员进入。

2）除设置警示标志外，还应视现场作业环境，专门设置监护人员，防止高处作业或交叉作业造成的落物伤人事故。

7.5　临时用电安全控制要点

7.5.1　用电安全的基本要求

1）施工现场必须按工程特点编制施工临时用电施工组织设计（或方案），并由主管部门审核后实施。临时用电施工组织设计必须包括如下内容：

①用电机具明细表及负荷计算书。

②现场供电线路及用电设备布置图，布置图应注明线路架设方式，导线、开关电器、保护电器、控制电器的型号及规格，接地装置的设计计算及施工图。

③发、配电房的设计计算，发电机组与外电联锁方式。

④大面积的施工照明，供 150 人及以上居住的生活照明用电的设计计算及施工图。

⑤安全用电检查制度及安全用电措施（应根据工程特点有针对性地编写）。

2）各施工现场必须设置 1 名电气安全负责人，电气安全负责人应由技术好、责任心强的电气技术人员或工人担任，其责任是对该现场的日常安全用电进行管理。

3）施工现场的一切电气线路、用电设备的安装和维护必须由持证电工负责，并严格执行施工组织设计的规定。

4）施工现场应视工程量大小和工期长短，配备足够的（不少于 2 名）持有市、地劳动安全监察部门核发电工证的电工。

5）施工现场使用的大型机电设备，应由主管部门派员鉴定合格后才允许运进施工现场安装使用，严禁不符合安全要求的机电设备进入施工现场。

6）一切移动式电动机具（如潜水泵、振动器、切割机、手持电动机具等）机身必须写上编号。检测绝缘电阻、检查电缆外绝缘层、开关、插头及机身是否完好无损，并列表报主管部门检查合格后才允许使用。

7）施工现场（包括电工室和办公室）严禁使用明火电炉、多用插座及分火灯头、220V 的施工照明灯具必须使用护套线。

8）施工现场应设专人负责临时用电的安全技术档案管理工作。临时用电安全技术档案应包括的内容为：临时用电施工组织设计、临时用电安全技术交底、临时用电安全检测记录、电工维修工作记录。

7.5.2　配电系统的安全要求

1. 配电线路

1）架空线路宜采用木杆或混凝土杆，混凝土杆不得露筋，不得有环向裂纹和扭曲，木杆不得腐朽，其梢径不得小于 130mm。

2）架空线路必须采用绝缘铜线或铝线，且必须架设在电杆上，并经横担和绝缘子架设在专用电杆上；架空导线截面应满足计算负荷、线路末端电压偏移（不大于 5%）和机械强度要求；严禁架设在树木或脚手架上。

3）架空线路相序应符合下列规定：在同一横担架设时，面向负荷侧，从左起为 L1、N、L2、L3；与保护零线在同一横担架设时，面向负荷侧，从左起为 L1、N、L2、L3、PE；动力线、照明线在两个横担架设时，面向负荷侧，上层横担从左起为 L1、L2、L3；下层横担从左起为 L1、(L2、L3)N、PE；架空敷设挡距不应大于 35m，线间距离不应小于 0.3m，横担间最小垂直距离：高压与低压直线杆为 1.2m，分支或转角杆为 1.0m；低压与低压，直线杆为 0.6m，分支杆或转角杆为 0.3m。

4）架空线敷设高度应满足下列要求：距施工现场地面不小于 4m；距机动车道不小于 6m；距铁路轨道不小于 7.5m；距暂设工程和地面堆放物顶端不小于 2.5m；距 0.4kV 交叉电力线路不小于 1.2m；距 10kV 交叉电力线路不小于 2.5m。

5）施工用电电缆线路应采用埋地或架空方式敷设，不得沿地面明设；埋地敷设深度不应小于 0.6m，并应在电缆上、下各均匀敷设不少于 50mm 厚的细砂，然后敷设砖等硬质保护层；穿越建筑物、道路等易受损伤的场所时，应另加防护套管；架空敷设时，应沿墙或电杆做绝缘固定，电缆最大弧垂处距地面不得小于 2.5m；在建工程的电缆线路应采用电缆埋地穿管引入，沿工程竖井、垂直孔洞逐层固定，电缆水平敷设高度不应小于 1.8m。

6）照明线路上的每一个单项回路上，灯具和插座数量不宜超过 25 个，并应装设熔断电流为 15A 及以下的熔断保护器。

2. 配电箱及开关箱

1）电箱与开关的设置原则：施工现场应设总配电箱（或配电室），总配电箱以下设分配电箱，分配电箱以下设开关箱，开关箱以下是用电设备。

2）施工用电配电箱、开关箱中应装设电源隔离开关、短路保护器、过载保护器，其额定值和动作整定值应与其负荷相适应。总配电箱、开关柜中还应装设漏电保护器。

3）施工用电动力配电与照明配电宜分箱设置，当合置在同一箱内时，动力配电与照明配电应分路设置。

4）施工用电配电箱、开关箱应采用铁板（厚度为 1.2~2.0mm）或阻燃绝缘材料制作。不得使用木质配电箱、开关箱及木质电气安装板。

5）施工用电配电箱、开关箱应装设在干燥、通风、无外来物体撞击的地方，其周围应有足够二人同时工作的空间和通道。

6）施工用电移动式配电箱、开关箱应装设在坚固的支架上，严禁在地面上拖拉。

7）施工用电开关箱应实行“一机一闸”制，不得设置分路开关。开关箱中必须设漏电保护器，实行“一漏一箱”制。

8）施工用电漏电保护器的额定漏电动作参数选择应符合下列规定：在开关箱（末级）内的漏电保护器，其额定漏电动作电流不应大于 30mA，额定漏电动作时间不应大于 0.1s；在潮湿场所使用时，其额定漏电动作电流应不大于 15mA，额定漏电动作时间不应大于 0.1s。总配电箱内的漏电保护器，其额定漏电动作电流应大于 30mA，额定漏电动作时间应大于 0.1s。但其额定漏电动作电流（I）与额定漏电动作时间（t）的乘积不应大于 30mA · s

（I·t≤30mA·s）。

9）加强对配电箱、开关箱的管理，防止误操作造成危害，对于所有配电箱、开关箱，应在箱门处标注编号、名称、用途和分路情况。

7.5.3　外电防护、保护系统及施工照明的安全要求

1. 外电防护

1）在建工程不得在高、低压线路下方施工，搭设作业棚、生活设施和堆放构件、材料等。在架空线路一侧施工时，在建工程（含脚手架）的外缘应与架空线路边线之间保持安全操作距离，安全操作距离不得小于表7-2的数值。

2）旋转臂式起重机的任何部位或被吊物边缘与10kV以下的架空线路边缘的最小距离不得小于2m。

3）施工现场开挖非热管道沟槽的边缘与埋地外电缆沟槽之间的距离不得小于0.5m。

4）施工现场不能满足上述规定的最小距离时，必须按现行行业规范的规定搭设防护设施并设置警告标志。在架空线路一侧或上方搭设或拆除防护屏障等设施时，必须停电后才能作业，并配备监护人员。

2. 保护系统

（1）保护接地和保护接零

1）工作接地：在电气系统中，因运行需要的接地（例如，三相供电系统中电源中性点的接地）称为工作接地。在工作接地的情况下，大地被作为一根导线，而且能够稳定设备导电部分对地电压。

2）保护接地：在电力系统中，因漏电保护的需要，将正常情况下不带电的电气设备的金属外壳和机械设备的金属构件（架）接地，称为保护接地。

3）重复接地：在中性点直接接地的电力系统中，为了保证接地的作用和效果，除在中性点处直接接地外，在中性线上的一处或多处接地，称为重复接地。

4）防雷接地：防雷装置（避雷针、避雷器、避雷线等）的接地，称为防雷接地。防雷接地的主要作用是：当防雷装置遭到雷击时，将雷击电流泄入大地。

（2）施工用电基本保护系统　施工用电应采用中性点直接接地的380V/220V三相五线制低压电力系统，其保护方式应符合下列规定：施工现场由专用变压器供电时，应将变压器低压侧中性点直接接地，并采用TN-S接零保护系统。施工现场由专用发电机供电时，必须将发电机的中性点直接接地，并采用TN-S接零保护系统，且应独立设置。当施工现场直接由市电（电力部门变压器）等非专用变压器供电时，其基本接地、接零方式应与原有市电供电系统保持一致。在同一供电系统中，不得一部分设备做保护接零，而另一部分设备做保护接地。

在供电端为三相五线供电的接零保护（TN）系统中，应将进户处的中性线（N线）重复接地，并同时由接地点另外引出保护零线（PE线），形成局部TN-S接零保护系统。

（3）施工用电保护接零与重复接地　在接零保护系统中电气设备的金属外壳必须与保护零线（PE线）连接。保护零线应符合下列规定：保护零线应自专用变压器、发电机中性点处，或配电室、总配电箱进线处的中性线（N线）上引出；保护零线的统一标志为绿、黄双色绝缘导线，在任何情况下不得使用绿、黄双色线作负荷线；保护零线（PE线）必须

与工作零线（N 线）相隔离，严禁保护零线与工作零线混接、混用。保护零线上不得装设控制开关或熔断器；保护零线的截面面积不应小于对应工作零线的截面面积。与电气设备相连接的保护零线的截面面积应为不小于 2. 5mm^2 的多股绝缘铜线。保护零线的重复接地点不得少于三处，应分别设置在配电室或总配电箱处，以及配电线路的中间处和末端处。

（4）施工用电接地电阻　接地电阻包括接地线电阻、接地体本身的电阻及流散电阻。由于接地线和接地体本身的电阻很小（因导线较短，接地良好）可忽略不计。因此，一般认为接地电阻就是散流电阻。它的数值等于对地电压与接地电流之比。接地电阻分为冲击接地电阻、直接接地电阻和工频接地电阻，在用电设备保护中一般采用工频接地电阻。

电力变压器或发电机的工作接地电阻值不应大于 4Ω。在 TN 接零保护系统中 重复接地应与保护零线连接，每处重复接地电阻值不应大于 10Ω。

（5）施工现场的防雷保护　多层与高层建筑施工期间，应注意采取以下防雷措施：

1）建筑物的四周有起重机，起重机最上端必须装设避雷针，并应将起重机刚架连接于接地装置上。接地装置应尽可能利用永久性接地系统。如果是水平移动的塔式起重机，其地下钢轨必须可靠地接到接地系统上。起重机上装设的避雷针，应能保护整个起重机及其电力设备。

2）沿建筑物四角和四边竖起的木、竹架子上，做数根避雷针并接到接地系统上，针长最少应高出木、竹架子 3. 5m，避雷针之间的间距以 24m 为宜。对于钢脚手架，应注意连接可靠并要可靠接地。若施工阶段的建筑物当中有突出高点，应如上述加装避雷针。在雨期施工应随脚手架的接高加高避雷针。

3）对于建筑工地的井字架、门式架等垂直运输架，应将一侧的中间立杆接高，高度应高出顶墙 2m，作为接闪器，并在该立杆下端设置接地线，同时应将卷扬机的金属外壳可靠接地。

4）应随时将每层楼的金属门窗（钢门窗、铝合金门窗）和现浇混凝土框架（剪刀墙）的主筋可靠连接。

5）施工时应按照正式设计图的要求，先做完接地设备。同时，应当注意跨步电压的问题。

6）在开始架设结构骨架时，应按图样规定，随时将混凝土柱子的主筋与接地装置连接，以防施工期间遭到雷击而被破坏。

7）应随时将金属管道及电缆外皮在建筑物的进口处与接地设备连接，并应把电气设备的铁架及外壳连接在接地系统上。

8）防雷装置的避雷针（接闪器）可采用 ϕ20 钢筋，长度应为 1～2m；当利用金属构架作引下线时，应保证构架之间的电气连接；防雷装置的冲击接地电阻值不得大于 30Ω。

3. 施工照明

1）单项回路的照明开关箱内必须装设漏电保护器。

2）照明灯具的金属外壳必须做保护接零。

3）施工照明室外灯具距地面不得低于 3m，室内灯具距地面不得低于 2. 4m。

4）一般场所，照明电压应为 220V。隧道、人防工程、高温、有导电粉尘和狭窄场所，

照明电压不应大于36V。

5）潮湿和易触及照明线路的场所，照明电压不应大于24V。特别潮湿、导电良好的地面、锅炉或金属容器内，照明电压不应大于12V。

6）手持灯具应使用36V以下的电源供电。灯体与手柄应坚固、绝缘良好并耐热和耐潮湿。

7）施工照明使用的220V碘钨灯应固定安装，其高度不应低于3m，距易燃物不得小于500mm，并不得直接照射易燃物，不得将220V碘钨灯用作移动照明。

8）施工用电照明器具的形式和防护等级应与环境条件相适应。

9）需要夜间或暗处施工的场所，必须配置应急照明电源。

10）夜间可能影响行人、车辆、飞机等安全通行的施工部位或设施、设备，必须设置红色警戒照明。

7.5.4　安全用电知识

1）进入施工现场，不要接触电线、供配电线路以及工地外围的供电线路。遇到地面有电线或电缆时，不要用脚去踩踏，以免意外触电。

2）看到下列标志牌时，要特别留意，以免触电。

①当心触电。

②禁止合闸。

③止步，高压危险。

3）不要擅自触摸、乱动各种配电箱、开关箱、电气设备等，以免发生触电事故。

4）不能用潮湿的手去扳开关或触摸电气设备的金属外壳。

5）衣物或其他杂物不能挂在电线上。

6）施工现场的生活照明应尽量使用荧光灯。使用白炽灯时，不能紧挨着衣物、蚊帐、纸张、木屑等易燃物品，以免发生火灾。施工中使用手持行灯时，要用36V以下的安全电压。

7）使用电动工具以前要检查外壳、导线绝缘皮，若有破损要请专职电工检修。

8）电动工具的线不够长时，要使用电源拖板。

9）使用振捣器、打夯机时，不要拖拽电缆，要有专人收放。操作者要戴绝缘手套、穿绝缘靴等防护用品。

10）使用电焊机时要先检查拖把线的绝缘好坏。电焊时要戴绝缘手套、穿绝缘靴等防护用品，不要直接用手去碰触正在焊接的工件。

11）使用电锯等电动机械时，要有防护装置，防止受到机械伤害。

12）电动机械的电缆不能随地拖放，如果无法架空只能放在地面时，要加盖板保护，防止电缆受到外界的损伤。

13）开关箱周围不能堆放杂物，闭合闸刀时，旁边要有人监护，收工后要锁好开关箱。

14）使用电器时，若遇跳闸或熔丝熔断时，不要自行更换或合闸，要由专职电工进行检查。

7.6 土方及基坑施工安全控制要点

7.6.1 土方及基坑的安全措施

1）施工前，应对施工区域内影响施工的各种障碍物（如建筑物、道路、各种管线、旧基础、坟墓、树木等）进行拆除、清理或迁移，确保安全施工。

2）施工时必须按施工方案（或安全措施）的要求，设置基坑（槽）安全边坡或固壁施工支护措施，因特殊情况需要变更的，必须履行相应的变更手续。

3）当地质情况良好、土质均匀、地下水位低于基坑（槽）底面标高时，挖方深度在5m以内可不加支撑，这时的边坡最陡坡度应按表7-4中的规定确定，并应在施工方案中予以确定。

表7-4 深度在5m以内（包适5m）的基坑（槽）边的最大坡度（不加支撑）

土的类别	边坡坡度（高：宽）		
	坡顶无荷载	坡顶有静载	坡顶有动载
中密的砂土	1:1.00	1:1.25	1:1.50
中密的碎石土	1:0.75	1:1.00	1:1.25
硬塑的粉土	1:0.67	1:0.75	1:1.00
中密的碎石土（充填物为黏土）	1:0.50	1:0.67	1:0.75
硬塑的粉质黏土、黏土	1:0.33	1:0.50	1:0.67
老黄土	1:0.10	1:0.25	1:0.33
软土（轻型井点降水后）	1:1.00		

注：1. 静载指堆土或材料等，动载指机械挖土或汽车运输作业等。静载或动载距挖方边缘的距离应在1m以上，堆土或材料堆积高度不应超过1.5m。

2. 若由科学理论计算并经试验证明者可不受本表限制。

3. 土质均匀且无地下水或地下水位低于基坑（槽）底面且土质均匀时，土壁不加支撑的垂直挖深不宜超过表7-5中的规定。

表7-5 坑（槽）土壁垂直挖深规定

土的类别	深度/m
密实、中密的砂土和碎石类土（充填物为砂土）	1
硬塑、可塑的粉土及粉质黏土	1.25
硬塑、可塑的黏土和碎石类土（充填物为黏土）	1.5
坚硬的黏土	2

4）当天然冻结的速度和深度能确保挖土时的安全操作：对于深度在4m以内的基坑（槽），开挖时可以采用天然冻结法垂直开挖而不加设支撑。但对干燥的砂土应严禁采用冻结法施工。

5）对于黏性土不加支撑的基坑（槽），最大垂直挖深可根据坑壁的重量、内摩擦角、坑顶部的均布荷载及安全系数等计算确定。

6）挖土前应根据安全技术交底了解地下管线、人防及其他构筑物的情况和具体位置，当地下构筑物外露时，必须加以保护。作业中应避开各种管线和构筑物，在现场电力、通信电缆 2m 范围内和在现场燃气、热力、给排水等管道 1m 范围内施工时，必须在业主单位人员的监护下人工开挖。

7）人工开挖槽、沟、坑深度超过 1.5m 的，必须根据开挖深度和土质情况，按安全技术措施或安全技术交底的要求放坡或支护，若遇边坡不稳或有坍塌征兆时，应立即撤离现场，并及时报告项目负责人，在险情排除后，方可继续施工。

8）人工开挖时，两个人横向操作间距应保持在 2~3m，纵向间距不得小于 3m，并应自上而下逐层挖掘，严禁采用掏洞挖掘的操作方法。

9）上下槽、坑、沟应先挖好阶梯或设木梯，不应踩踏土壁及其支撑上下，施工间歇时不得在槽、沟、坑的坡脚下休息。

10）若在挖土过程中遇有古墓、地下管道、电缆，或不能辨认的异物、液体、气体时，应立即停止施工，并报告现场负责人，待查明原因并采取措施处理，方可继续施工。

11）雨期深基坑施工中，必须注意排除地面雨水，防止积水倒流入基坑，同时注意防止雨水渗入造成土体强度降低，土压力加大造成基坑边坡坍塌事故。

12）用钢钎破冻土、坚硬土时，扶钎人应站在打锤人侧面用长把夹具扶钎，打锤范围内不得有其他人停留。锤顶应平整，锤头应安装牢固。钎子应直且不得有毛刺，打锤人不得戴手套。

13）从槽、坑、沟中吊运土至地面时，绳索、滑轮、钩子、箩筐等垂直运输设备、工具应完好牢固。起吊、垂直运送时，下方不得站人。

14）在配合机械挖土清理槽底作业时，严禁人员进入铲斗回转半径范围。必须待挖掘机停止作业后，方准进入铲斗回转半径范围内清土。

15）夜间施工时，应合理安排施工项目，防止挖方超挖或铺填超厚。应根据需要在施工现场安装照明设施，在危险地段应设置红灯警示。

16）每日或雨后必须检查土壁及支撑的稳定情况，在确保安全的情况下方可施工，并且不得将土和其他物件堆放在支撑上，不得在支撑上行走或站立。

17）深基坑内光线不足，不论是白天还是夜间施工，均应设置足够的电器照明设施，电器照明设施应符合《施工现场临时用电安全技术规范》（JGJ 46—2005）的有关规定。

18）用挖土机施工时，施工机械进场前必须经过验收，验收合格方准使用。

19）机械挖土，启动前应检查离合器、液压系统及各铰接部分等，经空车试运转正常后再开始作业，机械操作中进铲不应过深，提升不应过猛，作业中部的碰撞基坑支撑。

7.6.2　基坑支护及监测要求

1. 基坑的安全要求

1）深度超过 2m 的基坑施工，其临边应设置防止人及物体滚落基坑的安全防护措施，必要时应设置警示标志，配备监护人员。

2）基坑周边应搭设防护栏杆，栏杆的规格、杆件连接、搭设方式等必须符合《建筑施工高处作业安全技术规范》（JGJ 80—2016）的规定。

3）应根据施工设计设置人员上下基坑、基坑作业的专用通道，不得攀登固壁支撑上下。人员上下基坑作业，应配备梯子，作为上下的安全通道；在坑内作业时，可根据坑的大小设置专用通道。

4）夜间施工时，施工现场应根据需要安装照明设施，在危险地段应设置红灯警示。

5）在基坑内，无论是在坑底作业，还是攀登作业或是悬空作业，均应有安全的立足点和防护措施。

6）基坑较深，需要垂直方向上下同时作业的，应根据垂直作业层搭设作业架，各层用钢、木、竹板隔开，或采用其他有效的隔离防护措施，防止上层作业人员、土块或工具等其他物体坠落伤害下层作业人员。

2. 基坑支护

基坑支护的设计与施工技术尤为重要。国家有关部门提出，深基坑支护要进行结构设计，深度大于5m的基坑安全度要通过专家论证。

（1）基坑支护的一般要求

1）支护结构的选型应考虑结构的空间效应和基坑特点，选择有利支护的结构形式或采用几种形式相结合。

2）当采用悬臂式结构支护时，基坑深度不宜大于6m。基坑深度超过6m时，可选用单支点和多支点的支护结构。在地下水位较低或能保证降水的地区施工时，也可采用土钉支护。

3）寒冷地区基坑设计应考虑土体冻胀力的影响。

4）支撑安装必须按设计位置进行，施工过程严禁随意变更，并应使围檩与挡土桩墙结合紧密。挡土板或板桩与坑壁间的回填土应分层回填、夯实。

5）支撑的安装和拆除顺序必须与设计工况相符合，并与土方开挖和主体工程的施工顺序相配合。分层开挖时，应先支撑后开挖；同层开挖时，应边开挖边支撑。支撑拆除前，应采取换撑措施，防止边坡卸载过快。

6）钢筋混凝土支撑其强度必须达到设计要求（或达75%）后，方可开挖支撑面以下土方；钢结构支撑必须严格材料检验和保证节点的施工质量，严禁在负荷状态下进行焊接。

7）应合理布置锚杆的间距与倾角，锚杆上下间距不宜小于2.0m，水平间距不宜小于1.5m；锚杆倾角宜为15°~25°，且不应大于45°。最上一道锚杆覆土厚不得小于4m。

8）锚杆的实际抗拔力除应经计算外，还应按规定方法进行现场试验后确定，可采取提高锚杆抗力的二次压力灌浆工艺。

9）采用逆做法施工时，外围结构必须有自防水功能。基坑上部机械挖土的深度，应按地下墙悬臂结构的应力值确定；基坑下部封闭施工，应采取通风措施；当采用电梯间作为垂直运输的井道时，对洞口楼板的加固方法应由工程设计确定。

10）采用逆做法施工时，应合理地解决支撑上部结构的单柱单桩与工程结构的梁柱交叉及节点构造并在方案中预先设计，当采用坑内排水时必须保证封井质量。

（2）基坑支护的施工监测

1）监测内容。

①挡土结构顶部的水平位移和沉降。

②挡土结构墙体的变形。

③支撑立柱的沉降。

④周围建（构）筑物的沉降。

⑤周围道路的沉降。

⑥周围地下管线的变形。

⑦坑外地下水位的变化。

2）监测要求。

①基坑开挖前应做出系统的开挖监控方案，监控方案应包括监控目的、监控项目、监控报警值、监控方法及精度要求、检测周期、工序管理和记录制度以及信息反馈系统等。

②监控点的布置应满足监控要求。距基坑边线以外1~2倍开挖深度范围内的需要保护物体应作为保护对象。

③监测项目在基坑开挖前应测得初始值，且不应少于两次。基坑监测项目的监控报警值应根据监测对象的有关规范及护结构设计的要求确定。

④各项的监测时间可根据工程施工进度确定。当变形超过允许值、变化速率较大时，应加大观测次数。当有事故征兆时，应连续监测。

⑤在基坑开挖监测过程中，应根据设计要求提供阶段性监测结果报告。工程结束时应提交完整的监测报告，报告内容应包括：工程概况、监测项目和各监测点的平面和立面布置图采用的仪器设备和监测方法；监测数据的处理方法和监测结果过程曲线、监测结果评价等。

《基坑监测报告》示例模板见“配套资源”。

7.7　安全施工技术交底

7.7.1　概述

1. 安全技术交底的种类

按照《中华人民共和国安全生产法》《建设工程安全生产管理条例》《建筑施工安全检查标准》（JGJ 59—2011）等相关法律法规的要求，安全技术交底的种类按交底人和被交底人的不同可分为：业主对总承包方的安全技术交底、设计单位对总承包方的安全技术交底、总承包方对专业分包方的安全技术交底、专业分包队伍对职工和劳务分包者的安全技术交底等。

2. 安全技术交底的必要性和重要性

在分部、分项工程施工前进行安全技术交底是国家法律法规、规章等文件中明确规定的，如《中华人民共和国安全生产法》第二十五条：生产经营单位应当对从业人员进行安全生产教育和培训，保证从业人员具备必要的安全生产知识，熟悉有关的安全生产规章制度和安全操作规程，掌握本岗位的安全操作技能。未经安全生产教育和培训合格的从业人员，不得上岗作业；第二十六条：生产经营单位采用新工艺、新技术、新材料或者使用新设备，必须了解、掌握其安全技术特性，采取有效的安全防护措施，并对从业人员进行专门的安全生产教育和培训；第四十二条：生产经营单位必须为从业人员提供符合国家标准或者行业标准的劳动防护用品，并监督、教育从业人员按照使用规则佩戴、使用；《建设工程安全生产管理条例》第二十七条：建设工程施工前，施工单位负责项目管理的技术人员应当对有关安全施工的技术要求向施工作业班组、作业人员作出详细说明，并由双方签字确认；《建筑

施工安全检查标准》(JGJ 59—2011)中的管理部分等。

进行安全技术交底是企业管理自身的要求。企业及项目部为保证员工和相关人员的职业健康安全，按照管理要求必须进行安全技术交底。

3. 参与安全技术交底的主体

《建设工程安全生产管理条例》第二十七条明确规定：建设工程施工前，施工单位负责项目管理的技术人员应当对有关安全施工的技术要求向施工作业班组、作业人员作出详细说明，并由双方签字确认。可以看出，专业施工方（直接总承包方）的专业技术人员、项目负责人或工长是交底人，项目技术负责人应进行审核，按《建筑施工安全检查标准》(JGJ 59—2011)的要求，专业施工方项目安全员应进行见证监督。接受交底人是施工作业班组中的每位作业人员。交接时双方相关人员都要签字确认。

4. 安全技术交底的时间、项数和频次

建筑工程主体施工的分部、分项工程应按照《建筑工程施工质量验收统一标准》(GB 50300—2013)进行划分。安全技术交底的项数和频次是很多的，因为分部、分项工程的不同，时间、空间、人员、环境及气候等都发生一定变化，安全技术交底应重新进行，以符合动态管理的要求。

为了保证交底工作及时、全面，在编制施工组织设计时应编制项目安全技术交底的计划，把现场所有的生产过程系统全面地划分为各个分部、分项工程，并规定交底人、交底时间、监督人等。

5. 安全技术交底的内容

综合《中华人民共和国安全生产法》《建设工程安全生产管理条例》《建筑施工安全检查标准》(JGJ 59—2011)等要求，安全技术交底的内容应包括以下内容：

1）分部、分项工程概况、材料准备、周边环境、气候等情况简介。

2）作业场所、工作岗位、施工过程中存在的危险因素。

3）应采取的防范措施，包括个人防护用品的配备和使用、现场防护设施的要求、工种和设备操作规程、材料安全、用电安全、防火要求、文明施工、工艺安全等，必要时用图表说明细节。

4）发现安全隐患后如何处置。

5）可能发生的紧急情况（含事故）及相应的处理措施。

6）其他应交代的安全注意事项。

6. 安全技术交底的形式

应组织相应作业人员对安全技术交底工作进行口头讲解，同时签署书面文字材料。

7. 安全技术交底后落实情况的检查

交底人应督促接底人严格遵照执行，对交底实施情况进行跟踪检查，对没有想到的、新出现的情况及时进行补充交底，对违反交底要求的及时制止、纠正。项目安全员应加强巡查，项目技术负责人也应定期巡视，项目经理在现场时也应对常识性、通用性的安全交底内容进行抽查。

7.7.2 安全施工技术交底案例

安全施工技术交底案例参见：《安全技术交底（范本）》见“配套资源”。

小　结

本章重点介绍了脚手架工程、模板及支架、起重及垂直运输机械设备、临时用电、土方及基坑施工等模块安全控制要点，在具体工程中，可能包含但不局限于以上模块，需结合工程实际情况进行分析。

在学习本章内容的过程中，一定要以现行的法律、法规规章等文件为准绳，并结合相关的标准、规范对比学习。

习　题

1. 各种电动机具用电必须符合“____、____、____、____”的规定。

2. 在没有防护设施的高空、悬崖和陡坡施工时，必须按规定使用____，____必须高挂低用，挂设点必须安全、可靠。

3. 遇有恶劣气候，风力在____级以上影响施工安全时，禁止进行露天高空及登高架设、起重和打桩作业。

4. 在进行高处作业及登高架设作业前，必须对有关防护设施及个人安全防护用品进行检查，不得在存在安全隐患的情况下____或____冒险作业。

5. 夏季作业应调整作息时间。室外作业应避开高温时间，室内的高温作业场所及办公室和宿舍，应加强____和____措施。

6. 冬期施工取暖，禁止在施工现场____取暖，禁止使用____取暖。

7. 用于结构的脚手架其施工载荷按____计算；用于装修的脚手架其施工载荷按____计算。

8. 对于采用脚手板的脚手架，其荷载的传递方式为：脚手板→____→____→____→____。

9. 国家标准《高处作业分级》（GB/T 3608—2008）规定：“凡在坠落高度基准面____以上（含____）有可能坠落的高处进行作业，都称为高处作业。”

10. 高处作业一般常用的防护用具有三种：____、____、____。

11. 承重结构模板的拆除时间应按施工方案的规定。一般情况下，跨度在2m以下的承重模板，可在混凝土强度不低于____时进行；跨度在2~8m的承重模板，应在混凝土强度达____以上时进行；跨度大于8m或有悬臂构件的承重结构模板，应在混凝土强度达到____时方可拆除。

12. 物料提升机附墙架间隔应按图样说明书要求，一般不大于____，建筑物的顶层必须设置一组，架体上部的自由高度不得大于____。

13. 人工拆除施工应____、____拆除分段进行，不得交叉作业。

14. 人工拆除建筑墙体时，严禁采用____的方法。

15. 施工升降机中有哪些主要安全装置？

第 8 章　建设工程施工现场安全检查与评价

教学目标

了解安全评价方法，熟悉施工现场安全检查的目的、主要内容、主要形式、要求、方法和常见问题，掌握施工现场安全检查评分的构成和内容。

教学内容

施工现场安全检查；安全评价方法与施工现场安全检查评分。

8.1　施工现场安全检查

施工现场安全检查是安全控制的重要手段，它对于施工单位建立健全各项安全施工制度、落实安全施工措施、排查事故隐患、提高安全控制水平等都有十分现实的意义。

8.1.1　施工现场安全检查的目的

1）了解安全生产的状态，为研究加强安全管理的方式提供信息依据。

2）发现问题、暴露隐患，以便及时采取有效措施，消除事故隐患，保障安全生产。

3）发现、总结及交流安全生产的成功经验，推动地区乃至行业的施工安全生产水平的提高。

4）利用检查，进一步宣传、贯彻、落实安全生产方针、政策和各项安全生产规章制度。

5）增强领导和群众的安全意识，制止违章指挥，纠正违章作业，提高安全生产的自觉性和责任感。

总之，施工现场安全检查是主动性的安全防范。

8.1.2　施工现场安全检查的主要内容

建筑工程施工现场安全检查是指查安全思想、查安全责任、查安全制度、查安全措施、查安全防护、查设备设施、查教育培训、查操作行为、查劳动防护用品使用、查伤亡事故处理等。

施工现场安全检查要根据施工生产特点，具体确定检查的项目和检查的标准。

1. 查安全思想

查安全思想主要是检查以项目经理为首的项目全体员工（包括分包作业人员）的安全生产意识和对安全生产工作的重视程度。

2. 查安全责任

查安全责任主要是检查现场安全生产责任制度的建立；安全生产责任目标的分解与考核

情况；安全生产责任制与责任目标是否已落实到了每一个岗位和每一位人员，并得到了确认。

3. 查安全制度

查安全制度主要是检查现场各项安全生产规章制度和安全技术操作规程的建立和执行情况。

4. 查安全措施

查安全措施主要是检查现场安全措施计划及各项安全专项施工方案的编制、审核、审批及实施情况；重点检查方案的内容是否全面、措施是否具体并有针对性，现场的实施是否与方案规定的内容相符。

5. 查安全防护

查安全防护主要是检查现场临边、洞口等各项安全防护设施是否到位，有无安全隐患。

6. 查设备设施

查设备设施主要是检查现场投入使用的设备、设施的购置、租赁、安装、验收、使用、过程维护保养等各个环节是否符合要求；设备、设施的安全装置是否齐全、灵敏、可靠，有无安全隐患。

7. 查教育培训

查教育培训主要是检查现场教育培训岗位、教育培训人员、教育培训内容是否明确、具体、有针对性；三级安全教育制度和特种作业人员持证上岗制度是否落实；有关教育培训的档案资料是否真实、齐全。

8. 查操作行为

查操作行为主要是检查现场施工作业过程中有无违章指挥、违章作业、违反劳动纪律的行为。

9. 查劳动防护用品使用

主要是检查现场劳动防护用品、用具的购置、产品质量、配备数量和使用情况是否符合安全与职业卫生的要求。

10. 查伤亡事故处理

查伤亡事故处理主要是检查现场是否发生伤亡事故，对发生的伤亡事故是否已按照“四不放过”的原则进行了调查和处理，是否已有针对性地制定了纠正与预防措施，制定的纠正与预防措施是否已经落实并取得实效。

8.1.3　施工现场安全检查的主要形式

建筑工程施工现场安全检查的主要形式一般可分为：日常巡查，专项检查，定期安全检查，经常性安全检查，季节性安全检查，节假日安全检查，开工、复工安全检查，专业性安全检查和设备、设施安全验收检查等。

1. 定期安全检查

建筑工程施工单位应建立定期安全检查制度，定期安全检查属于全面性和考核性的检查，建筑工程施工现场应至少每旬开展一次安全检查工作，施工现场的定期安全检查应由项目经理亲自组织。

2. 经常性安全检查

建筑工程施工单位应经常开展预防性的安全检查工作，以便及时发现并消除事故隐患，保证施工生产正常进行。施工现场的经常性安全检查方式主要有：现场专（兼）职安全生产管理人员及安全值班人员每天例行开展的安全巡视、巡查；项目经理、责任工程师及相关专业技术管理人员在检查生产工作的同时进行的安全检查；作业班组在班前、班中、班后进行的安全检查。

3. 季节性安全检查

季节性安全检查主要是针对气候特点（如：暑期、雨期、风季、冬期等）可能给安全生产造成的不利影响或带来的危害而组织的安全检查。

4. 节假日安全检查

在节假日，特别是重大或传统节假日（如：劳动节、国庆、元旦、春节等）前后和节日期间，为防止现场管理人员和作业人员思想麻痹、纪律松懈等进行的安全检查。若在节假日加班，更要认真检查各项安全防范措施的落实情况。

5. 开工、复工安全检查

针对工程项目开工、复工之前进行的安全检查，主要检查现场是否具备保障安全生产的条件。

6. 专业性安全检查

由有关专业人员对现场某项专业的安全问题或在施工生产过程中存在的系统性的安全问题进行的单项检查。这类检查专业性强，主要应由专业工程技术人员、专业安全管理人员参加。

7. 设备、设施安全验收检查

针对现场塔式起重机等起重设备、外用施工电梯、龙门架及井架物料提升机、电气设备、脚手架、现浇混凝土模板支撑系统等设备、设施在安装、搭设过程中或完成后进行的安全验收、检查。

8. 日常巡查

由安全管理小组成员、安全专（兼）职人员和安全值日人员进行的日常安全检查。

9. 专项检查

由安全管理小组、职能部门人员、专职安全员和专业技术人员组成对电气、机械设备、脚手架、登高设施等专项设施、设备，高处作业，用电安全，消防保卫等进行的专项安全检查。

施工现场安全检查的组织形式应根据检查的目的、内容而定，因此参加检查的组成人员也就不完全相同。

8.1.4 施工现场安全检查的要求

1）根据检查内容配备力量，抽调专业人员，确定检查负责人，明确分工。

2）应有明确的检查目的和检查项目、内容及检查标准、重点、关键部位。对大面积或数量多的项目可采取系统的观感和一定数量的测点相结合的检查方法。检查时尽量采用检测工具，用数据说话。

3）对现场管理人员和操作工人，不仅要检查有无违章指挥和违章作业行为，还应进行

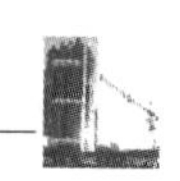

“应知应会”的抽查，以便了解管理人员及操作工人的安全素质。对于违章指挥、违章作业行为，检查人员可以当场指出并进行纠正。

4）认真、详细进行检查记录，特别是对隐患的记录必须具体，如隐患的部位、危险性程度及处理意见等。采用安全检查评分表的，应记录每项扣分的原因。

5）对检查中发现的隐患，应该进行登记并发出隐患整改通知书，引起整改单位重视，并作为整改的备查依据。对即发性事故危险的隐患，检查人员应责令其停工，被查单位必须立即整改。

6）尽可能系统、定量地得出检查结论，进行安全评价，以便受检单位根据安全评价研究对策、进行整改、加强管理。

7）检查后应对隐患整改情况进行跟踪复查，查被检单位是否按“三定”原则（定人、定期限、定措施）落实整改，经复查整改合格后，进行销案。

8.1.5　施工现场安全检查的方法

在正确使用安全检查表的基础上，可以采用“听”“问”“看”“量”“测”“运转试验”等方法进行建筑工程施工现场安全检查。

1）“听”。听取基层管理人员或施工现场安全员汇报安全生产情况，介绍现场安全工作经验、存在的问题、今后的发展方向。

2）“问”。通过询问、提问，对以项目经理为首的现场管理人员和操作工人进行“应知应会”抽查，以便了解现场管理人员和操作工人的安全素质。

3）“看”。查看施工现场安全管理资料和对施工现场进行巡视。例如，查看项目负责人、专职安全管理人员、特种作业人员等的持证上岗情况，现场安全标志设置情况，劳动防护用品使用情况，现场安全防护情况，现场安全设施及机械设备安全装置配置情况等。

4）“量”。使用测量工具对施工现场的一些设施、装置进行实测、实量。例如，对脚手架各种杆件间距的测量；对现场安全防护栏杆高度的测量；对电气开关箱安装高度的测量；对在建工程与外电线路安全距离的测量等。

5）“测”。使用专用仪器、仪表等监测器具对特定对象关键特性技术参数的测试。例如，使用漏电保护器测试仪对漏电保护器漏电动作电流、漏电动作时间的测试，使用地阻仪对现场各种接地装置接地电阻的测试，使用兆欧表对电机绝缘电阻的测试，使用经纬仪对塔式起重机、外用电梯安装垂直度的测试等。

6）“运转试验”。由具有专业资格的人员对机械设备进行实际操作、试验，检验机械设备运转的可靠性或安全限位装置的灵敏性。例如，对塔式起重机力矩限制器、变幅限位器、起重限位器等安全装置的试验，对施工电梯制动器、限速器、上下极限限位器、门联锁装置等安全装置的试验，对龙门架超高限位器、断绳保护器等安全装置的试验等。

8.1.6　施工现场安全检查的常见问题

1. 脚手架

脚手架基础未夯实，无垫板；缺少部分小横杆，多数小横杆未处于主结点，内、外立杆不对应，内立杆数量不足。连墙件角度不正确，与主节点间距大。安全网支挂不严。脚手架作业层未铺脚手板（只有少量木方），护栏少一道栏杆，无挡脚板。悬挑钢梁固定预埋件留

置不符合要求、缺少连墙件、剪刀撑未连续设置、密目网未封闭设置、卸料平台与架体连接未单独设置。脚手架无验收报告和防护用品合格证。悬挑脚手架方案未经审批，计算书与实际搭设不相符。钢管落地架剪刀撑搭设、连墙件设置等不符合要求。钢管落地架转角少立杆，扫地杆、剪刀撑及连墙件设置不符合规范要求，且部分立杆弯曲。材料转运平台压在脚手架上，存在重大隐患。脚手架基础一部分为回填土，已出现塌陷，且垫板不符合要求，无扫地杆，无密目网围护。操作层未满铺脚手板。悬挑脚手架专项施工方案不符合规范和强制性标准要求。外脚手架与主体拉结点不符合要求，作业层未铺脚手板，内立杆与主体之间空隙无防护，缺少立杆。搅拌机无开关箱，外脚手架与主体拉结点不符合要求，作业层脚手板未满铺，内立杆与主体之间防护不符合要求，大部分扫地杆没有设置横向拉杆。脚手架未与施工层进度保持同步搭设，屋面临边防护高度不到位，且架体底层、施工层、中间层脚手板未满铺，架体基础排水措施不落实。卸料平台脚手架没有按照标准图集要求搭设，存在问题主要是井架吊笼位与架体立杆水平间距过大，平台脚手板未满铺、固定，没有设置安全门或防护栏杆。内脚手架方面许多工地都使用了门式刚架，但也有一些工地还在使用简易支架、马橙、跳板等替代。落地式脚手架立杆基础处理、连墙件设置、架内防护以及各类卸料平台达不到强制性标准要求。

2. 临时用电

临时用电接线、架线混乱，未采用 TN-S 系统，未用五芯电缆，无保护零线。未采用三级配电二级保护，塔式起重机、搅拌机无分配电箱。总配电箱不稳固、不防雨，无电流表、电压表，无断路器，无照明，不通风，周围操作距离小。总配电箱相线裸露，无相序标识，母线排裸露。有总箱，无分箱，总箱漏电保护器数量不足，参数不正确。临时用电总配电箱 N 线与 PE 线混接，分路漏电保护器选用额定电流不正确。分配电箱箱体宽度不符合规定、不便于操作，电源线未做绝缘处理。除塔式起重机、搅拌机外的设备开关箱均无隔离开关，开关箱过小，开关箱漏电保护器动作电流大于 30mA。电焊机无触电保护器。电缆沿地面敷设，较乱。楼内电动工具无开关箱。一箱多闸，个别一闸多用。总箱、开关箱无隔离开关。电锯无挡板，调直机传动部分无防护罩。分配电箱保护零线接线不正确。重复接地数量不足，分项无重复接地。现场电工脱岗，临时用电设施无法检查。开关箱箱体过小、钢板厚度不够。临时用电专项施工方案不符合规范和强制性标准要求。

3. 起重设备

上料口无安全防护门。塔式起重机作业半径内钢筋加工区等未设置防护棚。塔式起重机基础有积水现象，地脚螺栓用单个螺母固定。门架附墙件不符合要求，卸料走道搭设不符合要求，卸料口无防护门，两侧边防护不严，地面进料口未围护。塔式起重机未检测、无安装手续；起重臂与其他塔式起重机起重臂作业范围重叠。卸料口无安全门。龙门架未经检测，标准节严重超高，吊篮与钢丝绳直接连接，绳卡方向不符合规范要求，卷扬机无防钢丝绳滑脱装置。龙门架上料口无防护棚，缺卸料平台专项施工方案，卸料台搭设与防护不符合要求。起重机械设备限位、保险装置失效，附着装置和缆风绳设置严重违反强制性标准，检查验收、运行维护、检修保养管理混乱。建筑起重机械设备安拆单位无资质、无安全生产许可证，相关人员无证上岗或无证作业。各类提升设备限位、保险装置失效以及附着不符合要求，安拆过程未按规定组织验收。

4. 临边洞口防护

室内洞口无防护。部分楼梯临边、栏杆阳台边无防护。电梯井无立面防护门，预留洞口防护不严。板洞口无防护。安全通道搭设不合格。作业层洞口、楼梯口、临边未设防护，高处临边作业未设防护。电梯井口、地下室临边防护不符合规范要求。

5. 文明施工

宿舍脏、乱、通铺、不通风；楼内住人。作业区无防护。深基坑施工方案不符合要求，审批手续不全，无监控记录。基坑方案未经专家论证，边坡支护不符合要求。两边房屋靠近基坑，未采取有效防范措施。围墙边堆放材料高度超出规定，基坑周边通道不畅通，基坑临边围护不连续，无下基坑安全通道。没有隐蔽工程验收记录。未按施工方案组织施工，如护坡坡度、锚杆间距等。护坡坡面明显不平整，面层厚度无法保证。

6. 资料

安全交底无交底人签字。安全专项施工方案无编制依据，专项方案针对性、指导性不强。施工现场未在明显部位张挂重大危险源公示牌。多塔作业施工方案不详细或未按照建设部有关规定进行编制。劳务合同不规范，以项目经理部名义与劳务公司、专业分包公司签订分包合同。劳务公司、分包公司安全生产许可证欠缺。施工企业没有按规定认真编制施工组织设计与施工专项方案；方案没有针对工程实际情况，缺乏可操作性，实际作用不大。机械设备、脚手架、临时用电设施等验收、检查、维护记录资料不完善。一线工人三级安全教育、分部分项工程作业前安全技术交底工作没有认真落实。专项施工方案编制错误多、内容不全，未按规定审批审查。

7. 管理

施工企业忽视安全生产，随意降低施工安全生产条件；人员不到岗、责任不落实、措施不到位、安全防护差、文明施工水平低。监理单位和监理人员安全责任意识不强，未能严格履行安全监理职能，项目总监形同虚设；监理方对施工方现场管理人员到位与否、施工机械设备与安全设施是否符合标准等缺乏有力监管。工地建造师为挂名项目经理，未能履行施工现场安全第一责任人职责，问题较严重。对重大危险源监控流于形式，不按规定编制审批专项施工方案和不按经审批的专项施工方案施工。安全员人数未按规定设置。

8.2　安全评价方法与施工现场安全检查评分

8.2.1　安全评价方法

1. 安全检查表方法

为了查找工程、系统中各种设备设施、物料、工件、操作、管理和组织措施中的危险、有害因素，事先把检查对象加以分解，将大系统分割成若干子系统，以提问或打分的形式，将检查项目列表并逐项检查，以免遗漏，这种列表的检查方式称为安全检查表方法。

2. 危险指数方法

危险指数方法是一种评价方法。通过评价人员对几种工艺的现状及运行的固有属性（以作业现场危险度、事故概率和事故严重度为基础，对不同作业现场的危险性进行鉴别）进行比较，确定工艺危险特性的重要性大小，并根据评价结果，确定进一步评价的对象。危险指数评价可以运用在工程项目的各个阶段（可行性研究、设计、运行等），或在详细的设计方案完成之前，或在现有装置危险分析计划制订之前。当然它也可用于现役装置，作为确定工艺及操作危险性的依据。目前已有好几种危险等级方法得到广泛的应用。此方法使用起来可繁可简，形式多样，既可定性又可定量。例如，评价者可依据作业现场危险度、事故概率、事故严重度的定性评估，对现场进行简单分级，对于较为复杂的作业现场，通过对工艺特性赋予一定的数值组成数值图表，可用此表计算数值化的分级因子。

3. 预先危险分析方法

预先危险分析（PHA）方法是一种起源于美国军用标准安全计划要求的方法。它主要用于对危险物质和装置的主要区域等的分析，在设计、施工和生产前，预先对系统中存在的危险性类别、出现条件、导致事故的后果进行分析，其目的是识别系统中的潜在危险，确定其危险等级，防止危险发展成事故。预先危险分析可以达到以下四个目的：①大体识别与系统有关的主要危险；②鉴别产生危险的原因；③预测事故的发生对人员和系统的影响；④判别危险等级，并提出消除或控制危险性的对策措施。预先危险分析方法通常用于对潜在危险了解较少和无法凭经验觉察危险的工艺项目的初期阶段。通常用于初步设计或工艺装置的研究和开发，在分析庞大的现有装置时或因环境因素无法使用更为系统的方法时，常优先考虑PHA法。

4. 故障假设分析方法

故障假设分析方法是一种对系统工艺过程或操作过程进行分析的创造性分析方法。使用该方法的人员应对工艺熟悉，通过提问（故障假设）的方式来发现潜在的事故隐患（实际上是假想系统中一旦发生严重的事故，找出促成事故的潜在因素，估计在最坏的条件下，这些潜在因素导致事故的可能性）。与其他方法不同的是，它要求评价人员了解基本概念并用于具体的问题中，有关故障假设分析方法及应用的资料较少，但是它在工程项目发展的各个阶段都可能经常采用。故障假设分析方法一般要求评价人员用“如果……，怎么办?”作为开头，对有关问题进行考虑。任何与工艺安全有关的问题，即使不太相关，也可提出并加以讨论。例如：“提供的原料不对，如何处理?”“如果在开车时泵停止运转，怎么办?”“如果操作工打开阀 B 而不是阀 A，怎么办?”通常，应将所有的问题都记录下来，然后将问题分门别类，例如，按照电气安全、消防、人员安全等问题分类，分别进行讨论。对正在运行的装置，与操作人员进行交谈，要考虑到任何与装置有关的不正常的生产条件并提出相关问题，而不仅仅是针对设备故障或工艺参数的变化提问。

5. 故障假设分析/检查表分析方法

故障假设分析方法/检查表分析方法是由故障假设分析方法与安全检查表方法组合而成的，它弥补了上述两种方法单独使用时的不足。例如，安全检查表方法是一种以经验为主的方法，用它进行安全评价时，成功与否很大程度上取决于检查表编制人员的经验水平。如果检查表编制得不完整，评价人员就很难对危险性状况做出有效的分析。故障假设分析方法鼓励评价人员思考潜在的事故和后果，它弥补了检查表编制时可能存在的经验不足；反过来，检查表这部分把故障假设分析方法更系统化。故障假设分析/检查表分析方法可用于工艺项目的任何阶段。与其他大多数的评价方法相类似，这种方法同样需要由工艺经验丰富的人员完成，常用于分析工艺中普遍存在的危险。虽然它也能够用来评价所有层次的事故隐患，但故障假设分析/检查表分析方法主要对过程危险进行初步分析，然后可用其他方法进行更详

细的评价。

6. 危险和可操作性研究

危险和可操作性研究技术的含义：背景各异的专家们若在一起工作，就能够在创造性、系统性和风格上互相影响和启发，能够发现和识别更多的问题，这要比他们独立工作并分别提供工作结果更为有效。虽然危险和可操作性研究技术起初是专门为评价新设计和新工艺而开发的，但是这一技术同样可以用于整个工程及系统项目生命周期的各个阶段。危险和可操作性分析的本质，就是通过系列会议对工艺流程图和操作规程进行分析，由各种专业人员按照规定的方法对偏离设计的工艺条件进行危险和可操作性过程研究。鉴于此，虽然某一个人也可能单独使用危险和可操作性分析方法，但这绝不能称为危险和可操作性分析。所以，危险和可操作性研究方法与其他安全评价方法的明显不同之处是其他方法可由某个人单独完成，而危险和可操作性研究则必须由多方面的、专业的、熟练的人员组成的小组来完成。

7. 故障类型和影响分析

故障类型和影响分析（FMEA）是系统安全工程的一种分析方法，根据系统可以划分为子系统、设备和元件的特点，按实际需要将系统进行分割，然后分析各自可能发生的故障类型及其产生的影响，以便采取相应的对策，提高系统的安全可靠性。

（1）故障　元件、子系统、系统在运行时，达不到设计规定的要求，因而完不成规定的任务或完成得不好。

（2）故障类型　系统、子系统或元件发生的每一种故障的形式称为故障类型。例如，阀门故障可以有四种故障类型，即内漏、外漏、打不开、关不严。

（3）故障等级　根据故障类型对系统或子系统影响的程度不同而划分的等级称为故障等级。

划分故障等级主要是为了分出轻重缓急以采取相应的对策，提高系统的安全性。采用简单划分法，可以将故障等级分为四级，见表8-1。

表8-1　故障类型分级表

故障等级	影响程度	可能造成的危害或损失
一	致命性	可造成死亡或系统毁坏
二	严重性	可造成严重伤害或严重职业病或主要系统损坏
三	临界性	可造成轻伤或轻职业病或次要系统损坏
四	可忽略性	不会造成伤害或职业病，系统不会受到损坏

8. 故障树分析

故障树（Fault Tree）是一种描述事故因果关系的有方向的“树”。故障树分析（FTA）法是安全系统工程中重要的分析方法之一，它能对各种系统的危险性进行识别评价，既能用于定性分析，又能进行定量分析，具有简明、形象化的特点，体现了以系统工程方法研究安全问题的系统性、准确性和预测性。FTA作为一种进行安全分析评价和事故预测的先进的科学方法，已得到国内外的公认和广泛采用。20世纪60年代初期美国贝尔电话研究所为研究民兵式导弹发射控制系统的安全性问题开始对故障树进行开发研究，为解决导弹系统偶然事件的预测问题做出了贡献。随后，波音公司的科研人员进一步发展了FTA方法，使之在航空航天工业方面得到应用。20世纪60年代中期，FTA由航空航天工业发展到以原子能工业为中心的其他产业部门。1974年美国原子能委员会发表了关于核电站灾害性危险性评价报告——拉斯姆逊报告，对FTA做了大量有效的应用，引起了全世界的关注，目前此种方法已在许多工业部门运用。FTA不仅能分析出事故的直接原因，而且能深入提示事故的潜在原因，因此在工程或设备的设计阶段、在事故查询或编制新的操作方法时，都可以使用FTA对它们的安全性做出评价。日本劳动省积极推广FTA方法，并要求安全干部学会使用该种方法。从1978年起，我国开始了对FTA的研究和运用。实践证明，FTA适合我国国情，应该在我国推广使用。

9. 事件树分析

事件树分析用来分析普通设备故障或过程波动（称为初始事件）导致事故发生的可能性。事故是典型设备故障或工艺异常（称为初始事件）引发的结果。与故障树分析不同，事件树分析是使用归纳法（而不是演绎法），事件树是可提供记录事故后果的系统性的方法，并能确定后果事件与初始事件的关系。事件树分析适合分析那些产生不同后果的初始事件。

事件树强调的是事故可能发生的初始原因以及初始事件对事件后果的影响，事件树的每一个分支都表示一个独立的事故序列，对某个初始事件而言，每一个独立的事故序列都清楚地界定了安全功能之间的关系。

上面简述了安全评价方法的要点，虽然介绍了几种安全评价方法，但并不是任何一种方法都适用在每个安全评价的环境中，有些方法适用于对一般工艺危险性的研究，通常适用于工艺寿命的早期（安全预评价阶段）。想要对一套庞杂的工艺（装置）的固有危险性有大致的了解，运用某些方法（安全检查表分析、危险等级比较、预先危险分析及故障假设分析）更有效。在工艺验收之前利用这些方法进行评价（安全验收评价、现状评价），可极大地提高后续的安全整改工作的成本效益。

上面概括的其他安全评价方法（故障假设分析/检查表分析方法、危险和可操作性研究、故障类型和影响分析）在工艺设计阶段和正常运行操作时皆可用来对大范围的危险进行详尽分析。这些方法可用于危险辨识，然后再用更为复杂的分析方法进行研究。

有些方法可应用于对某些特定的情况，特别是对某些特定的危险状况的详尽的分析。例如，故障树分析、事件树（要求工程技术人员进行专门培训，并能熟练掌握使用）。分析人员使用这些方法时应注意，只有在分析一些特别重要的关键部位时才使用这些方法，因为使用这些方法比使用那些粗略的方法花费的时间及工作量要多很多。

我国根据建筑工程施工现场的实际和可操作性，主要采用安全检查表方法。

为科学评价建筑施工现场的安全生产情况，预防生产安全事故的发生，保障施工人员的安全和健康，提高施工管理水平，实现安全检查工作的标准化，我国特制定了《建筑施工安全检查标准》（JGJ 59—2011）。该标准采用19张安全检查评分表和1张安全检查评分汇总表的形式，使安全检查由传统的定性评价上升到定量评价，使安全检查进一步规范化、标准化。

8.2.2 施工现场安全检查评分

1. 安全检查评分表格的构成和内容

建筑施工安全检查评分表格由安全检查评分汇总表和检查评分表两个层次的表构成。

（1）安全检查评分汇总表如表 8-2 所示。

表 8-2　建筑施工安全检查评分汇总表

企业名称：　　　　　　　　　　　资质等级：　　　　　　　　　　　年　　月　　日

单位工程（施工现场）名称	建筑面积 $/m^2$	结构类型	总计得分（满分 100 分）	项目名称及分值									
				安全管理（满分 10 分）	文明施工（满分 15 分）	脚手架（满分 10 分）	基坑工程（满分 10 分）	模板支架（满分 10 分）	高处作业（满分 10 分）	施工用电（满分 10 分）	物料提升机与施工升降机（满分 10 分）	塔式起重机与起重吊装（满分 10 分）	施工机具（满分 5 分）

评语：

检查单位		负责人		受检项目		项目经理	

（2）检查评分表的构成和主要内容　检查评分表是进行具体检查时用以评分记录的表格，与汇总表中的十个分项内容相对应，但由于一些分项所对应的检查内容不止一项，所以共有 19 张检查评分表。检查评分表的结构形式分为两类：一类是自成整体的系统，如文明施工、施工用电等检查评分表，规定的各检查项目之间有内在的联系。因此，按照结构重要性程度的大小，把影响安全的关键项目列为保证项目，其他项目列为一般项目；另一类用来检查各项目之间无相互联系的逻辑关系，因此没有列出保证项目，如《高处作业检查评分表》和《施工机具检查评分表》。各检查评分表的主要内容如下：

1）《安全管理检查评分表》用于对施工单位安全管理工作的评价。保证项目包括：安全生产责任制、施工组织设计及专项施工方案，安全技术交底、安全检查、安全教育、应急预案。一般项目包括：分包单位安全管理、特种作业持证上岗、生产安全事故处理、安全标志。

2）《文明施工检查评分表》用于对施工现场文明施工的评价。保证项目包括：现场围挡、封闭管理、施工场地、材料管理、现场办公与住宿、现场防火。一般项目包括：综合治理、公示标牌、生活设施、社区服务。

3）脚手架检查评分表分有：《扣件式钢管脚手架检查评分表》《悬挑式脚手架检查评分表》《门式钢管脚手架检查评分表》《碗扣式钢管脚手架检查评分表》《承插型盘扣式钢管脚手架检查评分表》《满堂脚手架检查评分表》《高处作业吊篮脚手架检查评分表》《附着式升降脚手架检查评分表》八种脚手架的安全检查评分表。

4）《基坑支护安全检查评分表》用于对施工现场基坑支护工程的安全评价。保证项目包括：施工方案、基坑支护、降排水、基坑开挖、坑边荷载、安全防护。一般项目包括：基坑监测、支撑拆除、作业环境、应急预案。

5）《模板支架安全检查评分表》用于对施工过程中模板支架工作的安全评价。保证项目包括：施工方案、支架基础、支架构造、支架稳定、施工荷载、交底与验收。一般项目包括：杆件连接、底座与托撑、构配件材质、支架拆除。

6）《高处作业检查评分表》用于对安全帽、安全网、安全带、临边防护、洞口防护、通道口防护、攀登作业、悬空作业、移动式操作平台、悬挑式物料钢平台十个项目的检查评定。

7）《施工用电检查评分表》用于对施工现场临时用电情况的评价。保证项目包括：外电防护、接地与接零保护系统、配电线路、配电箱与开关箱。一般项目包括：配电室与配电装置、现场照明、用电档案。

8）《物料提升机检查评分表》用于对物料提升机的设计制作、搭设和使用情况的评价。保证项目包括：安全装置、防护设施、附墙架与缆风绳、钢丝绳、安拆验收与使用。一般项目包括：基础与导轨架、动力与传动、通信装置、卷扬机操作棚、避雷装置。

9）《施工升降机检查评分表》用于对施工现场施工升降机安全状况及使用管理的评价。保证项目包括：安全装置、限位装置、防护设施、附墙架、钢丝绳、滑轮与对重、安拆验收与使用。一般项目包括：导轨架、基础、电气安全、通信装置。

10）《塔式起重机检查评分表》用于对施工现场塔式起重机使用情况的评价。保证项目包括：载荷限制装置、行程限位装置、保护装置、吊钩、滑轮、卷筒与钢丝绳、多塔作业、安拆验收与使用。一般项目包括：附着装置、基础与轨道、结构设施、电气安全。

11）《起重吊装检查评分表》用于对施工现场起重吊装作业和起重吊装机械的安全评价。保证项目包括：施工方案、起重机械、钢丝绳与地锚、索具、作业环境、作业人员。一般项目包括：起重吊装、高处作业、构件码放、警戒监护。

12）《施工机具检查评分表》用于对施工中使用的平刨、圆盘锯、手持电动工具、钢筋机械、电焊机、搅拌机、气瓶、翻斗车、潜水泵、振捣器、桩工机械等施工机具的检查评定。

在上述检查评分过程中，保证项目应全数检查。

2. 检查评分办法和等级划分

（1）检查评分表　每张检查评分表的满分都是 100 分。分为保证项目和一般项目的检查表，保证项目满分 60 分，一般项目满分 40 分。当保证项目中有一项未得分；或保证项目小计得分不足 40 分；当保证项目有缺项时，其余的保证项目实得分与其余的保证项目应得分之比小于 66.7%。含有以上三种情况之一者，此检查评分表不应得分。评分应采用扣减分值的方法，扣减分值总和不得超过该检查项目的应得分值，即不得采用负分值。多人对检查评分表中的同一检查项目进行评分时，应按加权评分方法确定其得分值，专职安全人员的权数为 0.6，其他人员的权数为 0.4。

（2）汇总表　汇总表是对 10 个分项检查项目结果的汇总，利用汇总表所得分值来确定和评价工程项目的安全生产工作情况。汇总表满分也是 100 分，因此，各分项检查评分表的得分要折算成汇总表中相应的子项得分。各分项内容在汇总表中占分值比例，依据对因工伤亡事故类型的统计分析结果，且考虑了分值的计算简便，将文明施工分项定为 15 分，施工机具分项定为 5 分，其他各分项都定为 10 分。

（3）分值计算方法和计算实例

1）汇总表中各分项项目实得分值的计算。

汇总表中各分项项目实得分值 =（汇总表中该项应得满分值 × 该项检查评分表实得分值）÷ 100

【例1】《高处作业检查评分表》实得85分，在汇总表中“高处作业”分项实得分为多少？

解：高处作业分项实得分 =（10 × 85）÷ 100 = 8.5

2）汇总表中遇有缺项时，汇总表总分计算方法。

遇有缺项时汇总表总得分 =（实查项目实得分值之和 ÷ 实查项目应得分值之和）× 100

【例2】 某工地没有塔式起重机，则塔式起重机在汇总表中缺项，其他各分项检查在汇总表的实得分之和为82分，该工地汇总表总得分为多少？

解：缺项的汇总表得分 =（82 ÷ 90）× 100 = 91.11

3）检查评分表中有缺项时，评分表合计分计算方法。

有缺项时评分表得分 =（实查项目实得分值之和 ÷ 实查项目应得分值之和）× 100

【例3】 在《施工用电检查评分表》中，外电防护这一保证项目缺项（该项20分），其他各项检查实得分之和为68分，该评分表的实际得分换算到汇总表中应为多少分？

解：缺项的《施工用电评分表》得分 = 68 ÷（100 - 20）× 100 = 85

汇总表中“施工用电”分项实得分 =（10 × 85）÷ 100 = 8.5

4）检查评分表是否应得分（得零分）的判定。

【例4】 在《施工用电检查评分表》中，“外电防护”这一保证项目缺项（该项20分），其余的保证项目检查实得分合计为30分（应得分值为40分），该“施工用电”分项检查表是否能得分？

解：（其余的保证项目实得分 ÷ 其余的保证项目应得分）× 100% =（30 ÷ 40）× 100% = 75% > 66.7%。所以，该“施工用电”检查表应得分，此时不应由保证项目小计得分不足40分来判定。

5）当某一分项由多个单项评分表组成时，该分项得分应为各单项实得分数的算术平均值。

【例5】 某工地有三种脚手架，其中扣件式钢管脚手架实得分为88分，满堂脚手架实得分为82分，附着式升降脚手架实得分为90分，计算汇总表中脚手架分项实得分。

解：“脚手架”分项实得分 =（88 + 82 + 90）÷ 3 = 86.67

（4）等级的划分　按照汇总表的总得分和分项检查评分表的得分，将建筑施工安全检查评定划分为优良、合格、不合格三个等级。其等级划分应符合下列规定：

1）优良：分项检查评分表无零分，汇总表得分值在80分及以上。

2）合格：分项检查评分表无零分，汇总表得分值在80分以下、70分及以上。

3）不合格：

①当汇总表得分值不足70分时。

②当有一分项检查评分表得零分时。

需要注意的是，“检查评分表未得分”与“检查评分表缺项”是不同的概念，“缺项”是指被检查工地无此项检查内容，而“未得分”是指有此项检查内容，但实得分为零分。

小　结

本章重点讲解了施工现场安全检查的主要内容——“十查”、安全检查的主要形式，介绍了几种常用的安全评价方法，特别是通过几个例题详细地讲解了安全检查表的运用。学生应能够根据现场检查结果正确填写评价表并能做出评价结论。

习　题

1. 单项选择题

(1) 建筑施工安全检查评定为优良等级的标准是分项检查评分表无零分，汇总表得分值应在（　　）分及以上。

A. 70　　B. 80　　C. 85　　D. 90

(2) 当用分项检查评分表评分时，保证项目中有一项未得分或保证项目小计得分不足（　　）分，此分项检查评分表不应得分。

A. 60　　B. 50　　C. 40　　D. 30

(3) 建筑施工安全检查评分汇总表中，将（　　）分项定为15分，施工机具分项定为5分外，其他各分项都确定为10分。

A. 安全管理　　B. 文明施工　　C. 施工用电　　D. 高处作业

(4) 在《施工用电检查表》中，“外电防护”这一保证项目缺项（该项20分），其余的保证项目检查实得分合计为20分（应得分值为40分），该分项检查表得分为（　　）分。

A. 50　　B. 60　　C. 70　　D. 0

(5) 某施工现场按照《建筑施工安全检查标准》(JGJ 59—2011) 评分，“文明施工”分项得到88分，换算到汇总表中实得分为（　　）分。

A. 8.8　　B. 11.9　　C. 13.2　　D. 17.6

(6) 在《建筑施工安全检查标准》(JGJ 59—2011) 中，（　　）是指检查评定项目中，对施工人员生命、设备设施及环境安全起关键性作用的项目。

A. 重点项目　　B. 一般项目　　C. 保证项目　　D. 整体项目

(7) 某施工现场按照《建筑施工安全检查标准》(JGJ 59—2011) 评分，各分项得分如下：安全管理85分、文明施工86分、脚手架80分、基坑工程82分、模板支架85分、高处作业83分、施工用电85分、物料提升机与施工升降机86分、施工机具86分、塔式起重机和起重吊装缺项。计算该施工现场汇总表实得分为（　　）分。

A. 72.30　　B. 80.33　　C. 84.22　　D. 90.37

(8) 某施工现场使用3台塔式起重机，按照《建筑施工安全检查标准》(JGJ 59—2011) 评分，1号塔式起重机得分为92分，2号塔式起重机得分为83分，3号塔式起重机得分为86分，该施工现场塔式起重机分项表实得分为（　　）分。

A. 92　　B. 83　　C. 86　　D. 87

(9) 下列检查评分表中，没有列出保证项目的是（　　）。

A.《起重吊装检查评分表》　　B.《安全管理检查评分表》

C.《文明施工检查评分表》　　D.《施工机具检查评分表》

(10) 安全检查等级划分为（　　）几个等级。

A. 合格、不合格　　B. 优良、合格、不合格
C. 优秀、良好、合格、不合格　　D. 优秀、良好、中、合格、不合格

(11) 安全检查的方法主要有（　　）。
A. 量、看、测、吊
B. 量、看、测、靠
C. 量、看、吊、现场操作
D. 听、量、看、测、运转试验

2. 多项选择题

(1)《建筑施工安全检查评分汇总表》中各分项满分为10分的有（　　）。
A. 安全管理　　B. 脚手架　　C. 施工机具　　D. 施工用电

(2) 建筑施工安全检查评定的等级划分为优良，应符合下列规定（　　）。
A. 分项检查评分表无零分　　B. 分项检查评分表在60分及以上
C. 汇总表得分值应在80分及以上　　D. 汇总表得分值应在75分及以上

(3) 安全检查是安全生产管理工作的一项重要内容，是安全生产工作中发现不安全状况和不安全行为的有效措施，是（　　）的重要手段。
A. 消除事故隐患　　B. 纠正违章作业
C. 落实整改措施　　D. 做好安全技术交底

(4) 安全检查的主要形式包括（　　）。
A. 上级安全检查　　B. 经常性安全检查
C. 定期安全检查　　D. 三级安全检查

(5) 下列对安全检查主要内容的叙述，哪些是正确的？（　　）
A. 查安全思想、安全责任、安全制度
B. 查安全措施、安全防护、设备设施
C. 专项治理和专项检查情况
D. 查教育培训、操作行为
E. 查劳动防护用品使用、查伤亡事故处理

3. 思考题

(1) 建筑工程施工现场安全检查的主要内容是什么？
(2) 建筑工程施工现场安全检查的主要形式有哪些？
(3) 建筑工程施工现场安全检查的方法有哪些？
(4) 安全评价方法中安全检查表法的特点是什么？
(5) 安全检查评分表格是如何构成的？共有多少张表格？

第9章　建设工程安全事故分析处理

教学目标

了解建设工程安全事故分类，理解建设工程安全事故处理措施、事故报告和事故调查的程序，掌握安全事故的划分标准、安全事故处理的原则。

教学内容

建设工程安全事故的分类，安全事故处理的原则和程序。

9.1　建设工程安全事故分类

9.1.1　按照事故发生的原因分类

建设工程安全事故是指工程建设活动中造成人员死亡、伤害、职业病、财产损失或其他损失的意外事件。

对事故进行科学的分类，是为了更好地对各类事故进行分析、研究。事故的分类方法有很多种，按照我国《企业职工伤亡事故分类》规定，综合考虑起因物、引起事故的诱导性原因、致害物、伤害方式等，将伤亡事故划分为20类，包括高处坠落、物体打击、触电、机械伤害、坍塌、起重伤害、火灾、中毒窒息、车辆伤害、淹溺、灼烫、冒顶片帮、透水、放炮、火药爆炸、瓦斯爆炸、锅炉爆炸、容器爆炸、其他伤害、其他爆炸。

在工程建设施工中，伤亡事故主要类型有高处坠落、物体打击、触电、机械伤害、坍塌五个类别，又称为建筑施工五大伤害。

1. 高处坠落

高处坠落是指在高处作业中发生坠落造成的伤亡事故。其适用于脚手架、平台、陡壁等高于地面的施工作业的场合，同时也适用于因地面作业踏空失足坠入洞、坑、沟、升降井、漏斗等情况。在坠落高度基准面2m以上作业，是建筑施工的主要作业，因此高处坠落事故是主要的事故，占事故总数的35%~40%，且多发生在洞口、临边处、脚手架、模板、龙门架（井字架）等作业中。

2. 触电

触电是指电流流经人体，造成生理伤害的事故。如人体接触设备带电导体裸露部分或临时线；接触绝缘破损外壳带电的手持电动工具；起重作业时，设备误触高压线，或感应带电体；触电坠落；电烧伤等。建筑施工离不开电力，电力不仅用于施工中的电气照明，更主要的是用于电动机械和电动工具。施工中的所有人员都可能接触电，触电事故是多发事故，近几年触电事故的发生率已高于物体打击事故，居第二位，占事故总数的18%~20%。

3. 物体打击

物体打击是指物体在重力和其他外力作用下产生运动，打击人体造成人身伤亡事故。在施工中由于受到工期等因素的约束，必然会安排部分的或全面的交叉作业，因此物体打击是建筑施工中的常见事故，占事故总数的12%~15%。

4. 机械伤害

机械伤害是指机械设备运动（静止）部件、工具、加工件直接与人体接触引起的夹击、碰撞、剪切、卷入、绞、碾、割、刺等伤害。机械伤害主要是垂直运输机械或机具、钢筋加工、混凝土搅拌、木材加工等机械设备对操作者或相关人员的伤害，占事故总数的10%左右。

5. 坍塌

坍塌是指物体在外力或重力作用下，超过自身的强度极限或因结构稳定性破坏而造成的事故。随着高层和超高层建筑的大量增加，基础工程越来越大，土方坍塌事故也成了施工中的第五大类事故，约占事故总数的5%~8%。

9.1.2　按照事故后果的严重程度分类

我国《企业职工伤亡事故分类》规定，按事故严重程度分为：

1）轻伤事故，是指造成职工肢体或某些器官功能性或器质性轻度损伤，能引起劳动能力轻度或暂时丧失的伤害的事故，一般每个受伤人员休息1个工作日以上（含1个工作日），105个工作日以下。

2）重伤事故，一般指受伤人员肢体残缺或视觉、听觉等器官受到严重损伤，能引起人体长期存在功能障碍或劳动能力有重大损失的伤害，或者造成每个受伤人损失105个工作日以上（含105个工作日），6000个工作日以下的失能伤害的事故。

3）死亡事故。

9.1.3　按照事故造成的损失分类

根据2007年国务院颁布的《生产安全事故报告和调查处理条例》第三条规定，按照生产安全事故造成的人员伤亡或者直接经济损失，事故可分为：

1）特别重大事故，是指造成30人以上死亡，或者100人以上重伤（包括急性工业中毒，下同），或者1亿元以上直接经济损失的事故。

2）重大事故，是指造成10人以上30人以下死亡，或50人以上100人以下重伤，或者5000万元以上1亿元以下直接经济损失的事故。

3）较大事故，是指造成3人以上10人以下死亡，或10人以上50人以下重伤，或者1000万元以上5000万元以下直接经济损失的事故。

4）一般事故，是指造成3人以下死亡，或10人以下重伤，或者1000万元以下直接经济损失的事故。

目前，在建设工程领域中，判别事故等级较多采用的是《生产安全事故报告和调查处理条例》的规定。

《生产安全事故报告和调查处理条例》见“配套资源”。

9.2 建设工程安全事故处理

事故一旦发生，应通过应急预案的实施，尽可能防止事态扩大和减少事故损失。通过事故处理程序，查明原因，制定相应的纠正和预防措施，避免类似事故再次发生。

9.2.1 安全事故处理的原则

安全事故处理应遵循“四不放过”原则，其具体内容如下：

1. 事故原因未查清不放过

在调查处理伤亡事故时，首先要找出导致事故发生的真正原因，未找到真正原因绝不轻易放过。找到真正原因并搞清各因素之间的因果关系才算达到事故原因分析的目的。

2. 事故责任人未受到处理不放过

这是安全事故责任追究制的具体体现，对事故责任者要严格按照安全事故责任追究的法律法规的规定进行严肃处理，不仅要追究事故直接责任人的责任，同时要追究有关负责人的领导责任。当然，处理事故责任者必须谨慎，避免事故责任追究的扩大化。

3. 事故责任人和周围群众没有受到教育不放过

使事故责任者和广大群众了解事故发生的原因及造成的危害，并深刻认识到搞好安全生产的重要性，从事故中吸取教训，提高安全意识，改进安全管理工作。

4. 事故没有制定切实可行的整改措施不放过

必须针对事故发生的原因，提出防止相同或类似事故发生的切实可行的预防措施，并督促事故单位加以实施。只有这样，才算达到了事故调查和处理的最终目的。

9.2.2 安全事故处理的程序

1. 事故报告

事故发生后，事故现场有关人员应立即向本单位负责人报告；单位负责人接到报告后，应当于1小时内向事故发生地县级以上人民政府安全生产监督管理部门和负有安全生产监督管理职责的有关部门报告，并有组织地抢救伤员、排除险情，防止事故蔓延，同时应当妥善保护事故现场以及相关证据，防止人为或自然因素破坏现场，便于事故原因的调查。

情况紧急时，事故现场有关人员可以直接向事故发生地县级以上人民政府安全生产监督管理部门和负有安全生产监督管理职责的有关部门报告。

安全生产监督管理部门和负有安全生产监督管理职责的有关部门接到事故报告后，应当依照下列规定逐级上报事故情况，并通知公安机关、劳动保障行政部门、工会和人民检察院：

1）特别重大事故、重大事故逐级上报至国务院安全生产监督管理部门和负有安全生产监督管理职责的有关部门。

2）较大事故逐级上报至省、自治区、直辖市人民政府安全生产监督管理部门和负有安全生产监督管理职责的有关部门。

3）一般事故上报至设区的市级人民政府安全生产监督管理部门和负有安全生产监督管理职责的有关部门。

安全生产监督管理部门和负有安全生产监督管理职责的有关部门依照规定上报事故情况，应当同时报告本级人民政府。国务院安全生产监督管理部门和负有安全生产监督管理职责的有关部门以及省级人民政府接到发生特别重大事故、重大事故的报告后，应当立即报告国务院。必要时，安全生产监督管理部门和负有安全生产监督管理职责的有关部门可以越级上报事故情况。

安全生产监督管理部门和负有安全生产监督管理职责的有关部门逐级上报事故情况，每级上报的时间不得超过 2h。事故报告后出现新的情况的，应当及时补报。

2. 事故调查

特别重大事故由国务院或者国务院授权有关部门组织事故调查组进行调查。

重大事故、较大事故、一般事故分别由事故发生地省级人民政府、设区的市级人民政府、县级人民政府负责调查。省级人民政府、设区的市级人民政府、县级人民政府可以直接组织事故调查组进行调查，也可以授权或者委托有关部门组织事故调查组进行调查。

未造成人员伤亡的一般事故，县级人民政府也可以委托事故发生单位组织事故调查组进行调查。

事故调查组有权向有关单位和个人了解与事故相关的情况，并要求其提供相关文件、资料，有关单位和个人不得拒绝。

事故发生单位的负责人和有关人员在事故调查期间不得擅离职守，并应当随时接受事故调查组的询问，如实提供有关情况。

事故调查中发现涉嫌犯罪的，事故调查组应当及时将有关材料或者其复印件移交司法机关处理。

3. 现场勘察

事故发生后，调查组应迅速到现场进行及时、全面、准确和客观的勘察，包括现场笔录、现场拍照和现场绘图。

4. 事故原因分析

通过调查分析，查明事故经过，按受伤部位、受伤性质、起因物、致害物、伤害方法、不安全状态、不安全行为等，查清事故原因，包括人、物、生产管理和技术管理等方面的原因。通过直接和间接地分析，确定事故的直接责任者、间接责任者和主要责任者。

5. 制定预防措施

根据事故原因分析，制定防止类似事故再次发生的预防措施。根据事故后果和事故责任者应负的责任提出处理意见。

6. 提交事故调查报告

事故调查组应当自事故发生之日起 60 日内提交事故调查报告；特殊情况下，经负责事故调查的人民政府批准，提交事故调查报告的期限可以适当延长，但延长的期限最长不超过 60 日。

事故调查报告应当包括下列内容：

1）事故发生单位概况。

2）事故发生经过和事故救援情况。

3）事故造成的人员伤亡和直接经济损失。

4）事故发生的原因和事故性质。

5）事故责任的认定以及对事故责任者的处理建议。

6）事故防范和整改措施。

7. 事故的审理和结案

重大事故、较大事故、一般事故，负责事故调查的人民政府应当自收到事故调查报告之日起 15 日内做出批复；特别重大事故，30 日内做出批复，特殊情况下，批复时间可以适当延长，但延长的时间最长不超过 30 日。

有关机关应当按照人民政府的批复，依照法律、行政法规规定的权限和程序，对事故单位和有关人员进行行政处罚，对负有事故责任的国家工作人员进行处分。

负有事故责任的人员涉嫌犯罪的，依法追究其刑事责任。

事故处理的情况由负责事故调查的人民政府或者其授权的有关部门、机构向社会公布，依法应当保密的除外。

安全事故处理案例见“配套资源”。

小　　结

本章介绍了建设工程安全事故的分类、安全事故的处理原则、处理措施，事故报告和事故调查的程序。应重点掌握《生产安全事故报告和调查处理条例》中对安全事故处理方法和程序，以及事故报告和事故调查的相关规定，并能在实际中运用。

习　　题

1. 建设工程安全事故如何进行分类？
2. 在工程建设施工中，伤亡事故有哪几种主要类型？
3. 安全事故处理的原则是什么？
4. 安全事故调查报告应包括哪些内容？

参 考 文 献

[1] 李平，张鲁风．安全员岗位知识与专业技能［M］．北京：中国建筑工业出版社，2013.
[2] 张悠荣．质量员岗位知识与专业技能［M］．北京：中国建筑工业出版社，2013.
[3] 彭圣浩．建筑工程质量通病防治手册［M］．4版．北京：中国建筑工业出版社，2014.
[4]《建筑施工手册》（第五版）编委会．建筑施工手册［M］．5版．北京：中国建筑工业出版社，2012.
[5] 中国建设监理协会．2014全国监理工程师培训考试用书 建设工程质量控制［M］．4版．北京：中国建筑工业出版社，2014.
[6] 王志毅．工程建设质量与安全［M］．北京：中国民主法制出版社，2015.
[7] 唐忠平．建筑施工组织设计［M］．北京：中国水利水电出版社，2012.
[8] 周连起，刘学应．建筑工程质量与安全管理［M］．北京：北京大学出版社，2010.
[9] 钟汉华．建筑工程质量与安全管理［M］．北京：中国水利水电出版社，2014.
[10] 住房和城乡建设部工程质量安全监管司．建筑施工生产安全事故案例分析［M］．北京：中国建筑工业出版社，2014.